原子物理讲义
——从对称性到原子能级

王　凯　李锐波　周振宇　编著

科学出版社

北　京

内 容 简 介

 本书的设计初衷是为以微积分、线性代数为基础的原子物理学课程提供教材，避免数学物理方法必须作为前置课程导致的课程时间安排上的冲突. 全书以变换群和对称性为视角，从经典力学出发，逐步构建起能描述量子系统的动力学理论，将这套代数方法应用于求解氢原子问题，并在相对论性理论框架下拓展讨论了自旋、原子光谱精细结构和自旋统计定理的物理起源等. 作者希望向低年级的本科生介绍对称性与群论在物理学研究中的独特作用.

 本书适用于普通高等学校物理学专业本科生及研究生，可作为原子物理学课程的教材，也可作为量子力学等相关课程的补充参考书.

图书在版编目(CIP)数据

原子物理讲义：从对称性到原子能级/王凯，李锐波，周振宇编著.—北京：科学出版社，2023.7

 ISBN 978-7-03-075841-5

 Ⅰ.①原… Ⅱ.①王… ②李… ③周… Ⅲ.①原子物理学–高等学校–教材 Ⅳ.①O562

 中国国家版本馆 CIP 数据核字(2023) 第 111038 号

责任编辑: 龙嫚嫚 崔慧娴 / 责任校对: 彭珍珍
责任印制: 吴兆东 / 封面设计: 无极书装

科 学 出 版 社 出版
北京东黄城根北街 16 号
邮政编码: 100717
http://www.sciencep.com
北京中石油彩色印刷有限责任公司印刷
科学出版社发行　各地新华书店经销
*
2023 年 7 月第 一 版　开本: 720 × 1000　1/16
2024 年 7 月第三次印刷　印张: 16 1/4
字数: 328 000

定价: 59.00 元
(如有印装质量问题, 我社负责调换)

前　　言

...although the symmetries are hidden from us, we can sense that they are latent in nature, governing everything about us. That's the most exciting idea. I know: that nature is much simpler than it looks.

—— Steven Weinberg

原子是由带正电的原子核及带负电的电子通过电磁相互作用组成的量子系统. 原子物理主要研究电子在原子核形成的库仑势场中的行为, 而原子光谱 (核外电子在不同能级间跃迁所伴随的电磁辐射) 是检验理论的主要实验手段. 氢原子作为结构最简单的原子, 不仅被研究得最透彻, 也最能展现量子力学的简洁优美, 因此在本书中, 我们将主要以氢原子光谱为主线讲述量子力学基本原理和方法. 历史上, 1926 年, 泡利提出将开普勒问题中的龙格–楞次矢量应用于求解氢原子问题; 1935 年, 福克首次提出了氢原子能级简并度问题可以被一个 4 维转动群 $O(4)$ 的对称性所解释, 1936 年巴格曼指出龙格–楞次矢量与角动量构成了上述 $O(4)$ 群的六个生成元[①]. 本书的科学逻辑正是基于以上 1926~1936 年发展的氢原子的代数解法, 希望低年级本科生可以从中领略对称性的强大和优雅.

在我国传统的教学实践中, 原子物理是作为量子力学的前置课程开设的. 如何处理这两门课程的关系, 是一个值得长期讨论的问题. 2016 年, 我开始承担浙江大学拔尖人才班二年级上学期的原子物理课程的教学工作, 为了设计这门课程的教学内容, 我参考了国内几本经典的原子物理教材:

(1) 褚圣麟, 《原子物理学》, 高等教育出版社;

(2) 杨福家, 《原子物理学》, 高等教育出版社;

(3) 朱栋培、陈宏芳、石名俊, 《原子物理与量子力学》(上下册), 科学出版社.

[①] Pauli W. Z. Physik, 1926, 36: 336; Fock V. Z. Physik, 1935, 98: 145; Bargmann V. Z. Physik, 1936, 99: 576.

从思路上, 褚圣麟和杨福家两位先生的经典教材都非常重视物理学发展的历史逻辑, 特别是强调对半经典图像的理解和运用, 诚然这些图像在量子物理的发展过程中有不可替代的作用, 但学懂这些需要学生对经典物理有很深刻的理解, 对大多数低年级学生而言是个不小的挑战; 朱栋培教授等尝试将原子物理与量子力学两门课程有机结合起来, 直接用量子力学求解原子能级问题, 是一个更强调科学逻辑的思路, 但量子力学求解要求有数理方程基础, 超过了二年级上学期大多数学生的数学水平. 在内容上, 上述三本经典教材都涵盖了二十世纪发展起来的关于物质基本组成的物理学唯象理论, 包括原子物理、原子核物理和粒子物理等, 后两部分内容对学生的量子力学和量子场论基础有很高的要求.

本书的定位是仅以微积分和线性代数为前置数学基础的量子力学初级教材. 作为量子物理的第一门课程, 我们舍弃了原子核物理和粒子物理内容, 只聚焦于原子物理部分[1], 以氢原子光谱和多电子原子光谱为主线, 涵盖了原子能级、自旋、精细结构和泡利不相容原理等. 另外, 在不要求具备数理方程基础的前提下[2], 强调科学逻辑使得代数方法成为仅有的选项. 代数方法的核心逻辑是基于量子力学中守恒算符与哈密顿量算符有共同本征态这一基本性质, 通过找出对应物理系统的对称性与守恒量, 直接研究守恒量算符相关性质, 进而研究哈密顿量的本征态和本征值等. 对称性的方法降低了方程的阶数, 避开了求解定态薛定谔方程通常需要的数理方程技巧[3]. 由此, 阐述对称性与守恒量关系的诺特定理和研究对称性的工具——群论成为课程的主线内容. 为了帮助学生更好地理解自旋、精细结构、泡利不相容等物理现象背后的原理, 本书后半部分从对称性视角在相对论性理论中针对这些概念做了进一步的展开[4]. 物理学工作者常讲要理解 "物理内涵"(physics insights). 对于宏观的经典系统, 这种 "内涵" 有时可以以图形形式直观表现出来, 也可以叫 "物理图像". 但也有很多情况下这种 "内涵" 未必构成直观图像, 而是作为某种 "语言" 来简化我们对问题的理解. 在本书中, 对称性正是核心的 "物理内涵".

我个人学习成长和备课过程中受益于很多书, 本书部分逻辑或讲法也不可避免受其中一些书影响, 因此, 这里我们将其中几本相关的列为本书的参考书. 首先是两本和群论有关但又并非群论教材的书. 其中第一本以线性代数语言讲解量子

---

[1] 得益于激光技术的发展, 光与原子相互作用成为现代原子物理的研究重点, 该领域统称原子分子光物理 (atomic, molecular optical physics).

[2] 这使得这门课程可以与数学物理方法课程并行开设.

[3] 最直观的例子是自由粒子: 该系统具有平移对称性和对应的守恒量——动量, 因此动量算符本征方程 (一阶微分方程) 的本征态同时也是该系统薛定谔方程 (二阶微分方程) 的本征态.

[4] 本书的 6.4 节、6.5 节、9.3 节均标注了星号, 暂时略去并不影响整体逻辑. 其中 6.4 节和 6.5 节展示了对有心力场和氢原子问题的薛定谔方程的直接求解过程, 作为代数方法的对比和参考, 这部分内容需要数理方程基础. 9.3 节则引入了量子场论的基础内容, 以在更深层次上阐释自旋统计定理的物理内涵, 供有意深入学习的学生参考.

力学、相对论等背后的代数结构为主, 第二本则聚焦于经典动力学中的群论:

(1) L. E. H. Trainor, M. B. Wise, *From Physical Concept to Mathematical Structure: An Introduction to Theoretical Physics*;

(2) E. C. G. Sudarshan, N. Mukunda, *Classical Dynamics: A Modern Perspective*.

事实上, 针对物理学专业的群论教材的选择很多. 另外, 群论在物理学科各分支中的应用也有较大差异. 因此, 在专业课程中结合具体应用穿插群论内容有利于学生理解. 本书的初衷也是以量子力学中的应用讲述群论相关知识, 部分逻辑受益于徐一鸿先生所著的《群论》,

A. Zee, *Group Theory in a Nutshell for Physicists*.

前面所列的我国几本经典的原子物理教材都有较大篇幅讲解量子力学框架正式确立以前的发展, 对玻尔的半经典模型等的发展也有详细讨论. 因此, 充分理解了物理逻辑后, 了解科学的发展进程, 对科研创新能力和人文情怀的培养都是有益的.

尽管本书以量子力学的代数解法来求解氢原子, 其定位仍然是原子物理而非量子力学课程的教材. 在后续的学习中, 有很多经典的量子力学教材值得参考, 其中 Shankar 编写的是标准的量子力学教材, 其他几本大都有较强的个人风格.

(1) R. Shankar, *Principles of Quantum Mechanics*;

(2) J. J. Sakurai, *Modern Quantum Mechanics*;

(3) B. L. van der Waerden, *Group Theory and Quantum Mechanics*;

(4) A. R. Edmonds, *Angular Momentum in Quantum Mechanics*;

(5) W. Greiner, B. Müller, *Quantum Mechanics: Symmetries*;

(6) P. A. M. Dirac, *The Principles of Quantum Mechanics*;

(7) S. Weinberg, *Lectures on Quantum Mechanics*.

我于 2016 年在浙江大学第一次教学实践后, 为了将散落在不同资料中的教学内容集中起来以方便学生学习, 结课后的寒假启动了讲义的编写工作. 刚结束课程的本科生陈豪、高安杰分别直接参与了第 5 章和第 6.4 节、6.5 节的编写工作. 到 2017 年寒假结束时, 这本讲义已初具雏形. 在最初几年的教学实践中, 李锐波、杨通智、周振宇、黄中杰、胡子昂等几位课程助教都在习题答案和校对等方面做了大量工作.

我曾经的两位研究生李锐波和周振宇, 对教育教学都有极大的兴趣, 在做课程助教时为课程建设做了很多工作, 且工作态度认真细致. 所以, 2021 年, 我召集他们开始系统改写课程讲义, 最终使其以接近教材的形式出现. 本书写作过程中, 罗民兴、谢心澄、虞跃、刘川几位前辈老师, 以及曹庆宏、陈绍龙、戴希、冯波、矫金龙、华靖、罗慧、穆良柱、施均仁、仇志勇、吴从军、杨李林、袁野、朱国怀、朱华星等物理同仁提出了大量意见和建议, 科学出版社编辑龙嫚嫚在本书出版过程中也做了大量工作, 在此一并表示感谢.

　　在本书完成的时候, 我本科时的量子力学启蒙老师蔡寿福老师突然离开了我们, 非常遗憾没能送上成书.

　　限于作者水平, 书中必然还有许多不足之处, 恳请各位读者提出批评和建议, 谢谢大家!

　　致我的朗朗——本书最小的第一个读者.

王　凯

2022 年秋

目　　录

第 1 章

导　　论

> It doesn't matter how beautiful your theory is, it doesn't matter how smart you are. If it doesn't agree with experiment, it's wrong.
>
> ——Richard P. Feynman

科学方法论是研究自然规律的基本手段, 它通过以下几个步骤不断拓展人类认知的边界.

- 总结唯象规律: 观察自然界的现象, 并从现象中总结唯象规律;
- 构建公理化理论体系: 提炼假说, 并通过自洽的数理逻辑推导构建理论体系;
- 做出预言: 在已构建的理论体系下, 对新的实验现象进行定量预言;
- 实验检验: 通过实验, 检验在新理论体系下推导得到的预言;
- 证实或证伪: 如果实验检验证实了预言, 则说明假说可以被接受; 如果不符或者发现了新的不能被已有理论解释的现象, 则修正假说, 并重新推导预言进行实验检验.

这是一个循环上升的过程. 科学方法论阐述了科学研究的内在逻辑, 使得科学可以被理解和利用, 也促进了技术的进步; 而技术的进步反过来也推动了实验手段的发展, 让人类对自然界的探索不断深入.

在过去的一百多年中, 从电子和原子核, 到组成原子核的质子和中子, 再到组成质子和中子的夸克, 这些微观粒子及它们之间的强、弱和电磁相互作用逐步被发现和研究, 人类对自然界的基本组成和基本相互作用的认识取得了极大的成功. 一方面, 正是实验手段的不断进步促成了这些发现; 而另一方面, 人类对于微观系统动力学的认识, 也从相对论、量子力学过渡到了量子场论, 并且在量子场论的框架下对一些可观测量给出了高精度的预言, 并被更进一步的实验验证. 其中, 人们对轻子反常磁矩的理论预言在 10^{-9} 精度上与实验结果吻合[①], 是迄今为止实验验证精度最高的理论预言.

需要特别注意的是, 科学是可以反直觉的. 我们对自然界的直观常识 (common sense) 只是来自一定条件下的特定尺度, 即低速宏观条件下的现象, 因此这些常识也只适用于宏观低速的系统, 并不具有普适性. 事实上, 高速和微观条件下的物理现象在一定程度上都是反常识的, 本章中光和电子的 "波粒二象性" 及原子核的衰变都是典型的反直觉现象. 而科学家们能建立起相对论和量子力学这样反常识的科学理论, 靠的也并非天马行空的想象, 而是从实验观测到理论推演再到实验检验这样一套完整严谨的科学方法论.

本章我们将从历史逻辑的视角, 回顾人们是如何逐步走出直观常识的限制, 认识原子和量子系统的, 从中我们将看到科学方法论的巨大作用. 在第 1~5 章中, 我们将以动力学和变换为视角, 从经典出发, 逐步构建起能描述量子系统的动力学理论, 并在第 6 章中将这套理论应用于求解氢原子这一最简单的量子系统, 而第 7~8 章我们将进入相对论量子力学的框架, 探讨氢原子中的精细结构. 在对氢原子深入研究的过程中, 我们将感受到量子力学基础理论的简洁优雅, 也能体会到对称性和代数方法的独特力量. 在最后的第 9 章, 我们将把前面介绍的内容应用到多电子原子的讨论中, 虽然实际上多电子原子问题很难精确解析计算, 但恰当的近似方法和基于全同粒子原理的一般性讨论仍然体现着物理学的深刻和美妙.

1.1　光的 "波粒二象性"

人类以科学的方法研究世界是从研究质点和光开始的. 人们对光的研究, 不仅是科学方法论的成功实践, 也最早揭示了波粒二象性的存在, 为量子力学的诞生准备了条件.

17 世纪, 牛顿 (I. Newton) 在给出质点运动学基本框架的同时, 利用质点的动量守恒, 解释了光的直线传播、反射及折射现象, 因此牛顿认为光的本质是粒子, 可以用质点动力学来描述, 这就是 "光的粒子说". 而几何光学中我们熟悉的费马原理, 也就是质点保守力学系统的莫佩尔蒂 (P. M. Maupertuis) 最短路径原理的应用. 与之同时, 胡克 (R. Hooke)、惠更斯 (C. Huygens) 等则提出了 "光的波动说", 其中惠更斯提出了惠更斯原理, 同样很好地解释了光的直线传播、反射和折射现象. 但由于缺少光的干涉和衍射的实验证据, 粒子说在当

---

① Jegerlehner F. The Anomalous Magnetic Moment of the Muon. Berlin: Springer, 2017: 274.

时占据了主流[1].

然而随着实验装置的进步, 1801 年, 托马斯·杨 (Thomas Young) 通过双缝实验发现了光的干涉, 加上越来越多的衍射现象也被发现, 粒子说对这些现象束手无策, 而波动说却能很好地解释它们. 波动说由此逐渐成为光学理论的主流.

值得注意的是, 光的波动性的发现建立在高精度的实验观测的基础上, 或者具体地说, 依赖于尺度与可见光波长 (380~780 nm) 相近的光栅的发明. 因此, 从这个角度上说, 是实验仪器的发展程度限制了牛顿时代对光的认知——任何人都不可能仅仅通过平面镜与三棱镜来发现光的波动性.

对光的本质的更深层次认识则来源于电磁学的研究. 麦克斯韦 (J. C. Maxwell) 将电磁学的规律系统地写成了麦克斯韦方程组, 真空中无源麦克斯韦方程组为

$$\nabla \cdot \boldsymbol{E} = 0, \quad \nabla \times \boldsymbol{E} = -\frac{\partial \boldsymbol{B}}{\partial t},$$

$$\nabla \cdot \boldsymbol{B} = 0, \quad \nabla \times \boldsymbol{B} = \mu_0 \epsilon_0 \frac{\partial \boldsymbol{E}}{\partial t}.$$

对其中第二和第四两个方程再取旋度, 得到两个波动方程

$$\Delta \boldsymbol{E} - \frac{1}{c^2}\frac{\partial^2 \boldsymbol{E}}{\partial t^2} = 0, \quad \Delta \boldsymbol{B} - \frac{1}{c^2}\frac{\partial^2 \boldsymbol{B}}{\partial t^2} = 0.$$

方程的解就是电磁波. 并且, 这两个波动方程还预言了真空中电磁波的传播速度等于光速

$$c = \frac{1}{\sqrt{\mu_0 \epsilon_0}}.$$

1887 年, 赫兹 (H. R. Hertz) 第一次通过实验证实了电磁波的存在, 同时也通过测量证实了真空中电磁波的传播速度等于光速. 由此, 人们进一步认识到光是一种电磁波.

赫兹在对电磁波的研究中还发现了光电效应, 即用紫外线照射金属电极时会产生电流[2]. 而与波动说理论不相符的是, 光电效应的强度与照射电极的紫外线频率而非光强度有关. 为了解释这一现象, 在普朗克 (M. Planck) 为解释黑体辐射问题提出的能量量子化假说的启发下, 爱因斯坦提出了光量子假说.

普朗克的能量量子化假说认为, 辐射的能量是量子化的, 即有 "能量子"

$$E = h\nu = \hbar\omega.$$

---

① 事实上, 1665 年格里马尔迪 (F. Grimaldi) 就首次发现了光的衍射现象, 但由于缺少定量测量, 加上光的波动说本身存在问题 (特别是惠更斯原理对衍射的定量解释也存在困难, 这一困难后来被菲涅耳 (A. Fresnel) 解决), 这一 "微小的发现" 并没有成为波动说的有力证据.

② 事实上赫兹在实验中发现的是紫外光会影响电磁波接收器产生的高频火花, 而后哈尔瓦克斯 (W. Hallwachs)、莱纳德 (P. von Lenard) 等科学家经过进一步研究, 发现了我们现在所说的光电效应现象.

而爱因斯坦 (A. Einstein) 进一步假设, 光是一种无质量的粒子 (即电磁场的量子——光子 γ), 具有能量和动量

$$E_\gamma = \hbar\omega = p_\gamma c,$$

$$\boldsymbol{p}_\gamma = \hbar\boldsymbol{k}.$$

其中, ω 是角频率, $\boldsymbol{k}$ 是波矢, $|\boldsymbol{k}| = 2\pi/\lambda$.

　　根据爱因斯坦的光量子假说, 发生光电效应的条件是光子的能量大于某个阈值, 进而表现为其频率必须大于一个截止频率, 而不同的电极材料就要求不同的截止频率, 密立根 (R. A. Millikan) 通过实验证实了这一预言, 成为爱因斯坦光量子假说成立的有力证据. 光量子假说的核心预言则是光子的动量, 这样根据相对论能动量守恒, 就能完整地求解光子–电子散射中末态光子波长的改变和末态电子的运动. 基于这一预言的计算结果和康普顿 (A. H. Compton) 对该散射的实验观测完美契合.

　　至此, 人们终于认识到光既有波动性也有粒子性, 这就是光的 "波粒二象性". 可以看到, 从牛顿时期的粒子说占主导, 到双缝干涉实验中波动性被发现, 再到爱因斯坦的光量子假说在电磁波的基础上重新提出了粒子性, 人类对光的认识逐步深入, 不仅和物理学家们的智慧有关, 更和实验手段的进步密不可分: 正如前面所说, 光栅的发明使波动性的发现成为可能; 而正是高能的紫外线和 X 射线实验才为光量子的发现提供了条件. 可以说, 光的 "波粒二象性" 的发现, 是各种超出现有理论的实验现象迫使物理学家提出新理论, 并经过新的实验证实才最终实现的.

1.2　原子与电子

　　"原子" 一词古已有之. 无论是古希腊还是中国古代, 哲学家都就物质是否可以无限分割进行了哲学讨论, 而 "原子" 正是古希腊哲学家留基伯 (Leucippus) 和德谟克利特 (Demokritus) 为表示物质最小组成单位而引入的名词. 不过, 由于以实验检验为基础的科学方法论尚未形成, 古代的原子论停留在哲学思辨层面.

　　近现代科学意义上的原子论由英国科学家道尔顿 (J. Dalton) 提出. 18 世纪末到 19 世纪初, 普鲁斯特 (J. Proust) 和道尔顿在研究化学反应的过程中分别发现了定比定律和倍比定律, 在此基础上道尔顿提出化学反应中存在物质的最小单元, 并称之为原子. 原子是化学作用的最小单位, 它在化学变化中不会改变. 随后在研究化学反应中气体的现象时, 科学家又发现了一系列气体定律, 并成功运用道尔顿的原子论进行了理论上的解释, 进而提出了理想气体模型, 发展出了统计物理. 在统计物理框架下, 人类对微观世界的认识逐渐加深: 例如通过测量单原子

分子气体 (如氦气) 的黏滞系数, 再利用玻尔兹曼 (L. Boltzmann) 分布中给定温度下的平均速度等其他物理量, 可以计算该气体中原子的平均自由程, 进而估计出原子的尺度在 10^{-10} m 量级; 又如通过定时拍照技术跟踪乳浊液中粒子的布朗运动, 经过大量观测后可得到其平均自由程, 再根据颗粒的尺度和测得的黏滞系数, 可以估算出阿伏伽德罗常量 $N_A \approx 6.4 \times 10^{23}$ mol^{-1}. 可以看到, 科学的原子论大大促进了微观科学的发展.

人类对最小电量单位的认识始于法拉第电解定律. 1833 年, 法拉第 (M. Faraday) 通过一系列实验证明, 电解反应中被电解的物质的量与通过的电荷量成正比, 其比例系数 $F = 9.65 \times 10^4$ C/mol 称为法拉第常数. 而随着 1865 年洛施密特 (J. Loschmidt) 和 1909 年佩林 (J. B. Perrin) 分别间接和直接测得了阿伏伽德罗常量 N_A, 人们就可以解出电解反应中电量交换的最小单位

$$F/N_A = 1.602 \times 10^{-19} \text{ C},$$

事实上这与后来密立根油滴实验的测量值很好地吻合. 而由此, 还能通过法拉第电解定律计算出所发现的最轻的离子——氢离子的荷质比为 $e/m = 9.6 \times 10^7$ C/kg.

而电子存在的直接证据来源于真空放电管 (Crookes 管) 的发明. 真空管的阴极射线带负电, 因而通过带电粒子在电磁场中的偏转可以很容易地测得其荷质比. 然而由于放电管的真空度不够, 这个测量在很长一段时间里并没有得到好的结果. 直到 1897 年, 汤姆孙 (J. J. Thomson) 终于设计实验测得了阴极射线的荷质比为 $e/m = 7.6 \times 10^{10}$ C/kg, 从而确认了阴极射线是由一种带电量与氢离子相同但符号相反、质量大约为氢离子千分之一的粒子组成的, 汤姆孙称这种粒子为电子.

道尔顿在提出科学原子论之时, 给出了第一张相对原子质量表, 其中仅包含 6 种常见元素. 此后化学家们不断发现新的元素并总结其中的规律. 到 1869~1871 年, 俄罗斯科学家门捷列夫 (D. Mendeleyev) 最终提出了元素周期表, 指出如果将元素按原子量大小的次序排列, 元素的性质将呈现出周期性. 这种周期性预示着原子似乎并非不可再分的最小单元, 而具有内部结构.

光谱是光的频率成分和强度分布的关系图, 是研究物质内部结构的重要途径之一. 光谱仪的基本原理非常简单, 就是用棱镜或光栅构成的分光器将混合光中不同波段的光区分开来. 人们使用氢灯作为光源, 通过光谱仪, 就得到了如图 1.1 所示的氢原子光谱, 其中最早得到的氢原子光谱是巴耳末 (Balmer) 系, 其波长 λ 满足

$$\frac{1}{\lambda} = R_H \left(\frac{1}{2^2} - \frac{1}{n^2} \right), \qquad n = 3, 4, \cdots, \qquad R_H = 1.09737 \times 10^7 \text{ m}^{-1}.$$

与预期的连续谱不同, 原子光谱这种分立性质以及与整数的关系, 一直困扰着 19 世纪末的物理学家们.

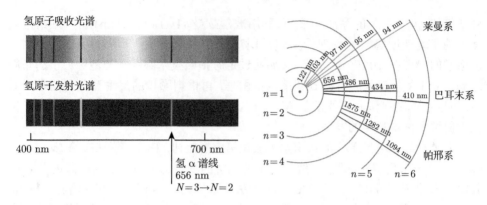

图 1.1 氢原子光谱

另外, 由于已知原子是电中性的, 在汤姆孙发现电子后, 人们首先提出了一个 "葡萄干蛋糕" 式的原子模型, 即电子分布在一个均匀的带电球体上, 而原子光谱则是电子在均匀球体上发生简谐振动所辐射的电磁波. 但是, 这个模型对光谱的预言和实验结果并不吻合.

对原子结构的直接探测始于卢瑟福散射实验. 当时人们已经认识到 α 粒子带正电, 其电量是氢离子的 2 倍, 质量是氢离子的 4 倍. 卢瑟福 (E. Rutherford) 用 α 粒子轰击金箔, 发现大部分 α 粒子穿过金箔发生了小角度散射, 而大约八千分之一的 α 粒子发生了大于 90° 的大角度散射. 这说明在金原子的中心很可能存在一个粒子, 且符合以下性质: 粒子带正电, 质量远比 α 粒子大, 尺度却很小. 卢瑟福将这一中心粒子命名为原子核, 并提出了原子的核式模型.

(1) 原子由带正电的原子核和带负电的电子组成;

(2) 原子核位于原子中心, 其半径只有原子半径的 10^{-4}, 质量是电子的上千倍, 原子的绝大部分质量都集中在原子核中;

(3) 带负电的电子围绕在原子核周围, 在原子核形成的库仑力场中做圆周运动, 其运动路径称为 "轨道";

(4) 带负电的电子和带正电的原子核通过强大的静电力结合在一起.

卢瑟福的原子模型首先要面临的挑战就是电子的韧致辐射: 根据麦克斯韦的电磁理论, 电子围绕原子核的圆周运动具有非零的加速度, 因而会持续辐射电磁波并损失能量, 因此整个原子系统并不稳定. 为了解决这一矛盾, 玻尔 (N. Bohr) 提出了轨道角动量的量子化模型, 通过将电子运行的轨道角动量设定为离散的定值 ($n\hbar$, $n \in \mathbb{N}^+$), 并将原子光谱解释为电子在不同轨道之间的跃迁辐射, 首次定量解释了氢原子光谱的行为.

上述原子和电子的发现和早期研究, 既离不开既大胆又严谨的理论演绎, 也依赖于实验手段的不断进步, 是科学方法论的又一个典型实践. 同时, 这些发现逐步打开了通往微观世界的大门, 为我们接下来对氢原子这一物理系统的深入研究奠定了基础.

1.3 物质波假说

为了进一步解释玻尔引入的量子化条件, 德布罗意 (L. V. de Broglie) 将光的"波粒二象性" 加以拓展, 提出了 "物质波" 假说. 假说认为, 所有物质都具有 "波粒二象性", 其波动性即物质波 (也称德布罗意波), 满足

$$频率 \quad \nu = E/h,$$

$$波长 \quad \lambda = h/p,$$

$$能量 \quad E^2 = p^2 c^2 + m_0^2 c^4.$$

而粒子的速度为物质波的群速度

$$v_{\mathrm{g}} = \frac{\mathrm{d}\omega}{\mathrm{d}k} = \frac{\mathrm{d}E}{\mathrm{d}p} = \frac{pc^2}{E}.$$

1.1 节我们曾提到, 光的波动性的发现依赖于尺度接近于可见光波长的光栅. 而对物质波来说, 以电子为例, 如果在非相对论极限 ($v \ll c$, $E_{\mathrm{k}} \ll m_0 c^2$) 下对动量 p 做展开, 有

$$p = \frac{1}{c}\sqrt{E^2 - m_0^2 c^4} = \frac{1}{c}\sqrt{E_{\mathrm{k}}(E_{\mathrm{k}} + 2m_0 c^2)}$$
$$= \sqrt{2m_0 E_{\mathrm{k}}}\sqrt{1 + \frac{E_{\mathrm{k}}}{2m_0 c^2}},$$

可得其德布罗意波长

$$\lambda \approx \frac{h}{\sqrt{2m_0 E_{\mathrm{k}}}} = \frac{h}{m_0 v}.$$

代入数据容易估算出电子的德布罗意波长远比可见光波长短. 相应地, 要在实验上发现电子的德布罗意波, 就需要尺度更小的 "光栅".

在研究微观世界时, 为了方便, 我们通常采用自然单位制. 定义

$$\hbar = c = 1,$$

于是有

$$1\,\mathrm{s} = 2.99 \times 10^8\,\mathrm{m}, \quad \hbar = 6.582 \times 10^{-22}\,\mathrm{MeV \cdot s}.$$

进而可得

$$1 \text{ MeV}^{-1} = 6.582 \times 10^{-22} \text{ s}$$

$$= 1.96 \times 10^{-13} \text{ m}$$

$$= 5.62 \times 10^{29} \text{ kg}^{-1}.$$

在自然单位制下进行量纲分析, 可以更方便地认识物理内涵: 将光速设为 1, 则距离和时间就具有了一致的量纲, 同时能量、质量和动量的量纲也归于一致, 而 $\hbar = 1$ 又使得能量与频率的量纲一致, 即有

$$[\text{E}] = [\text{M}] = [\text{P}] = [\text{T}]^{-1} = [\text{L}]^{-1}.$$

可见能量动量越大, 对应的德布罗意波长越短.

我们将自然单位制应用到电子物质波波长的估算中. 设一电子被 1.5 V 的电场加速, 则电子的动能就是 1.5 eV, 又知电子的静止质量 $m_\text{e} = 0.511$ MeV, 于是其动量为

$$p \approx \sqrt{2m_\text{e}E_\text{k}} \sim 1.2 \text{ keV},$$

计算出此时电子的约化波长[①]为

$$\lambda' = \frac{1}{p} = \frac{1.96 \times 10^{-13} \text{ m}}{1.2 \times 10^{-3}} \sim 10^{-10} \text{ m} = 1\text{Å} = 0.1 \text{ nm}.$$

因此, 要验证该波长段的电子的波动性, 需要的 "光栅" 尺度必须是原子量级.

历史上, 戴维孙 (C. J. Davisson) 在研究电子与金属散射的特性时, 发现了特定能量的电子束在金属晶格上会发生类似衍射的现象, 即对给定能量的电子, 在特定角度时散射强度达到最大. 在德布罗意提出物质波的概念后, 戴维孙和革末 (L. Germer) 进一步完善实验, 确认了电子的衍射, 并通过对电子在已知晶格常数的镍晶体 $D = \dfrac{d}{\cos\theta} = 2.15$ Å 上衍射的精确测量, 发现在加速电压等于 54 V 时, 衍射角 $\phi = \pi - 2\theta = 51°$ 处有明显增强. 利用布拉格 (Bragg) 衍射条件

$$2d\sin\theta = n\lambda, \quad n = 1, 2, 3, \cdots$$

戴维孙和革末计算出了相应的波长, 发现与德布罗意的预言恰好吻合, 从而验证了德布罗意的物质波假说. 之后, C. P. 汤姆孙通过直接测量电子衍射的德拜–谢勒 (Debye-Scherrer) 环进一步证实了德布罗意的物质波假说. 我们知道, 让人们

[①] 在物质波讨论中, 有时我们会使用约化波长 λ', 定义为 $\lambda' = \dfrac{\lambda}{2\pi}$.

最终确信光具有波动性的实验证据是双缝干涉实验. 但由于波长很短, 很长一段时间内人们只能通过晶格衍射来验证电子的物质波, 直到 20 世纪 60 年代, 电子的双缝干涉实验才最终被实现 [1].

电子波动性实验为量子系统的随机性提供了重要证据. 例如在电子的双缝干涉实验中, 如果我们设置每次只有一个电子可以通过双缝, 单个电子的运动轨迹并不能被准确预言, 然而当累计多个电子后, 电子的分布则会呈现出图 1.2 所示的相干条纹的规律性[2]. 这样单个微粒行为的随机性和大量粒子行为的统计规律是量子系统特有的现象. 需要特别强调的是, 尽管在经典统计物理中, 我们也常说分子的运动是 "无规则" 的, 但在经典框架下, 分子运动本质上仍然是机械运动, 遵从机械的决定论, 这与量子系统的随机性有本质区别.

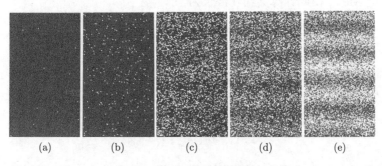

图 1.2   电子干涉实验图

1926 年, 玻恩 (M. Born) 率先将量子系统的随机性和物质波假说结合起来, 认为物质波本质上是一种概率波, 其波函数的模平方反映了粒子处在某一特定坐标或状态的概率密度, 这种解释称为波函数的统计解释 (或概率解释). 加上薛定谔 (E. Schrödinger) 在同年给出了物质波的运动方程即薛定谔方程, 这就构造出一个完整的物质波动力学体系, 也即量子力学的波动力学理论. 而与之同时, 海森伯 (W. K. Heisenberg) 也发展出了一套矩阵力学理论, 同样可以描述量子力学系统. 随后狄拉克 (P. A. M. Dirac) 证明了波动力学和矩阵力学的等价性, 现代的量子力学由此诞生[3].

对撞实验是现代粒子物理常用的实验手段之一. 在电子对撞实验中, 迄今为

---

① Jönsson C. Elektroneninterferenzen an mehreren künstlich hergestellten Feinspalten. Z. Physik, 1961, 161: 454-474; Jönsson C. Electron diffraction at multiple slit. American Journal of Physics, 1974, 42 (1): 4-11; Merli P G, Missiroli G F, Pozzi G. On the statistical aspect of electron interference phenomena. American Journal of Physics, 1976, 44(3): 306-307.

② Tonomura A, Endo J, Matsuda T, et al. Demonstration of single-electron build-up of an interference pattern. American Journal of Physics, 1989, 57: 117-120.

③ 本书中, 我们会在第 3~5 章中回顾量子力学的基本理论并作详细讨论. 但由于篇幅限制, 本书并不能涵盖所有问题, 例如, 本书内容不涉及路径积分量子化的理论, 对此感兴趣的同学可以参考相关专业书籍.

止我们获得的最高能量的电子束具有约 100 GeV 的能量[1], 相比之下电子的静质量可以忽略, 因此可认为电子动量就是 100 GeV. 由此计算出该能量下电子的约化波长

$$\lambda' = \frac{\lambda}{2\pi} = \frac{1}{p} = \frac{1}{E} = 1.96 \times 10^{-18} \text{ m.}$$

显然对撞机中各探测器元件的尺度都远远大于这个长度. 因此, 在高能电子对撞实验里, 电子缺乏合适的 "光栅", 波动性难以显现. 也就是说, 在高能实验中, 电子表现出的性质仍然以粒子性为主.

而对于一些更宏观的物质, 由于质量大, 其动量往往也会很大. 例如, 对一个质量 $m_0 = 1$ μg、速度 $v = 1$ cm/s 的物体, 其动量 $p = 10^{-11}$ kg·m·s^{-1} = 1.89×10^{10} MeV, 由此计算其约化波长为

$$\lambda' = \frac{1}{p} = 1.04 \times 10^{-23} \text{ m.}$$

可以看到, 这个宏观物体的约化波长比前述 100 GeV 的高能电子波长还要小 5 个量级, 远小于物质结构尺寸, 因此不存在任何 "光栅" 能使之显示出波动性.

1.4　原　子　核

我们已经知道原子系统由原子核和电子组成. 更进一步的研究表明, 原子核也存在内部结构, 它由质子和中子通过核力结合而成. 作为一个非微扰的量子多体系统, 原子核本身具有丰富的物理, 不过这超出了本书讨论的范围. 本节中, 我们将简单介绍原子核物理起源时期的物理逻辑. 1.5 节将聚焦于放射性现象, 并通过天然放射性再次展示微观物理的随机性.

1896 年, 贝可勒尔 (A. H. Becquerel) 在硫化铀晶体边的底片上发现了曝光现象, 天然放射性核素被发现, 打开了研究核物理的第一扇窗[2]. 随后居里 (Curie) 夫妇发现了一系列天然放射性核素, 拓展了天然放射性的研究, 同时也为后续研究原子核物理的实验提供了宝贵放射源, 包括卢瑟福发现原子核的 α 粒子和金箔的散射实验 (1911 年).

---

[1] 它来自欧洲核子研究中心 (CERN) 的大型正负电子对撞机 (LEP), 对撞的质心能量最高为 206 GeV.

[2] 实际上许多天体物理现象本身就是核反应导致的, 例如, 太阳本身就是核反应现象, 但是由于受到观测手段的限制, 因此一直缺乏短期定量变化的可观测数据, 直到贝特 (H. Bethe) 提出了标准太阳模型, 巴赫恰勒 (J. Bahcall) 提出了测量太阳中微子的理论预言, 并在戴维斯 (R. Davis) 测量出太阳中微子等直接证据时, 才逐步理解太阳上发生的具体反应类型, 这个过程还涉及了中微子的振荡反应, 直到麦克唐纳 (A. McDonald) 的 SNO(Sudbury Neutrino Observatory) 实验才最终解决所有疑团. 超新星 (supernova) 爆发也是剧烈的核反应过程, 早在 16 世纪, 超新星爆发就被第谷 (Tycho Brahe) 和开普勒 (J. Kepler) 观测到亮度随时间的变化, 但是却没有其他途径可以知晓其发生的实际物理过程其实来自于 ^{56}Ni 和 ^{56}Co 两种放射性核素的半衰期相关联, 更不可能导致核物理现象的发现.

1919 年, 卢瑟福又用 α 粒子轰击氮, 发现反应中释放出了氢原子核. 考虑到氢核已经是已知最轻的原子核, 且其他较重的原子核质量都接近其整数倍, 不难想到, 氢核可能是原子核的一个基本组成单位. 卢瑟福于是把氢核称为质子. 事实上, 卢瑟福实验中发生的反应为

$$\alpha +{}_7^{14}\mathrm{N} \longrightarrow \mathrm{p} +{}_8^{17}\mathrm{O},$$

其中 p 就是质子. 该反应也可以简写成

$$\mathrm{{}_7^{14}N(\alpha, p){}_8^{17}O}.$$

式中第一个元素代表被轰击的元素, 最后一个元素代表产生的元素, 圆括号中的粒子由左到右分别表示入射粒子和产生粒子. 而卢瑟福的这次实验也是历史上首次实现人工核反应.

在不能完全剥离核外电子时, β 射线 (电子) 或者 γ 射线 (光子) 首先与电子反应, 根本不可能到达原子核的尺度. 只有居里夫妇发现的镭、钋等天然放射性元素衰变产生的大量 α 粒子比电子重近万倍, 可以轻松穿透核外电子的屏蔽, 因而是这些放射性元素的发现为卢瑟福散射创造了前提. 当发明了加速器后, 高能电子与原子核散射的深度非弹性散射实验才真正成为研究原子核内部结构的重要手段. 另外, 由这些天然放射性产生的 α 粒子只有 4 ~ 5 MeV 的能量. 根据原子核尺度的估算, 在用 α 粒子轰击金箔的卢瑟福散射实验中, 如果要求 α 粒子能抵达像金这样原子序数比较高的原子核核力的作用范围并与之发生核反应的话, 需要克服约 25 MeV 以上的势垒. 而卢瑟福并没有 "粒子加速器", 库仑势垒大大超出了卢瑟福所用的 α 粒子的能量, 因而该实验中并没有核反应发生, 完全是一个库仑势场的散射问题. 只有当靶原子换成了氮这样原子序数较小的原子时, 天然 α 粒子的能量才足以穿透势垒引发核反应.

质子被发现后的相当长一段时间里, 人们曾认为原子核由质子和电子组成, 但这一观点与一些已有的实验和理论明显不符. 例如考虑氘核 ${}_1^2\mathrm{H}$, 如果它是由质子和电子组成, 则应包含两个质子和一个电子, 如此它必定是一个费米子系统, 而实验测量却发现氘核是玻色子[①]. 而从另一个角度看, 原子核的尺度为 10^{-15} m 量级, 要把电子束缚在这个尺度上, 根据海森伯的不确定原理[②]

$$\Delta x \Delta p \sim 1,$$

可以估算出该电子必然有非常大的动量

$$\lambda \approx 10^{-15}\ \mathrm{m} \Rightarrow E_\mathrm{e} \approx p_\mathrm{e} \approx 1.25\ \mathrm{GeV},$$

---

① 自旋为半整数的粒子称为费米子, 自旋为整数的粒子称为玻色子. 有关自旋的内容我们将在第 7 章和第 9 章详细讨论, 但由于本书的讨论范围不包含核物理, 我们对自旋的讨论也暂不涉及原子核的自旋.

② 量子力学中的不确定原理最早由海森伯在 1927 年提出, 规范表述和详细推导我们将在 4.6 节讨论.

这远远超过了当前尺度下的库仑势能, 因此这一假设的电子不可能是原子核内的束缚态.

直到 1930 年, 德国物理学家波特 (W. Bothe) 在实验中发现

$$\alpha +{}_{4}^{9}\mathrm{Be} \longrightarrow {}_{6}\mathrm{C} +{}_{0}\mathrm{X},$$

其中 X 为一个电中性粒子. 次年, 约里奥-居里 (Joliot-Curie) 夫妇重复该实验, 并以 X 去轰击石蜡 (一种富氢的烷烃类化合物), 竟然从中打出了质子. 然而遗憾的是, 约里奥-居里夫妇并没有认真地对这一发现进行理论计算, 而是简单地以康普顿散射解释, 认为 X 是一个光子, 从而错过了中子的发现. 事实上只要稍加计算就能发现, 针对质子的康普顿散射过程

$$\gamma + \mathrm{p} \longrightarrow \mathrm{p}^* + \gamma^*,$$

利用相对论的能动量守恒

$$E_\gamma = E'_\gamma + \sqrt{2m_{\mathrm{p}}K'_{\mathrm{p}}},$$

$$E_\gamma + m_{\mathrm{p}} = K'_{\mathrm{p}} + m_{\mathrm{p}} + E'_\gamma,$$

可得打出质子需要的光子能量远远超过了轰击铍所能产生光子的能量. 1932 年, 查德威克 (J. Chadwick) 发现只有当该中性粒子 X 的质量与质子相当时, 才能自洽解释所有数据, 并将该中性粒子称为中子. 中子由于是电中性的, 也不像光子那样参加电磁相互作用, 因此可以以非常低的动能接近原子核、发生核反应, 因而成了核物理研究中的另一个重要的 "实验工具".

现在我们知道, 原子核由质子和中子组成, 它们统称为核子, 将核子结合成原子核的力称为核力. 显然, 由于原子核是束缚态, 自由核子结合成原子核的时候会释放出能量, 这部分能量称为原子核的结合能. 通过精确测量核子质量和核质量[①], 我们可以得到核结合能

$$B(A,Z) = Zm_{\mathrm{p}} + (A - Z)m_{\mathrm{n}} - m(A,Z),$$

其中, A 表示原子核的质量数 (也即核子数), Z 表示原子序数 (也即质子数). 通过测量, 我们发现对大部分原子核来说, 其结合能与质量数成正比, 也即其比结合能为

$$\varepsilon = \frac{B(Z,A)}{A}$$

[①] 对质子、原子核这样的带电粒子, 可以通过质谱仪或离子阱等手段测量其质量, 测量精度可达 10^{-8} MeV. 而对电中性的中子, 其质量则需要通过氘核结合能的独立测量给出, 即通过一个动能极低的中子被静止的质子俘获的过程

$$\mathrm{n} + \mathrm{p} \longrightarrow {}_{1}^{2}\mathrm{D} + \gamma$$

来测量.

相对固定. 稍作分析我们知道, 对一个长程力来说, 一个原子核中的所有核子之间两两都有相互作用, 因而其结合能应该近似与 $C_A^2 = \dfrac{A(A-1)}{2} \propto A^2$ 成正比. 因此, 只有当核力为短程力时, 其作用范围仅限于相邻的核子, 结合能才能正比于 A. 这样, 我们就确认了核力是短程力[①].

前面我们已经看到, 卢瑟福使用的天然 α 粒子只有很低的能量, 这样低能的带电粒子在大部分情况下很难到达核力的作用范围从而发生核反应. 为了更方便地研究核物理及更深层次的粒子物理 (有时统称为亚原子物理, 即 subatomic physics), 在 20 世纪 30 年代, 人们相继发明了静电加速器和回旋加速器, 用以提高带电粒子的能量. 在随后的高能散射实验中人们进一步发现, 质子和中子也不是基本粒子, 它们由夸克通过强相互作用结合形成. 进一步地, 在加速器技术的帮助下, 人类在 20 世纪建立并检验了描述自然界基本粒子与相互作用的粒子物理标准模型理论. 而在这个过程中, 高能散射实验也逐渐成为粒子物理最主要的实验手段[②]. 此外, 加速器技术也被广泛应用于材料、核医学等诸多领域.

1.5 放 射 性

前面我们已经提到, 卢瑟福散射实验中使用的 α 粒子由天然放射性元素衰变产生. 一般地, 一个不稳定核素释放出粒子, 然后变为其他核素的过程就称为衰变, 衰变释放出的粒子也称为射线[③]; 而不稳定核素可以进行衰变的性质称为放射性.

作为一个量子系统, 原子核的衰变是一个量子跃迁过程, 因而也是量子力学随机性的典型表现之一: 我们不知道一个原子核何时会发生衰变, 但其发生衰变的概率是确定的, 因而大量原子核的衰变就服从统计规律. 按照统计方法, 设 t 时刻有 N 个放射性原子核, 每个原子核在单位时间内发生衰变的概率为 λ, 则在 dt 时间内因衰变而产生的原子核数目变化 dN 可以表示成

$$dN = -\lambda N dt,$$

这里负号表示原子核数目减少. 容易解得

$$N(t) = N_0 e^{-\lambda t}, \tag{1.1}$$

---

① 从场论的视角来看, 有质量的力场对应于短程力, 而无质量的力场对应于长程力. 从有质量的克莱因-戈尔登方程出发, 写出对应的点源形成的静态势 (类似静电场高斯定理) 有

$$(\nabla^2 - m^2)V(r) = -g\delta r,$$

其解 $V(r) = ge^{-mr}/r$ 在 $m \neq 0$ 时就对应于短程的汤川势, 而当 $m = 0$ 时则退化为 $1/r$ 的静电势.

② 当然, 散射实验并不是粒子物理实验的唯一手段, 例如宇宙射线研究也一直是粒子物理研究的重要手段之一.

③ 天然放射性衰变产生的射线主要有三种, 即通常所说的 α、β、γ 射线, 分别对应于 α 粒子 (即氢核)、电子和光子.

其中 N_0 为初始时刻的原子核数, 而 λ 被称为衰变宽度. 如果求从 $t = 0$ 时刻起所有原子核衰变前 "存活" 时间的平均值, 则有

$$\tau = \frac{1}{N_0} \int_0^\infty t \mathrm{d}N = \frac{1}{\lambda}, \tag{1.2}$$

这称为粒子的寿命. 而单位时间内原子核的衰变次数

$$A = \frac{\mathrm{d}N}{\mathrm{d}t} = \lambda N_0 \mathrm{e}^{-\lambda t} = \lambda N \tag{1.3}$$

称为放射性强度. 放射性强度的常用单位有居里 (Ci)、贝可勒尔 (Bq) 和卢瑟福 (Rd)

$$1 \text{ Ci} = 3.7 \times 10^{10} \text{ 次衰变/秒},$$

$$1 \text{ Bq} = 2.7 \times 10^{-11} \text{ Ci} = 1 \text{ 次衰变/秒},$$

$$1 \text{ Rd} = 10^6 \text{ 次衰变/秒},$$

其中 Ci 定义的来自于 ^{226}Ra 衰变数据. 另外, 设 $t = T$ 时刻原子核数减少到初始值的一半, 代入上式 (1.1) 可得

$$T = \frac{\ln 2}{\lambda}, \tag{1.4}$$

T 称为此核素的半衰期.

　　放射性强度为测量元素的半衰期和寿命提供了一个间接方法. 例如对 1 mg 的 ^{238}U, 实验测得其衰变强度为

$$A = 740 次/\text{min},$$

代入式 (1.3) 立即可得

$$\lambda = 4.87 \times 10^{-18} \text{ s}.$$

由此计算其半衰期为 4.5×10^9 年.

　　容易理解, 要测量的粒子寿命越长, 需要的粒子数就越多. 例如质子是非常稳定的粒子 (世界的稳定性已经向我们证明了这一点), 现有理论对其寿命的估计下限大约是 6×10^{34} 年, 因此测量质子寿命的实验是利用一个超大的注满数万吨水的切连科夫探测器进行的[①]. 在这样的实验装置中, 水罐周围布满光电管, 这样如

[①] 实验目前在日本的超级神冈中微子探测实验 (Super-Kamioka Neutrino Detection Experiment, Super-K) 中进行, 该实验装置正准备进一步升级成 Hyper-K.

果质子发生衰变, 由于其衰变释放的正电子 e^+ 等相对论性粒子速度可能超过水中的光速 $(0.75c)$, 光电管就能捕捉到其发出的切连科夫辐射, 从而探测到质子的衰变, 进而计算出质子的寿命. 不过, 迄今为止我们仍未在实验中看到有质子发生衰变.

相对论的时间延缓效应在某些情况下对测量极短寿命粒子也有帮助. 例如, 一个粒子质量为 1 GeV, 如果有一个能量为 100 GeV 的该粒子, 根据相对论质能关系

$$E \approx \frac{m_0}{\sqrt{1 - v^2/c^2}},$$

可以知道粒子速度约等于光速 c. 如果质心系中该粒子寿命为 10^{-12} s, 则粒子的运动距离为

$$L \approx \frac{E}{m_0} c\tau \sim 3 \times 10^8 \times 100 \times 10^{-12} \text{ m} = 3 \times 10^{-2} \text{ m}.$$

若该粒子带电, 则可以在径迹探测器中测量到一个 3cm 长的轨迹之后再发生衰变. 当然如果有质量和能量信息, 也可以反过来通过这个轨迹测量寿命.

放射性与衰变是核物理研究中的重要部分, 也在核科学技术中有众多应用. 早期核武器的中子点火装置是利用炸药将 ^{210}Po 与 ^{9}Be 混合, 再通过 ^{210}Po 衰变产生的 α 粒子与铍反应产生中子[①]. 核电池一直在深空探测等特殊应用场景中扮演着重要角色. 核电池便是利用 ^{238}Pu 等放射性核素的自发衰变产生的热量结合半导体热电偶发电.

除了在核科学技术领域, 放射性与衰变也在其他领域有着广泛的应用. 例如, 人们对地球年龄的估算就是通过测量锆晶体中的铅含量完成的. 从化学上看, 锆的化学性质与铅并不相似, 但锆晶体中却有铅混入. 经过研究人们发现, 铀与锆有相似的化学性质, 因此其同位素容易混杂在一起, 而锆晶体中的铅其实来自铀的自发衰变. 这样, 通过对比测量陨石和地球岩石中锆晶体的铅含量, 就能反推出地球的年龄.

人们还广泛使用 ^{14}C 测定古生物或文物的年代. 碳是一种在自然界广泛存在的元素, 生物和人类活动 (比如呼吸、烧制瓷器等) 都会涉及碳. 自然界中碳的天然同位素有 ^{12}C、^{13}C 和 ^{14}C 三种, 其中 ^{12}C 占 98.89%, 是一个稳定的核素, 而 ^{14}C 则具有放射性, 会自发衰变为 ^{14}N, 其半衰期约为 5730 年. 自然界中的 ^{14}C 来自于宇宙线中的质子打在原子核上产生的中子被 ^{14}N 吸收

$$n + {}^{14}_{7}N \longrightarrow {}^{14}_{6}C + p.$$

---

① 现代核武器中, 静电加速氘氚聚变的中子管已经成为主流.

在一定时间尺度内, 如果忽略核试验等对全世界范围内 ^{14}C 的影响[①], 就可以认为自然界中的 ^{14}C 处在动态平衡; 但如果古生物的遗骸或烧制的瓷器等被埋在地下, 则其中的碳没有代谢, 只有 ^{14}C 的自发衰变, ^{14}C 的含量就会减少. 因此, ^{14}C 测龄技术的核心便是测量 ^{14}C 和 ^{12}C 含量之比

$$\rho = \frac{N_{^{14}\mathrm{C}}}{N_{^{12}\mathrm{C}}}.$$

如果将自然界中处于动态平衡的 ρ 记为 ρ_0, 则被埋在地下的文物或遗骸经过时间 t 后, 其 ρ 值应变成

$$\rho = \rho_0 \mathrm{e}^{-\lambda t}, \tag{1.5}$$

其中 λ 是 ^{14}C 的衰变宽度. 这样, 我们就能通过测量 ρ 值获得文物或古生物距今的时间 t.

　　从电子的波动性到原子核的衰变, 在这两类随机现象中我们初步看到了量子系统中与经典系统不同的动力学性质. 从第 2 章开始, 我们将具体地构造动力学理论来描述量子系统.

⨂ 第 1 章习题 ⨂

　　1. 已知标准状况下氦气黏滞系数 1.89×10^{-5} Pa·s, 计算氦原子半径.

　　2. 按照汤姆孙原子模型, 氢原子里一个电子在均匀分布正电荷为 e 的球体中心附近做简谐振动. 已知氢原子电离能为 13.6 eV, 求氢原子半径和电子振动频率发出的波长.

　　3. 自然单位制 $(\hbar = c = 1)$, 计算以下单位换算因子:

$$1\ \mathrm{s} = 1.52 \times 10^{24}\ \mathrm{GeV}^{-1},$$
$$1\ \mathrm{m} = 5.07 \times 10^{15}\ \mathrm{GeV}^{-1},$$
$$1\ \mathrm{kg} = 5.61 \times 10^{26}\ \mathrm{GeV},$$

并将质子质量、电子质量从千克换算成 MeV.

　　4. 从相对论关系推导非相对论极限下动能为 E_k、质量为 m 的粒子的德布罗意波长. 电子的静止质量是 0.511 MeV, 分别计算当电子能量 $E = 100$ GeV 和 $E = 100$ eV 时的德布罗意波长.

　　5. 已知戴维孙–革末实验中, 电子加速电压为 54 V, 计算电子德布罗意波长; 另外已知第一个最大衍射角为 51°, 计算镍晶格常数.

　　6. π 介子 $\pi^{\pm}$ 质量约为 140 MeV, 主要通过两体衰变 $\pi^{-} \to \mu^{-} + \bar{\nu}_{\mu}$ 衰变成缪子和几乎无质量的中微子, 在 π 介子质心系计算末态缪子的动能.

　　[①] 由于产生 ^{14}C 的反应是中子反应, 部分地区的 ^{14}C 含量可能因核试验而产生变化. 例如澳洲和南美洲地区的 ^{14}C 含量就因为美国、法国两国在太平洋的大量核试验有所增加.

7. 缪子 $\mu^{\pm}$ 的质量约是 106 MeV, 质心系寿命为 2.19×10^{-6} s, 计算一个 106 GeV 的缪子在实验室系的衰变距离.

8. 利用相对论能动量守恒, 推导康普顿散射公式.

9. 以一个钋 210 自发衰变产生的 α 粒子轰击铂, 只是发生了库仑散射, 并没有发生核反应, 而轰击氮核却会发生核反应.

(1) 已知钋 α 衰变的反应能为 $Q = 5.407$ MeV①, 计算 α 粒子的动能.

(2) 估算 α 粒子与铂核的库仑势垒 (对核半径估算, 利用经验公式 $r = r_0 A^{1/3}$, $r_0 \sim$ 1.2 fm).

(3) 钋 210 的半衰期为 138 天, 计算钋 210 的衰变强度 (早期核武器里的中子点火装置通常利用钋 210 作为 α 源与铍反应, 释放中子).

10. 已知钚 238 通过 α 衰变的反应能 $Q = 5.593$ MeV, 半衰期约为 88 年, 计算 1 kg 钚 238 衰变的发热功率 (太空探测中, 在部分太阳能不能使用的区域内, 利用钚 238 衰变发热加半导体的热电偶发电, 被称为核电池).

---

① 有关核反应的数据可以在 www.nndc.bnl.gov 查询.

第 2 章

力学量与变换

> The methods that I explain require neither geometrical, nor mechanical, constructions or reasoning, but only algebraical operations in accordance with regular and uniform procedure. Those who love analysis will see with pleasure that mechanics has become a branch of it, and will be grateful to me for having thus extended its domain.
>
> ——Joseph Louis Lagrange

  德布罗意波粒二象性 (物质波) 假说表明, 微观粒子在粒子性之外, 在找到合适尺度的 "光栅" 时, 也会显现出波动性. 因此, 要研究量子系统的演化规律, 实际上就是要给出作为物质波的粒子的运动方程, 也即物质波的波动方程.

  如果对一维平面波 $\psi(x) = a_0 \mathrm{e}^{\mathrm{i}kx - \mathrm{i}\omega t}$ 以空间和时间求导, 可得

$$\frac{\partial}{\partial x}\psi(x) = \mathrm{i}k\psi(x), \quad \frac{\partial}{\partial t}\psi(x) = -\mathrm{i}\omega\psi(x).$$

并且注意到物质波关系中, 角频率 ω 和波矢 $\boldsymbol{k}$ 分别对应于粒子的能量和动量, 即[1]

$$E = \omega, \quad \boldsymbol{p} = \boldsymbol{k}.$$

我们就得到一组微分算符和力学量之间的对应关系

$$E = \omega \sim \mathrm{i}\frac{\partial}{\partial t}, \quad p = k \sim -\mathrm{i}\frac{\partial}{\partial x}.$$

---

[1] 注意使用自然单位制.

这一自然的对应关系将成为我们以物质波假说为起点建立量子力学的一个重要提示. 当然, 经典力学中不存在物质波假说, 因而并不存在这样简单的对应, 但如果我们从变换的视角考虑, 例如考虑一个极小平移变换 $x \to x + \epsilon$, 对一个单变量的连续可微函数 $f(x)$, 可以写成

$$f(x + \mathrm{d}x) = f(x) + \epsilon \frac{\mathrm{d}}{\mathrm{d}x} f(x) = (1 + \epsilon \hat{T}) f(x),$$

其中 $\hat{T} = \mathrm{d}/\mathrm{d}x$ 是微分算符. 在这个基础上, 如果能将动量与算符 $\hat{T}$ 建立一种对应, 那么至少在动力学层次上, 我们就找到了一种经典与量子的对应关系. 从本章起至第 4 章, 我们就将从经典力学与变换的视角, 通过寻求这种对应关系, 逐步过渡到量子力学中.

历史上, 牛顿从研究质点的运动出发建立了运动学理论, 这一理论广泛应用于运动问题的研究. 例如在电磁学中, 对电磁场中的带电粒子, 牛顿力学就可以通过分析其电场力和洛伦兹力 (Lorentz force), 进而根据牛顿第二定律来建立运动方程. 然而对电磁场本身, 牛顿力学就不容易处理了. 不过, 是否存在某种与牛顿第二定律类似的基本原理, 可以导出电磁场本身的运动方程 (即麦克斯韦方程), 进而预言其行为呢? 这其实意味着我们需要一种更广义的理论来描述系统随时间的演化, 而这就是所谓的分析力学理论. 分析力学通常有拉格朗日 (Lagrange) 力学和哈密顿 (Hamilton) 力学两套等价的理论, 在这两套理论中, 只要给定能准确描述该系统的拉格朗日量或者哈密顿量, 就可以导出系统的运动方程; 而正确的拉格朗日量或哈密顿量则需要一些 (通常是系统对称性的) 规则来得到. 本章将简单介绍这种更广义的经典动力学理论及其应用. 我们将会看到, 上述理论不仅可以很方便地描述电磁场、电路这样的非传统力学系统, 也为寻找力学系统的守恒量提供了有力的工具, 包含了正则变换等丰富物理的内涵, 为量子力学理论的发展提供了便利, 我们将在第 4 章中进一步讨论这一推广. 不过, 这里介绍分析力学, 只是出于引入变换群概念的需要, 有关分析力学更严格和详细的讲解是理论力学课程的内容, 本书将不再深入讨论.

2.1 拉格朗日力学

我们知道, 做功与路径无关的力称为保守力. 于是, 在一个闭合回路上保守力做功为零, 即

$$\oint \boldsymbol{F} \cdot \mathrm{d}\boldsymbol{x} = \iint (\nabla \times \boldsymbol{F}) \mathrm{d}\Omega = 0, \tag{2.1}$$

其中应用了斯托克斯定理. 由于回路是任意的, 这就是说, 保守力的旋度为零, 或说保守力是无旋的

$$\nabla \times \boldsymbol{F} = 0, \tag{2.2}$$

而由向量微积分的知识我们知道, 无旋矢量 $\boldsymbol{F}$ 必可写作某标量函数的梯度, 因此, 我们可以定义势能函数 U, 使之仅为位置的函数, 即有

$$\boldsymbol{F} = -\nabla U(\boldsymbol{x}) \quad 或 \quad F_i = -\frac{\partial U}{\partial x_i},$$

从而

$$(\nabla \times \boldsymbol{F})_i = -(\nabla \times \nabla U)_i = \epsilon_{ijk}\partial_j\partial_k U = 0,$$

即 $\nabla \times \boldsymbol{F} = 0$. 式中最后一步是因为求导 $\partial_i = \dfrac{\partial}{\partial x_i}$ 对不同坐标分量 j、k 可交换

$$\partial_j\partial_k = \partial_k\partial_j,$$

而三维莱维–齐维塔 (Levi-Civita) 张量则是反对称的

$$\epsilon_{ijk} = -\epsilon_{ikj}. \tag{2.3}$$

关于势能定义的一个特例是运动的带电粒子在磁场中受到的洛伦兹力. 磁场是涡旋场, 洛伦兹力并不满足式 (2.2), 进而也无法定义出标量势函数 U, 所以一种观点认为洛伦兹力 $\boldsymbol{F} = q\boldsymbol{v} \times \boldsymbol{B}$ 是非保守力. 不过, 如果从 "做功与路径无关" 的定义即式 (2.1) 来看, 洛伦兹力事实上是满足保守力定义的, 因为洛伦兹力做功恒为零, 即

$$\int \boldsymbol{F} \cdot \mathrm{d}\boldsymbol{x} = \int q(\boldsymbol{v} \times \boldsymbol{B} \cdot \boldsymbol{v})\mathrm{d}t = 0.$$

鉴于无磁单极, 由磁场高斯定理推导得到磁矢势 $\boldsymbol{A}$ 的定义

$$\boldsymbol{B} = \nabla \times \boldsymbol{A},$$

$\boldsymbol{A}$ 与 U 一样是势函数, 只不过前者本身就是个矢量, 这就解决了磁场势函数的问题. 由此, 在以下讨论中我们将洛伦兹力看成是一个特殊的保守力, 这会给我们的讨论带来方便. 需要注意的是, 在下文中我们很快将看到, 代入洛伦兹力会给势函数引入含有速度的项, 不过这并不影响我们的讨论. 另外, 电场和磁场的统一理论确认后, 我们通常将带电粒子受到电磁场的合力

$$\boldsymbol{F} = q(\boldsymbol{E} + \boldsymbol{v} \times \boldsymbol{B})$$

称为洛伦兹力. 在以下的讨论中如不作特殊说明, 我们将使用这种表述.

考虑一个保守力系统, 我们可用一组广义坐标 q_i 和广义速度 $\dot{q}_i$ 描述其运动状态[①]. 定义系统的拉格朗日量 (Lagrangian, 亦简称拉氏量)L 为动能减势能之差, 使之为广义坐标和广义速度的函数, 即

$$L(q_i, \dot{q}_i, t) = T - U = \sum_i \left(\frac{1}{2} m_i \dot{q}_i^2 - U \right), \tag{2.4}$$

其中, T 为动能, U 为势能. 进一步地, 在 t_1 时刻到 t_2 时刻之间, 我们可以定义

$$S = \int_{t_1}^{t_2} L(q_i, \dot{q}_i, t)\mathrm{d}t, \tag{2.5}$$

这称为作用量 (action). 于是有

- 若 t_1 和 t_2 时刻系统的坐标 $q_i(t_1)$、$q_i(t_2)$ 确定, 则系统真实的运动轨迹必使作用量取极值, 即有

$$\delta S = \delta \int_{t_1}^{t_2} L(q_i, \dot{q}_i, t)\mathrm{d}t = 0. \tag{2.6}$$

这一原理称为最小作用量原理[②], 它是与牛顿运动定律等价的力学基本原理, 也是分析力学的基础.

式 (2.6) 实际上是对作用量 S 的 "变分". 在讨论最小作用量原理的应用之前, 我们先对变分的概念作简要说明.

给定一个函数集合 Y, 若对其中的每一个函数 $y(x) \in Y$, 都有一个数 $J[y]$ 与之对应, 则称 $J[y]$ 是函数 $y(x)$ 的一个泛函. 容易理解, 泛函是函数集到数集的一个映射, 泛函的值通常随着函数的变化而变化. 因而, 作用量 S 实际上是 "运动轨迹" 的一个泛函, 每个可能的运动轨迹 (注意只是可能, 而并非真实的, 真实的运动轨迹只有一个) 都对应于一个作用量的值.

对一个泛函 $J[y]$, 如果

$$J[y + h] - J[y] = F(h) + G,$$

---

① 对一个质点系组成的保守力系统, 可用于描述其运动状态的一组广义坐标中的坐标个数, 即系统的自由度, 由质点系的质点个数和质点所受几何约束的条件数给出. 这一问题在理论力学课程中会有详细讨论. 此处为避免混淆, 只以下标 i 表示坐标序数, 而不再展开讨论质点组及其约束条件.

② 实际上, 最小作用量原理要求对运动中足够小的分段 S 必须取最小值, 而不仅仅是极值, 这也是该原理名称的含义. 但通常我们的讨论中只需用到式 (2.6). 最小作用量原理的这种表述也称为哈密顿原理, 作用量 S 又称哈密顿第一主函数. 更深层次的讨论涉及经典力学的数学结构, 但超出了本书的范围, 感兴趣的同学可以阅读相关教材, 如 Arnold V I. Mathematical Methods of Classical Mechanics. 2nd ed. New York: Springer, 1989.

其中 y 和 h 均为 x 的函数, $F(h)$ 是线性的, 且 $G = o(h^2)$(即当 $\mid h \mid < \epsilon$ 且 $\left| \dfrac{\mathrm{d}h}{\mathrm{d}x} \right| < \epsilon$ 时有 $\mid G \mid < C\epsilon^2$), 则我们称泛函 J 是可微的. $F(h)$ 称为泛函 J 的变分, 记作 δJ; h 也称为函数 y 的变分, 记作 δy. 不难发现, 变分与微分十分类似, 事实上变分也有与微分类似的运算性质, 如

$$\delta(J + K) = \delta J + \delta K$$

$$\delta(JK) = (\delta J)K + J(\delta K)$$

等等. 特别地, 容易证明变分算符与微分或求导算符对易, 即对 $y(x)$ 有

$$\delta \mathrm{d}y = \mathrm{d}\delta y, \tag{2.7}$$

$$\delta \left(\frac{\mathrm{d}}{\mathrm{d}x} y \right) = \frac{\mathrm{d}}{\mathrm{d}x} (\delta y), \tag{2.8}$$

或简记为

$$[\delta, \ \mathrm{d}] = \delta \mathrm{d} - \mathrm{d}\delta = 0. \tag{2.9}$$

由于变分法并非本书的主线内容, 因此这里不再详细介绍, 有兴趣的同学可查阅泛函分析或部分数学物理方法的教材[1].

回到作用量

$$S = \int_{t_1}^{t_2} L(q_i, \dot{q}_i, t)\mathrm{d}t, \tag{2.5}$$

易得

$$
\begin{aligned}
\delta S &= \int_{t_1}^{t_2} [L(q_i + \delta q, \dot{q}_i + \delta \dot{q}_i, t) - L(q_i, \dot{q}_i, t)] \, \mathrm{d}t \\
&= \int_{t_1}^{t_2} \left(\frac{\partial L}{\partial q_i} \delta q_i + \frac{\partial L}{\partial \dot{q}_i} \delta \dot{q}_i \right) \mathrm{d}t \\
&= \int_{t_1}^{t_2} \left[\frac{\partial L}{\partial q_i} \delta q_i + \frac{\mathrm{d}}{\mathrm{d}t} \left(\frac{\partial L}{\partial \dot{q}_i} \delta q_i \right) - \frac{\mathrm{d}}{\mathrm{d}t} \left(\frac{\partial L}{\partial \dot{q}_i} \right) \delta q_i \right] \mathrm{d}t \\
&= \left(\frac{\partial L}{\partial \dot{q}_i} \delta q_i \right) \Bigg|_{t_1}^{t_2} + \int_{t_1}^{t_2} \left[\frac{\partial L}{\partial q_i} - \frac{\mathrm{d}}{\mathrm{d}t} \left(\frac{\partial L}{\partial \dot{q}_i} \right) \right] \delta q_i \mathrm{d}t.
\end{aligned}
\tag{2.10}
$$

其中倒数第二个等号应用了性质 (2.8) 并进行了分部积分. 由于初末时刻的坐标是确定的, 显然有 $\delta q_i(t_1) = \delta q_i(t_2) = 0$, 因而式 (2.10) 的第一项为零. 那么根据

---

[1] 例如, 张恭庆. 变分学讲义. 北京: 高等教育出版社, 2011; 吴崇试, 高春媛. 数学物理方法. 3 版. 北京: 北京大学出版社, 2019; 以及前面提到的 Arnold 的书等.

最小作用量原理 (2.6), 必有

$$\delta S = \int_{t_1}^{t_2} \left[\frac{\partial L}{\partial q_i} - \frac{\mathrm{d}}{\mathrm{d}t}\left(\frac{\partial L}{\partial \dot{q}_i} \right) \right] \delta q_i \mathrm{d}t = 0,$$

于是有

$$\frac{\mathrm{d}}{\mathrm{d}t}\left(\frac{\partial L}{\partial \dot{q}_i} \right) - \frac{\partial L}{\partial q_i} = 0. \tag{2.11}$$

这称为欧拉–拉格朗日方程 (Euler-Lagrange equation), 是最小作用量原理的直接推论. 下面我们将看到, 对给定拉氏量 L 的力学系统, 该方程将给出系统的运动方程.

我们可以定义广义动量和广义力分别为

$$p_i = \frac{\partial L}{\partial \dot{q}_i}, \quad F_i = \frac{\partial L}{\partial q_i}. \tag{2.12}$$

容易看出, 在三维笛卡儿坐标系中, 欧拉–拉格朗日方程

$$\frac{\mathrm{d}}{\mathrm{d}t}p_i - F_i = 0$$

就是牛顿第二定律的推广.

例题 2.1 在平面极坐标下, 系统的拉格朗日量是坐标和速度的函数

$$L = L(r, \theta, \dot{r}, \dot{\theta}).$$

已知势能为 $U = -\dfrac{\alpha}{r}$, 求运动方程.

解 平面直角坐标到极坐标的变换为

$$x = r\cos\theta, \quad y = r\sin\theta,$$

因而速度分量为

$$\dot{x} = \dot{r}\cos\theta - r\dot{\theta}\sin\theta, \quad \dot{y} = \dot{r}\sin\theta + r\dot{\theta}\cos\theta.$$

由此可以写出该系统的拉格朗日量

$$L = \frac{1}{2}m(\dot{x}^2 + \dot{y}^2) - U = \frac{1}{2}m[\dot{r}^2 + (r\dot{\theta})^2] + \frac{\alpha}{r},$$

广义动量为

$$p_r = \frac{\partial L}{\partial \dot{r}} = m\dot{r}, \quad p_\theta = \frac{\partial L}{\partial \dot{\theta}} = mr^2\dot{\theta},$$

代回欧拉–拉格朗日方程, 得到径向的运动方程

$$\frac{\mathrm{d}p_r}{\mathrm{d}t} - \frac{\partial L}{\partial r} = 0 \rightarrow m\ddot{r} - mr\dot{\theta}^2 + \frac{\alpha}{r^2} = 0$$

和切向的运动方程

$$\frac{\mathrm{d}p_\theta}{\mathrm{d}t} = 0, \quad p_\theta = mr^2\dot{\theta}.$$

容易看出径向的运动方程中有向心力的贡献, 而切向方程则反映了角动量守恒. ■

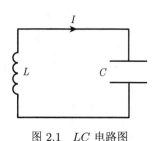

图 2.1　LC 电路图

例题 2.2(LC 振荡电路)　在如图 2.1 所示的 LC 电路中, 电感①ℓ 储能与电流 I 的关系为

$$\varepsilon = -\ell\frac{\mathrm{d}I}{\mathrm{d}t}, \quad W_\ell = \int \varepsilon I \mathrm{d}t = \frac{1}{2}\ell I^2 = \frac{1}{2}\ell\dot{Q}^2,$$

而电容 C 的储能为

$$Q = C \cdot V, \quad W_C = \int \frac{Q}{C}\mathrm{d}Q = \frac{1}{2C}Q^2,$$

因此容易写出 LC 电路系统的拉格朗日量

$$L = \frac{1}{2}\ell\dot{Q}^2 - \frac{1}{2C}Q^2.$$

设广义坐标为电荷 Q, 则广义速度就是电荷的时间变化即电流 $\dot{Q}$. 于是, 系统的欧拉–拉格朗日方程为

$$\ell\frac{\mathrm{d}\dot{Q}}{\mathrm{d}t} + \frac{1}{C}Q = 0.$$

这是一个角频率为 $1/\sqrt{\ell C}$ 的谐振方程. ■

值得注意的是, 在拉格朗日力学中, 通过建立欧拉–拉格朗日方程, 并以广义坐标、广义速度、广义力等取代我们熟悉的空间坐标、速度、力等, 将理论的适用范围进行了推广, 使其不仅局限在传统的力学系统中. 而本例讨论正是一个典型的非力学系统.

函数 $f(q_i, \dot{q}_i, t)$ 被称为守恒量, 如果

---

① 这里以 ℓ 表示电感, 以与拉氏量 L 区分.

$$\frac{\mathrm{d}}{\mathrm{d}t}f(q_i,\dot{q}_i,t) = \frac{\partial f}{\partial q_i}\dot{q}_i + \frac{\partial f}{\partial \dot{q}_i}\ddot{q}_i + \frac{\partial f}{\partial t} = 0.$$

例如, 如果 L 不显含坐标 q_i, 即 $\frac{\partial L}{\partial q_i} = 0$, 则

$$\frac{\mathrm{d}p_i}{\mathrm{d}t} = \frac{\mathrm{d}}{\mathrm{d}t}\left(\frac{\partial L}{\partial \dot{q}_i}\right) = \frac{\partial L}{\partial q_i} = 0.$$

即当 L 不显含广义坐标 q_i 时, 与之对应的广义动量 p_i 守恒. 例如, 令 q_i 为三维笛卡儿坐标 x_i, 则广义动量就是我们所熟知的动量; 而令 q_i 为三维球坐标中的 (θ, ϕ), 则动量就是我们熟知的角动量.

2.2 哈密顿力学

从拉格朗日力学出发, 我们可以推导出哈密顿力学, 它与拉格朗日力学等价. 继续 2.1 节的守恒量讨论, 如果 L 不显含时间, 即 $\frac{\partial L}{\partial t} = 0$, 定义

$$H = \sum_i \dot{q}_i \frac{\partial L}{\partial \dot{q}_i} - L = \sum_i p_i \dot{q}_i - L, \tag{2.13}$$

可以证明

$$\frac{\mathrm{d}H}{\mathrm{d}t} = 0. \tag{2.14}$$

证明如下:

$$\frac{\mathrm{d}H}{\mathrm{d}t} = \sum_i \left[\ddot{q}_i \frac{\partial L}{\partial \dot{q}_i} + \dot{q}_i \frac{\mathrm{d}}{\mathrm{d}t}\left(\frac{\partial L}{\partial \dot{q}_i}\right) - \frac{\partial L}{\partial q_i}\dot{q}_i - \frac{\partial L}{\partial \dot{q}_i}\ddot{q}_i\right]$$

$$= \sum_i \dot{q}_i \left[\frac{\mathrm{d}}{\mathrm{d}t}\left(\frac{\partial L}{\partial \dot{q}_i}\right) - \frac{\partial L}{\partial q_i}\right] = 0.$$

$\square$

由此, H 是守恒量. 容易看出 $H = T + U$, 因而 H 就是系统的机械能. 也就是说, 若 L 不显含时间, 则系统机械能守恒.

对拉格朗日量求全微分

$$\mathrm{d}L = \frac{\partial L}{\partial q_i}\mathrm{d}q_i + \frac{\partial L}{\partial \dot{q}_i}\mathrm{d}\dot{q}_i + \frac{\partial L}{\partial t}\mathrm{d}t$$

$$= \dot{p}_i \mathrm{d}q_i + p_i \mathrm{d}\dot{q}_i + \frac{\partial L}{\partial t}\mathrm{d}t,$$

其中应用了式 (2.11) 和式 (2.12). 上式可以被重写成

$$\mathrm{d}L = \frac{\partial L}{\partial q_i}\mathrm{d}q_i + \mathrm{d}(p_i \dot{q}_i) - \dot{q}_i \mathrm{d}p_i + \frac{\partial L}{\partial t}\mathrm{d}t,$$

整理后得到

$$-\frac{\partial L}{\partial q_i}\mathrm{d}q_i + \dot{q}_i \mathrm{d}p_i - \frac{\partial L}{\partial t}\mathrm{d}t = \mathrm{d}(p_i \dot{q}_i - L) = \mathrm{d}H.$$

而对 H, 如果我们令它是广义动量和广义坐标的函数①, 对 H 写全微分可得

$$\mathrm{d}H = \frac{\partial H}{\partial q_i}\mathrm{d}q_i + \frac{\partial H}{\partial p_i}\mathrm{d}p_i + \frac{\partial H}{\partial t}\mathrm{d}t,$$

按照全微分的性质, 立即有

$$\frac{\partial H}{\partial q_i} = -\dot{p}_i, \tag{2.15}$$

$$\frac{\partial H}{\partial p_i} = \dot{q}_i, \tag{2.16}$$

$$\frac{\partial H}{\partial t} = -\frac{\partial L}{\partial t}, \tag{2.17}$$

其中, 式 (2.15) 和式 (2.16) 描述了 p_i、q_i 随时间的演化, 被称为哈密顿正则运动方程. (p_i, q_i) 称为正则变量; H 称为哈密顿量 (Hamiltonian), 是 (p_i, q_i, t) 的函数.

在拉格朗日力学中, 系统的运动以位形空间 (confirguration space) 的坐标 $(q, \dot{q})$ 表述; 而在哈密顿力学中, 它以相空间 (phase space) 的坐标 (p, q) 来表述. 可以证明, 这两种表述是完全等价的. 这种从不同角度对同一个体系进行等价表述的对应, 在数学上被称为勒让德变换 (Legendre transformation). 勒让德变换在物理中的应用还可见于热力学中内能和焓之间的对应.

哈密顿力学还可以写成更简洁的形式, 定义

---

① 在 H 的定义式中, 将变量 $(q_i, \dot{q}_i)$ 代换为 (p_i, q_i) 是简单的, 同学们可以自己试试看, 或参考理论力学的教材. 另外, 不失一般性地, H 当然也是时间 t 的函数.

$$\{F, G\} = \frac{\partial F}{\partial q_i} \frac{\partial G}{\partial p_i} - \frac{\partial F}{\partial p_i} \frac{\partial G}{\partial q_i}, \tag{2.18}$$

这称为泊松 (Poisson) 括号. 由此, 哈密顿正则运动方程可写为

$$\dot{p}_i = \{p_i, H\}, \quad \dot{q}_i = \{q_i, H\}, \tag{2.19}$$

对任意的动力学变量 $f(p_i, q_i, t)$, 求它对时间的全导数

$$\frac{\mathrm{d}}{\mathrm{d}t} f = \frac{\partial f}{\partial q_i} \dot{q}_i + \frac{\partial f}{\partial p_i} \dot{p}_i + \frac{\partial f}{\partial t},$$

应用哈密顿正则方程和泊松括号, 上式可写为

$$\frac{\mathrm{d}}{\mathrm{d}t} f = \frac{\partial f}{\partial q_i} \frac{\partial H}{\partial p_i} - \frac{\partial f}{\partial p_i} \frac{\partial H}{\partial q_i} + \frac{\partial f}{\partial t}$$

$$= \frac{\partial f}{\partial t} + \{f, H\}. \tag{2.20}$$

对于正则变量, 易得

$$\{q_i, q_j\} = 0, \quad \{p_i, p_j\} = 0, \quad \{q_i, p_j\} = \delta_{ij},$$

以及

$$\{f(p_i, q_i), p_i\} = \frac{\partial f}{\partial q_i}, \quad \{f(p_i, q_i), q_i\} = -\frac{\partial f}{\partial p_i}.$$

例如令 $f(p_i, q_i) = q^n$, 就有

$$\{q^n, p\} = \frac{\mathrm{d}}{\mathrm{d}q} (q^n) = nq^{n-1}.$$

对哈密顿量

$$H = p_i \dot{q}_i - L = \frac{p^2}{2m} + U(q), \tag{2.21}$$

应用哈密顿正则运动方程, 易得

$$\frac{\mathrm{d}}{\mathrm{d}t} p_i = \{p_i, H\} = \{p_i, U(q)\} = -\delta_{ij} \frac{\partial U}{\partial q_j} = -\frac{\partial U}{\partial q_i},$$

这就回到了牛顿第二定律.

例题 2.3（一维谐振子） 考虑一维谐振子, 容易写出系统的哈密顿量

$$H = \frac{p^2}{2m} + \frac{1}{2}kq^2,$$

根据哈密顿正则方程, 我们有

$$\begin{aligned}
\frac{\mathrm{d}p}{\mathrm{d}t} &= \{p, H\} = \frac{1}{2m}\{p, p^2\} + \frac{1}{2}k\{p, q^2\} \\
&= 0 - \frac{1}{2}k\frac{\partial}{\partial q}q^2 \\
&= -kq.
\end{aligned}$$

即得一维谐振子的运动方程

$$m\ddot{q} + kq = 0.$$

根据定义, 不难证明泊松括号的一些基本性质 (请同学们自行证明).

$$\begin{aligned}
\text{反对称性：} & \{f, g\} = -\{g, f\}, \\
\text{双线性：} & \{f, g + h\} = \{f, g\} + \{f, h\}, \\
\text{莱布尼茨法则：} & \{fg, h\} = \{f, h\}g + f\{g, h\}, \\
\text{雅可比恒等式：} & \{f, \{g, h\}\} + \{g, \{h, f\}\} + \{h, \{f, g\}\} = 0.
\end{aligned} \tag{2.22}$$

泊松括号简化了我们寻找守恒量的方法. 对任意不显含时间的力学量 f, 由式 (2.20) 得

$$\frac{\mathrm{d}}{\mathrm{d}t}f(p_i, q_i) = \{f(p_i, q_i), H\}. \tag{2.23}$$

因而只需证明该力学量与 H 的泊松括号为零, 即可证明其为守恒量. 例如, 如果 $\frac{\partial H}{\partial t} = 0$, 则

$$\frac{\mathrm{d}}{\mathrm{d}t}H = \{H, H\} = 0,$$

即哈密顿量本身为守恒量. 而如果 $\frac{\partial H}{\partial q_i} = 0$, 则

$$\frac{\mathrm{d}}{\mathrm{d}t}p_i = \{p_i, H\} = -\frac{\partial H}{\partial q_i} = 0.$$

即坐标 q_i 对应的广义动量 p_i 守恒.

最后, 值得特别注意的是, 在泊松括号的框架下, 对不显含时间的任意函数 f, 我们有

$$
\frac{\mathrm{d}}{\mathrm{d}t} f(p_i, q_i) = \{f(p_i, q_i), H\},
$$

$$
\frac{\partial}{\partial q_i} f(p_i, q_i) = \{f(p_i, q_i), p_i\}, \tag{2.24}
$$

$$
\frac{\partial}{\partial p_i} f(p_i, q_i) = -\{f(p_i, q_i), q_i\}.
$$

通过泊松括号的定义, 作为哈密顿正则运动方程的结果, 可以看到哈密顿量 H 和动量 p 分别与对时间、坐标求导运算的某种对应联系.

2.3 电磁场中的粒子

前面我们介绍了拉格朗日力学和哈密顿力学的基本理论. 作为这两种力学表述应用的示例和接下来研究原子系统的准备, 本节我们讨论电磁场中带电粒子的运动.

从电磁学中我们知道, 一个带电荷 e 的粒子在电磁场中受到洛伦兹力的作用

$$
m\ddot{\boldsymbol{x}} = \boldsymbol{F} = e(\boldsymbol{E} + \boldsymbol{v} \times \boldsymbol{B}),
$$

我们以标量势 ϕ 和矢势 $\boldsymbol{A}$ 表示其中的电场和磁场

$$
\boldsymbol{E} = -\nabla\phi - \frac{\partial \boldsymbol{A}}{\partial t}, \quad \boldsymbol{B} = \nabla \times \boldsymbol{A}, \tag{2.25}
$$

代入洛伦兹力, 得到该粒子的运动方程

$$
m\ddot{\boldsymbol{x}} = -e\nabla\phi - e\frac{\partial \boldsymbol{A}}{\partial t} + e\dot{\boldsymbol{x}} \times \nabla \times \boldsymbol{A}. \tag{2.26}
$$

现在, 我们应用拉格朗日力学, 看是否能得到上面的结果. 容易写出该带电粒子的拉格朗日量

$$
L = \sum_i \left(\frac{1}{2} m\dot{x}_i^2 - e\phi + e\dot{x}_j A_j \right), \tag{2.27}
$$

系统的广义动量为

$$
p_i = \frac{\partial L}{\partial \dot{x}_i} = m\dot{x}_i + eA_i, \tag{2.28}
$$

根据欧拉–拉格朗日方程 (2.11), 可得

$$m\ddot{x}_i + e\frac{\mathrm{d}A_i}{\mathrm{d}t} + e\frac{\partial\phi}{\partial x_i} - e\dot{x}_j\frac{\partial A_j}{\partial x_i} = 0, \tag{2.29}$$

其中磁矢势对时间的全导数为

$$\frac{\mathrm{d}A_i}{\mathrm{d}t} = \frac{\partial A_i}{\partial t} + \frac{\partial A_i}{\partial x_j}\dot{x}_j,$$

代入得

$$m\ddot{x}_i + e\frac{\partial A_i}{\partial t} + e\frac{\partial\phi}{\partial x_i} + e\dot{x}_j\left(\frac{\partial A_i}{\partial x_j} - \frac{\partial A_j}{\partial x_i}\right) = 0.$$

这就是我们前面得到的运动方程 (2.26).

另外, 拉格朗日量形式还带来一个重要的性质, 即规范不变性. 根据式 (2.25), 电场 E 是势函数的梯度, 而磁场 B 是势函数的旋度. 如果我们引入一个标量 λ, 做如下变换:

$$\boldsymbol{A} \to \boldsymbol{A}' = \boldsymbol{A} + \nabla\lambda, \quad \phi \to \phi' = \phi - \frac{\partial\lambda}{\partial t}, \tag{2.30}$$

通过计算很容易发现 E 和 B 在该变换下不变. 这种同时改变 A 和 ϕ 却不改变 E 和 B 的变换称为规范变换. 而对拉格朗日量, 有

$$L \to L + e\frac{\partial\lambda}{\partial t} + e\dot{\boldsymbol{x}} \cdot \nabla\lambda = L + e\frac{\mathrm{d}\lambda}{\mathrm{d}t},$$

容易验证, 欧拉–拉格朗日方程

$$\frac{\mathrm{d}}{\mathrm{d}t}\left(\frac{\partial L}{\partial \dot{q}_i}\right) - \frac{\partial L}{\partial q_i} = 0 \tag{2.11}$$

对广义坐标和时间的函数 $f(q_i, t)$, 在变换

$$L \to L + \frac{\mathrm{d}f(q_i, t)}{\mathrm{d}t} \tag{2.31}$$

下也不变. 这就是规范不变性. 可以证明, 电磁相互作用中的规范不变性与局域的电荷守恒

$$\nabla \cdot \boldsymbol{J} + \frac{\partial\rho}{\partial t} = 0 \tag{2.32}$$

有直接的关系[1], 而规范对称性在理解基本相互作用中有着深刻的物理背景[2].

接下来我们应用哈密顿力学. 由广义动量 (2.28), 有广义速度

$$\dot{x}_i = \frac{p_i - eA_i}{m},\qquad(2.33)$$

从而系统的哈密顿量为

$$\begin{aligned}H &= p_i\dot{x}_i - L\\ &= -\frac{1}{2}m\dot{x}_i^2 + (p_i - eA_i)\dot{x}_i + e\phi\\ &= \frac{1}{2m}(\boldsymbol{p} - e\boldsymbol{A})^2 + e\phi.\end{aligned}$$

根据正则运动方程, 容易得到

$$\dot{x}_i = \frac{\partial H}{\partial p_i} = \frac{1}{m}(p_i - eA_i),\qquad(2.34)$$

$$\begin{aligned}\dot{p}_i &= -\frac{\partial H}{x_i} = \frac{2e}{2m}(p_i - eA_j)\frac{\partial A_j}{\partial x_i} - e\frac{\partial \phi}{\partial x_i}\\ &= \frac{e}{m}(m\dot{x}_j + eA_j - eA_j)\frac{\partial A_j}{\partial x_i} - e\frac{\partial \phi}{\partial x_i}\\ &= e\dot{x}_j\frac{\partial A_j}{\partial x_i} - e\frac{\partial \phi}{\partial x_i}.\end{aligned}\qquad(2.35)$$

其中式 (2.34) 与式 (2.33) 一致. 而将广义动量 (2.28) 代入式 (2.35) 可得

$$\frac{\mathrm{d}}{\mathrm{d}t}(m\dot{x}_i + eA_i) = e\dot{x}_j\frac{\partial A_j}{\partial x_i} - e\frac{\partial \phi}{\partial x_i},$$

这就回到了式 (2.29), 即带电粒子在电磁场中的运动方程.

至此, 在电磁场中的带电粒子这个例子中, 我们看到拉格朗日力学和哈密顿力学都回到了我们熟悉的洛伦兹力作用下的运动方程.

---

[1] Schwinger J, DeRaad Jr L L, Milton K A, et al. Classical Electrodynamics. Boulder: Westview Press, 1998.

[2] 在场论框架下, 规范对称性保证了无质量自旋为 1 的矢量场的自洽性, 严格的规范对称性确保了矢量场的纵向极化对散射过程的不贡献 $p_\mu\mathscr{M}^\mu = 0$, 也包括了 $\partial_\mu J^\mu = 0$.

2.4 哈密顿力学：正则变换

2.2节我们引入了正则变量和哈密顿正则运动方程, 本节我们讨论哈密顿方程在坐标变换下的不变性. 使该方程保持形式不变的坐标变换称为正则变换. 正则不变性具有十分重要的意义, 不仅能在某些情况下用于简化问题的求解过程, 也涉及更深层次的对称性与守恒量的关系, 后者我们会在 2.5 节进一步探讨.

对哈密顿正则运动方程

$$\frac{\partial H}{\partial q_i} = -\dot{p}_i, \quad \frac{\partial H}{\partial p_i} = \dot{q}_i, \tag{2.36}$$

我们可以将其写成矩阵的形式

$$\begin{pmatrix} \dot{q} \\ \dot{p} \end{pmatrix} = \begin{pmatrix} 0 & 1 \\ -1 & 0 \end{pmatrix} \begin{pmatrix} \partial H/\partial q \\ \partial H/\partial p \end{pmatrix}, \tag{2.37}$$

或者, 我们可以更进一步, 定义一个 $2n$ 维矢量 $(q_1, \cdots, q_n, p_1, \cdots, p_n)$, 记

$$x = \begin{pmatrix} q \\ p \end{pmatrix}, \quad B = \begin{pmatrix} 0 & 1 \\ -1 & 0 \end{pmatrix}, \tag{2.38}$$

于是式 (2.37) 就可写为

$$\dot{x} = B\frac{\partial H}{\partial x}. \tag{2.39}$$

现在, 我们取坐标变换

$$x \to y(x), \quad y = (Q_i, P_i)^{\mathrm{T}},$$

则

$$\dot{y}_i = \frac{\partial y_i}{\partial x_j}\dot{x}_j = \frac{\partial y_i}{\partial x_j}B_{jk}\frac{\partial H}{\partial x_k} = \frac{\partial y_i}{\partial x_j}B_{jk}\frac{\partial H}{\partial y_\ell}\frac{\partial y_\ell}{\partial x_k}$$

或写成矩阵

$$\dot{y} = (JBJ^{\mathrm{T}})\frac{\partial H}{\partial y}. \tag{2.40}$$

这就是新坐标 y 下的哈密顿正则运动方程. 其中 J 就是我们在微积分中熟悉的雅可比 (Jacobian) 矩阵.

$$J_{ij} = \frac{\partial y_i}{\partial x_j}. \tag{2.41}$$

对比式 (2.39) 和式 (2.40)，若在变换 $x \to y$ 下使运动方程的保持形式不变，就要求

$$JBJ^{\mathrm{T}} = B, \tag{2.42}$$

满足上式的 J 在数学上称为辛矩阵[①](symplectic matrix)，而此时的坐标变换 $x \to y$ 就是正则变换.

下面我们讨论正则变换下的泊松括号. 首先用上面定义的 B 矩阵将泊松括号写为

$$\{f, g\} = \frac{\partial f}{\partial q_i}\frac{\partial g}{\partial p_i} - \frac{\partial f}{\partial p_i}\frac{\partial g}{\partial q_i} = \frac{\partial f}{\partial x_i}B_{ij}\frac{\partial g}{\partial x_j},$$

在正则变换 $x \to y$ 下

$$\frac{\partial f}{\partial x_i} = \frac{\partial f}{\partial y_k}J_{ki},$$

于是泊松括号

$$\{f, g\} = \frac{\partial f}{\partial y_k}J_{ki}B_{ij}J_{\ell j}\frac{\partial g}{\partial y_\ell} = \frac{\partial f}{\partial y_i}B_{ij}\frac{\partial g}{\partial y_j}.$$

对坐标变换 $x = (q_i, p_i)^{\mathrm{T}},\ y = (Q_i, P_i)^{\mathrm{T}}$，雅可比矩阵可写成分块矩阵的形式

$$J = \begin{pmatrix} \dfrac{\partial Q_i}{\partial q_j} & \dfrac{\partial Q_i}{\partial p_j} \\[2mm] \dfrac{\partial P_i}{\partial q_j} & \dfrac{\partial P_i}{\partial p_j} \end{pmatrix},$$

从而

$$JBJ^{\mathrm{T}} = \begin{pmatrix} \dfrac{\partial Q_i}{\partial q_j} & \dfrac{\partial Q_i}{\partial p_j} \\[2mm] \dfrac{\partial P_i}{\partial q_j} & \dfrac{\partial P_i}{\partial p_j} \end{pmatrix} \begin{pmatrix} 0 & 1 \\ -1 & 0 \end{pmatrix} \begin{pmatrix} \dfrac{\partial Q_i}{\partial q_j} & \dfrac{\partial P_i}{\partial q_j} \\[2mm] \dfrac{\partial Q_i}{\partial p_j} & \dfrac{\partial P_i}{\partial p_j} \end{pmatrix}$$

$$= \begin{pmatrix} \{Q_i, Q_j\} & \{Q_i, P_j\} \\ \{P_i, Q_j\} & \{P_i, P_j\} \end{pmatrix} = B.$$

因而可得

$$\{Q_i, Q_j\} = \{P_i, P_j\} = 0, \quad \{Q_i, P_j\} = \delta_{ij}. \tag{2.43}$$

---

① 对于哈密顿动力学中更深层次数学的讨论，对数学物理感兴趣的同学可以阅读 Sudarshan E C, Mukunda N. Classical Dynamics: A Modern Perspective. New York: John Wiley&Sons, 1974, 以及前面提到的 Arnold 的书等, 鉴于其超出本课程的范围, 我们在此不作展开讨论.

这与式 (2.21) 一致, 即正则变换后的坐标 $y = (Q_i, P_i)^{\mathrm{T}}$ 也满足正则变量的泊松括号关系.

下面我们推导正则变换的具体关系. 取一个无穷小正则变换

$$q_i \to Q_i = q_i + \delta q_i,$$

$$p_i \to P_i = p_i + \delta p_i,$$

将其展开到线性阶[①]

$$
\begin{aligned}
q_i \to Q_i = q_i + \epsilon F_i(q, p), \\
p_i \to P_i = p_i + \epsilon G_i(q, p),
\end{aligned}
\tag{2.44}
$$

该变换的雅可比矩阵为

$$
J = \begin{pmatrix} \delta_{ij} + \epsilon \partial F_i/\partial q_j & \epsilon \partial F_i/\partial p_j \\ \epsilon \partial G_i/\partial q_j & \delta_{ij} + \epsilon \partial G_i/\partial p_j \end{pmatrix},
$$

根据正则变换的性质 $JBJ^{\mathrm{T}} = B$, 同样保留到无穷小的线性阶[②], 容易得到

$$
\frac{\partial F_i}{\partial q_j} = -\frac{\partial G_j}{\partial p_i}.
\tag{2.45}
$$

式 (2.45) 也可由变换后的泊松括号关系 (2.43) 得到 (同样地, 推导中也舍去了无穷小量的高阶项)

$$
\begin{aligned}
\{Q_i, P_j\} &= \frac{\partial Q_i}{\partial q_k}\frac{\partial P_j}{\partial p_k} - \frac{\partial Q_i}{\partial p_k}\frac{\partial P_j}{\partial q_k} \\
&= \left(\delta_{ik} + \epsilon\frac{\partial F_i}{\partial q_k}\right)\left(\delta_{jk} + \epsilon\frac{\partial G_j}{\partial p_k}\right) \\
&= \delta_{ij} + \epsilon\left(\frac{\partial F_i}{\partial q_j} + \frac{\partial G_j}{\partial p_i}\right) = \delta_{ij}.
\end{aligned}
$$

即得式 (2.45).

从这一结果出发, 容易定义一个函数 $g(q, p)$, 使之满足

$$
F_i = \frac{\partial g}{\partial p_i}, \quad G_i = -\frac{\partial g}{\partial q_i},
$$

---

① 当然, 也可以展开到更高阶的无穷小量来讨论相应的高阶效应. 这里对此不作展开讨论.

② 因为前面对无穷小变换的展开是到线性阶, 所以这里对应地也应保留到线性阶.

由此, 上述微小正则变换就可写为

$$q_i \rightarrow \quad Q_i = q_i + \epsilon \frac{\partial g}{\partial p_i},$$

$$p_i \rightarrow \quad P_i = p_i - \epsilon \frac{\partial g}{\partial q_i}, \tag{2.46}$$

保留到 ϵ 的线性阶, 我们很容易验证泊松括号关系 (2.43). 这样定义的函数 g 称为对应正则变换的生成函数, 也叫生成元.

下面我们分别讨论以哈密顿量 H、动量 $\boldsymbol{p}$ 和平面角动量 $\boldsymbol{J}$ 为生成元的例子, 以加深对生成元的理解.

例题 2.4 $(g = H)$ 代入哈密顿正则运动方程可得

$$q_i \rightarrow Q_i = q_i + \epsilon \frac{\partial H}{\partial p_i} = q_i + \epsilon \frac{\mathrm{d}q}{\mathrm{d}t},$$

$$p_i \rightarrow P_i = p_i - \epsilon \frac{\partial H}{\partial q_i} = p_i + \epsilon \frac{\mathrm{d}p}{\mathrm{d}t},$$

这显然对应于 $t \rightarrow t + \epsilon$ 即时间平移变换

$$f(t + \epsilon) = f(t) + \epsilon \frac{\mathrm{d}f}{\mathrm{d}t}.$$

因此, 我们可以看出哈密顿量是时间平移变换的生成元. ■

例题 2.5 $(g = p_x)$ 考虑二维平面的情况, 有

$$x \rightarrow X = x + \epsilon \frac{\partial p_x}{\partial p_x} = x + \epsilon,$$

$$y \rightarrow Y = y + \epsilon \frac{\partial p_x}{\partial p_y} = y,$$

$$p_x \rightarrow P_x = p_x - \epsilon \frac{\partial p_x}{\partial x} = p_x,$$

$$p_y \rightarrow P_y = p_y - \epsilon \frac{\partial p_x}{\partial y} = p_y.$$

很容易看出, 此变换就是 $x \rightarrow x + \epsilon$ 即空间平移变换, 即 p_x 是沿 x 轴方向做空间平移变换的生成元; 推广, 即 p_i 是 i 轴方向空间平移变换的生成元. ■

例题 2.6 $(g = J_z = xp_y - yp_x)$ $g = J_z$ 是二维平面 x、y 上的角动量, 代入有

$$x \rightarrow X = x + \epsilon \frac{\partial J_z}{\partial p_x} = x - \epsilon y,$$

$$y \to Y = y + \epsilon \frac{\partial J_z}{\partial p_y} = y + \epsilon x,$$

$$p_x \to P_x = p_x - \epsilon \frac{\partial J_z}{\partial x} = p_x - \epsilon p_y,$$

$$p_y \to P_y = p_y - \epsilon \frac{\partial J_z}{\partial y} = p_y + \epsilon p_x,$$

或写成矩阵的形式

$$x_i \to X_i = (I + \epsilon X) x_i,$$

$$p_i \to P_i = (I + \epsilon X) p_i,$$

其中

$$X = \begin{pmatrix} 0 & -1 \\ 1 & 0 \end{pmatrix}. \tag{2.47}$$

为了考察该变换的物理含义, 我们考虑一个由该无穷小变换构成的有限变换[①] $g(\phi)$

$$x_i \to X_i = g(\phi) x_i,$$

$$p_i \to P_i = g(\phi) p_i,$$

对 ϕ 进行 N 等分, 当 $N \to \infty$ 时就得到无穷小变换

$$\epsilon = \lim_{N \to \infty} \frac{\phi}{N},$$

于是该有限变换 $g(\phi)$ 可写为

$$g(\phi) = \lim_{N \to \infty} \prod_{i=1}^{N} (I + \epsilon X) = \lim_{N \to \infty} \left(I + \frac{\phi}{N} X \right)^N$$

$$= \mathrm{e}^{\phi X} = \sum_{n=0}^{\infty} \frac{1}{n!} (\phi X)^n.$$

而

$$X^2 = -I \to X^{2m} = (-1)^m I, \quad X^{2m+1} = (-1)^m X \quad (m \in \mathbb{N}), \tag{2.48}$$

---

① 后面我们会看到, 这一变换矩阵实际上是转动群的群元, 因此为了符合群论的习惯, 这里使用 $g(\phi)$ 表示; 要注意与前面表示生成元的 g 加以区分.

代入展开式有[1]

$$
\begin{aligned}
g(\phi) &= \sum_{n=0}^{\infty} \frac{1}{n!} (\phi X)^n = \sum_{m=0}^{\infty} \frac{1}{(2m)!} (\phi X)^{2m} + \sum_{m=0}^{\infty} \frac{1}{(2m+1)!} (\phi X)^{2m+1} \\
&= \sum_{m=0}^{\infty} \frac{(-1)^m}{(2m)!} \phi^{2m} I + \sum_{m=0}^{\infty} \frac{(-1)^m}{(2m+1)!} \phi^{2m+1} X \\
&= I \cos \phi + X \sin \phi \\
&= \begin{pmatrix} \cos \phi & -\sin \phi \\ \sin \phi & \cos \phi \end{pmatrix}.
\end{aligned} \tag{2.49}
$$

于是我们看到, 对应于二维平面的矢量 $(x, y)^{\mathrm{T}}$ 和 $(p_x, p_y)^{\mathrm{T}}$, 有限变换 $g(\phi)$ 其实就是我们熟悉的平面转动, 它事实上构成了二维转动群[2]$SO(2)$. 此外, 我们发现 X 的幂次性质 (2.48) 可以类比于虚数 $\mathrm{i} = \sqrt{-1}$, 因此, 上述结果也可以与复平面的欧拉公式获得对应. 这部分内容我们会在第 3 章中进一步讨论. ■

在例题 2.4~2.6 中, 我们看到了三个常见变换与其生成元的对应关系

$$
\begin{aligned}
&\text{时间平移变换} \Leftrightarrow g = H(q, p) \\
&\text{空间平移变换} \Leftrightarrow g = p_x \\
&\text{平面转动变换} \Leftrightarrow g = J_z
\end{aligned} \tag{2.50}
$$

2.5 节中, 我们会从对称性与守恒量的角度进一步讨论这种对应关系.

2.5 对称性与诺特定理

在 2.4 节中我们讨论了正则变换, 即对正则坐标 q_i、p_i 做微小变换

$$
\begin{aligned}
q_i &\to Q_i = q_i + \epsilon \frac{\partial g}{\partial p_i}, \\
p_i &\to P_i = p_i - \epsilon \frac{\partial g}{\partial q_i},
\end{aligned} \tag{2.46}
$$

则哈密顿方程和泊松括号关系在该变换下都具有不变性, 即

$$
\begin{pmatrix} \dot{q} \\ \dot{p} \end{pmatrix} = \begin{pmatrix} 0 & 1 \\ -1 & 0 \end{pmatrix} \begin{pmatrix} \partial H/\partial q \\ \partial H/\partial p \end{pmatrix}, \tag{2.37}
$$

---

[1] 注意由式 (2.47), X 是一个矩阵, 这种包含矩阵的函数运算在数学上属于矩阵分析的内容, 不过其加法和数乘运算规则与普通函数都是相同的, 只需注意其中的乘法应使用矩阵乘法规则即可.

[2] 记号 $SO(2)$ 其实来源于这类群的另一个名称——特殊正交群 (special orthogonal group), 我们将在第 3 章中具体介绍.

$$\{q_i, q_j\} = 0, \quad \{p_i, p_j\} = 0, \quad \{q_i, p_j\} = \delta_{ij} \tag{2.21}$$

对变换后的坐标 Q_i、P_i 也成立. 其中的函数 g 我们称为该正则变换的生成元.

如果我们要求哈密顿量 H 在该变换下也不变①, 即要求

$$\begin{aligned}
\delta H &= \frac{\partial H}{\partial q_i} \delta q_i + \frac{\partial H}{\partial p_i} \delta p_i \\
&= \frac{\partial H}{\partial q_i} \left(\epsilon \frac{\partial g}{\partial p_i} \right) + \frac{\partial H}{\partial p_i} \left(-\epsilon \frac{\partial g}{\partial q_i} \right) \\
&= \epsilon \{H, g\} = 0,
\end{aligned}$$

则根据式 (2.23) 可得 g 是一个守恒量, 即

$$\frac{\mathrm{d}g}{\mathrm{d}t} = -\{H, g\} = 0.$$

这就是说, 每一个守恒量 g 都是一个使 H 保持不变的无穷小正则变换的生成元, 也即它对应一个对称性. 这种对称性与守恒量之间的对应关系又被称为诺特定理 (Noether theorem).

根据诺特定理, 我们可以从变换的对称性的角度重新看待守恒量. 2.4 节中我们得到了三个常见变换与其生成元的关系, 即式 (2.50), 而根据前面的讨论, 我们就得到这三种变换下的对称性分别对应于三个守恒量, 即

$g = H$: 时间平移对称性 $\quad \rightarrow \{H, H\} = 0 \rightarrow$ 能量守恒,

$g = p_i$: x_i 方向空间平移对称性 $\quad \rightarrow \{p_i, H\} = 0 \rightarrow$ 动量守恒,

$g = J_z$: xy 平面转动对称性 $\quad \rightarrow \{J_z, H\} = 0 \rightarrow z$ 方向角动量守恒.

事实上, 这里的 g 可以看成是连续变换群 (李群, Lie group) 的代数生成元, 我们将在第 3 章中进一步讨论.

我们也可以用拉格朗日力学证明诺特定理. 设存在一个坐标变换 T 将坐标 q_i 变换到 Q_i,

$$T : q_i(t) \rightarrow Q_i(s, t), \quad s \in \mathbf{R},$$

其中 s 为变换参数, 且当参数 $s = 0$ 时保持原坐标不变, 即 $Q_i(0, t) = q_i(t)$. 可以证明, 如果拉格朗日量在变换 T 下有连续对称性, 即

$$\frac{\partial}{\partial s} L(Q_i(s, t), \dot{Q}_i(s, t), t) = 0,$$

① 需要注意的是, 这里是要求 H 在正则变换 (2.46) 下不变, 区别于要求 $\frac{\mathrm{d}H}{\mathrm{d}t} = 0$ 的 "守恒".

则总可以找到一个守恒量.

证明: 在坐标变换 T 下

$$\frac{\partial L}{\partial s} = \frac{\partial L}{\partial Q_i}\frac{\partial Q_i}{\partial s} + \frac{\partial L}{\partial \dot{Q}_i}\frac{\partial \dot{Q}_i}{\partial s},$$

取 $s=0$ 点, 利用 $Q_i(0,t) = q_i(t)$, 就有

$$\begin{aligned}
\frac{\partial L}{\partial s}\Big|_{s=0} &= \frac{\partial L}{\partial Q_i}\frac{\partial Q_i}{\partial s}\Big|_{s=0} + \frac{\partial L}{\partial \dot{Q}_i}\frac{\partial \dot{Q}_i}{\partial s}\Big|_{s=0}\\
&= \frac{\mathrm{d}}{\mathrm{d}t}\left(\frac{\partial L}{\partial \dot{q}_i}\right)\frac{\partial Q_i}{\partial s}\Big|_{s=0} + \frac{\partial L}{\partial \dot{q}_i}\frac{\partial \dot{Q}_i}{\partial s}\Big|_{s=0}\\
&= \frac{\mathrm{d}}{\mathrm{d}t}\left(\frac{\partial L}{\partial \dot{q}_i}\frac{\partial Q_i}{\partial s}\Big|_{s=0}\right) = 0.
\end{aligned}$$

于是我们找到了一个守恒量

$$\frac{\partial L}{\partial \dot{q}_i}\frac{\partial Q_i}{\partial s}\Big|_{s=0} = \text{常数}.$$

这样就证明了诺特定理. □

最后我们再对角动量稍加讨论. 对一个二维系统, 可以证明

$$\{p_x^2 + p_y^2, J_z\} = 0,$$

$$\{(\sqrt{x^2+y^2})^{-1}, J_z\} = 0.$$

因此, 如果势能只是 $1/r$ 形式, 则对 $H = p^2/2m + U$, 有

$$\frac{\mathrm{d}}{\mathrm{d}t}J_z = \{J_z, H\} = 0,$$

则该系统角动量守恒. 这其实是平面转动对称系统的一个特例, 其最常见的应用就是天体力学中的有心力场.

而对三维的角动量

$$\boldsymbol{J} = \boldsymbol{r} \times \boldsymbol{p},$$

其分量可写为

$$J_i = \epsilon_{ijk}x_j p_k, \tag{2.51}$$

或

$$J_x = yp_z - zp_y,$$

$$J_y = zp_x - xp_z,$$
$$J_z = xp_y - yp_x.$$

于是利用泊松括号的性质 (2.21) 和 (2.22) 易得[①]

$$\{J_x, J_y\} = \{yp_z - zp_y, zp_x - xp_z\}$$
$$= \{yp_z, zp_x\} - \{zp_y, zp_x\}^0 - \{yp_z, xp_z\}^0 + \{zp_y, xp_z\}$$
$$= \{y, zp_x\}^0 p_z + y\{p_z, zp_x\} + \{z, xp_z\}p_y + z\{p_y, xp_z\}^0$$
$$= y\{p_z, z\}^{-1} p_x + yz\{p_z, p_x\}^0 + x\{z, p_z\}^1 p_y + \{z, x\}^0 p_y p_z$$
$$= xp_y - yp_x = J_z.$$

同理有

$$\{J_i, J_j\} = \epsilon_{ijk} J_k. \tag{2.52}$$

另外, 容易证明在无穷小正则变换 (2.46) 下, 矢量 $\boldsymbol{r}$ 和 $\boldsymbol{p}$ 的变换形式如下:

$$\begin{pmatrix} x \\ y \\ z \end{pmatrix} \to \left(I + \sum_i \epsilon_i A_i\right) \begin{pmatrix} x \\ y \\ z \end{pmatrix}, \quad \begin{pmatrix} p_x \\ p_y \\ p_z \end{pmatrix} \to \left(I + \sum_i \epsilon_i B_i\right) \begin{pmatrix} p_x \\ p_y \\ p_z \end{pmatrix},$$

其中 I 为三维单位矩阵, 而 A_i 和 B_i 分别为 3×3 的反对称方阵, 且 $A_i = B_i$, $i = x, y, z$. 证明留作习题. 在 3.4 节中我们将会看到, 这三个矩阵是三维正交变换的生成元, 对应三维欧几里得空间中的转动.

值得注意的是, 我们发现矩阵 A_i 满足

$$A_i A_j - A_j A_i = \epsilon_{ijk} A_k.$$

如果对方阵 A 和 B, 记[②]

$$[A, B] = AB - BA, \tag{2.53}$$

就有

$$[A_i, A_j] = \epsilon_{ijk} A_k.$$

可以看到这个形式与式 (2.52) 对应. 事实上, 力学量的泊松括号结果关系着变换的顺序是否可交换. 例如, 平面转动或者沿着不同方向的空间平移这些变换, 都是

---

① 注意根据式 (2.21), 关于 q、p 的泊松括号中只有 $\{q_i, p_i\} = 1$ 不为零, 因此可立即看出第二行中间两项和第三行 1、4 项为零; 其他部分则可多次使用莱布尼茨法则计算.

② 这称为对易式或对易子, 在量子力学中有重要的应用, 在 4.5 节中我们会再次接触它.

可以交换的, 对应地其中任意两个变换的力学量泊松括号和变换矩阵的对易式均为零; 但是空间中绕不同轴转动操作明显不可交换, 对应地式 (2.52) 和式 (2.54) 都不为零. 从群论角度, 变换是否可交换对应着阿贝尔群和非阿贝尔群, 将在 3.1 节中介绍. 而在第 4 章中我们将看到, 上述正则变换生成函数将对应地变成量子力学中的 "算符", 在变换角度它们有着相同的意义.

第 2 章习题

1. 利用莱维–齐维塔张量性质计算以下三个表达式的形式:

$$\nabla \times (\nabla U), \quad \nabla \cdot (\nabla \times \boldsymbol{A}), \quad \nabla \times (\nabla \times \boldsymbol{A}).$$

2. 质点在平面有心立场 $V(r)$ 中运动, 在平面极坐标系中写出系统拉格朗日量, 并且给出有心立场的质点运动方程, 通过哈密顿正则运动方程重新计算本题.

3. 如图 2.2 所示, 用平面极坐标写出单摆的拉格朗日量, 并给出运动方程及双摆的拉格朗日量.

4. 写出简谐振子的哈密顿量, 并且利用泊松括号方法写出运动方程.

5. 利用泊松括号, 证明空间平移对称性对应动量守恒.

6. 证明 (q_i, p_i) 通过正则变换变成 (Q_i, P_i) 后, 泊松括号的关系保持不变.

7. 如果 L 和 H 不显含时间, 分别以欧拉–拉格朗日方程、哈密顿正则运动方程, 证明

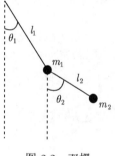

图 2.2　双摆

$$\frac{\mathrm{d}H}{\mathrm{d}t} = 0.$$

8. 证明欧拉–拉格朗日方程在

$$L \to L' = L + \frac{\mathrm{d}f(q, t)}{\mathrm{d}t}$$

变换下不变 (规范变换).

9. 分别利用欧拉–拉格朗日方程、哈密顿正则运动方程、泊松括号三种方法, 计算给出电磁场中带电粒子

$$L = \sum_i \left(\frac{1}{2} m \dot{x}_i^2 - e\phi + e\dot{x}_j A_j \right)$$

的运动方程. (需要从该拉格朗日量推导哈密顿量的具体形式); 从麦克斯韦方程出发推导电势和磁矢势的规范变换具体形式, 证明变换下电场和磁场不变, 再将规范变换写成上题中的形式.

10. 经典力学系统中的正则变换

$$q_i \to Q_i = q_i + \sum_a \epsilon_a \frac{\partial G^a}{\partial p_i}, \quad p_i \to P_i = p_i - \sum_a \epsilon_a \frac{\partial G^a}{\partial q_i},$$

其中 $i, a = x, y, z$.

(1) 如果生成元 G^a 分别为三维直角坐标系的角动量

$$J_x = yp_z - zp_y,$$
$$J_y = zp_x - xp_z,$$
$$J_z = xp_y - yp_x,$$

给出对 $\boldsymbol{r} = (x, y, z)^{\mathrm{T}}$ 和 $\boldsymbol{p} = (p_x, p_y, p_z)^{\mathrm{T}}$ 的具体变换形式

$$\begin{pmatrix} x \\ y \\ z \end{pmatrix} \to \left(I + \sum_a \epsilon_a A_a\right) \begin{pmatrix} x \\ y \\ z \end{pmatrix}, \quad \begin{pmatrix} p_x \\ p_y \\ p_z \end{pmatrix} \to \left(I + \sum_a \epsilon_a B_a\right) \begin{pmatrix} p_x \\ p_y \\ p_z \end{pmatrix},$$

其中 I 为三维单位矩阵, 而 A_a 和 B_a 分别为 3×3 方阵, 解释 $A_a = B_a$ 的物理原因, 并计算 A_x、A_y 对易子.

(2) 假设变换生成函数 G^a 分别为三维动量 $\{p_x, p_y, p_z\}$, 重复上题.

11. 对三维空间中角动量 J_i, 计算泊松括号

$$\{J_i, J_j\}, \quad \{J^2, J_i\}, \quad \{p^2, J_x\},$$

其中 $J^2 = \sum_i J_i^2$, $p^2 = \sum_i p_i^2$.

第 3 章

变换群基础

> Symmetry, as wide or as narrow as you may define its meaning, is one idea by which man through the ages has tried to comprehend and create order, beauty and perfection.
>
> ——Hermann Weyl

第 2 章中, 我们讨论了正则变换及其生成函数, 得到了哈密顿量、动量、角动量等力学量对应的变换. 为了更方便和深刻地描述变换, 本章将引入一种新的数学语言, 即变换群.

回到 2.4 节中讨论过的平面转动变换

$$g(\phi) = \begin{pmatrix} \cos\phi & -\sin\phi \\ \sin\phi & \cos\phi \end{pmatrix}, \tag{2.49}$$

显然, 如果将一个转动变换 $g(\phi_1)$ 作用于矢量 $\boldsymbol{v}_0$, 将得到新的矢量 $\boldsymbol{v}_1 = g(\phi_1)\boldsymbol{v}_0$, 写成列矩阵形式即

$$\begin{pmatrix} x_1 \\ y_1 \end{pmatrix} = \begin{pmatrix} \cos\phi_1 & -\sin\phi_1 \\ \sin\phi_1 & \cos\phi_1 \end{pmatrix} \begin{pmatrix} x_0 \\ y_0 \end{pmatrix} = \begin{pmatrix} \cos\phi_1 x_0 - \sin\phi_1 y_0 \\ \sin\phi_1 x_0 + \cos\phi_1 y_0 \end{pmatrix}.$$

而如果继续对 $\boldsymbol{v}_1$ 做一个新的转动 $g(\phi_2)$, 就得到矢量 $\boldsymbol{v}_2 = g(\phi_2)\boldsymbol{v}_1 = g(\phi_2)g(\phi_1)\boldsymbol{v}_0$, 即

$$\begin{pmatrix} x_2 \\ y_2 \end{pmatrix} = \begin{pmatrix} \cos\phi_2 & -\sin\phi_2 \\ \sin\phi_2 & \cos\phi_2 \end{pmatrix} \begin{pmatrix} x_1 \\ y_1 \end{pmatrix}$$

$$= \begin{pmatrix} \cos\phi_2 & -\sin\phi_2 \\ \sin\phi_2 & \cos\phi_2 \end{pmatrix} \begin{pmatrix} \cos\phi_1 & -\sin\phi_1 \\ \sin\phi_1 & \cos\phi_1 \end{pmatrix} \begin{pmatrix} x_0 \\ y_0 \end{pmatrix}.$$

不难验证

$$
\begin{aligned}
g(\phi_2)g(\phi_1) &= \begin{pmatrix} \cos\phi_2 & -\sin\phi_2 \\ \sin\phi_2 & \cos\phi_2 \end{pmatrix} \begin{pmatrix} \cos\phi_1 & -\sin\phi_1 \\ \sin\phi_1 & \cos\phi_1 \end{pmatrix} \\
&= \begin{pmatrix} \cos(\phi_1+\phi_2) & -\sin(\phi_1+\phi_2) \\ \sin(\phi_1+\phi_2) & \cos(\phi_1+\phi_2) \end{pmatrix} \\
&= g(\phi_1+\phi_2),
\end{aligned}
\tag{3.1}
$$

即连续两次转动变换 $g(\phi_1)$、$g(\phi_2)$ 的叠加等效于一次转动变换 $g(\phi_1+\phi_2)$.

如果考虑所有平面转动 $g(\phi)$ 构成的集合

$$
G = \{\hat{g}(\phi) \mid \forall \phi \in \mathbf{R}\},
$$

式 (3.1) 中我们看到多个变换的叠加满足乘法运算, 且该集合对乘法封闭. 事实上, 该集合还有一些其他的性质, 例如,

对 $\phi = 0$, $g(0)$ 对应于一个 2×2 的单位矩阵, 有 $g(\phi)g(0) = g(0)g(\phi) = g(\phi)$;

对 $\phi = \pm\phi_1$, 有 $g(\phi_1)g(-\phi_1) = g(-\phi_1)g(\phi_1) = g(0)$.

接下来我们将看到, 这样的集合和乘法运算就构成了群.

3.1 从变换到群

例题 3.1 除了前面看到的平面转动, 我们再以另一个变换来讨论. 等边三角形具有轴对称和旋转对称的特性, 即在这些特定的变换下不变. 现在我们以此为例, 探究变换和对称性的数学表示.

我们将三角形的顶点依次编号, 如图 3.1 所示. 显然, 我们以任意中线为轴翻转等边三角形, 图形保持不变, 但经过编号的顶点的位置会发生变化. 例如在图 3.2 所示的翻转中, 顶点 2 和 3 发生互换, 于是我们记该变换为 (23); 同理, 以另外两条中线为轴的翻转就可记作 (12) 和 (13).

如果以等边三角形的中心为轴, 显然每旋转 120°, 图形可以保持不变. 与前面类似, 对图 3.3 的变换, 即顺时针旋转 120°, 我们注意到编号 1 的顶点换到了原来编号 2 的位置, 编号 2 的顶点换到了原来编号 3 的位置、编号 3 的顶点换到了原来编号 1 的位置, 因此我们用记号 (123) 表示这个变换. 显然, 另外保持旋转不变的变换还有顺时针旋转 240° 和 360°[①], 我们分别用记号 (132) 和 (1) 来表示, 其中 (1) 表示这个图形的所有编号顶点都回到原有的位置, 这等价于没有做任何变换.

[①] 当然, 逆时针旋转也是等价的, 即顺时针旋转 120° 等价于逆时针旋转 240°, 等等.

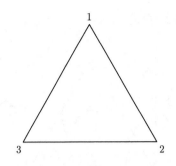

图 3.1 等边三角形

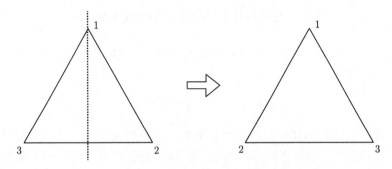

图 3.2 沿 23 边上中线的翻转

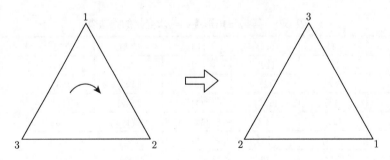

图 3.3 沿顺时针旋转 120°

至此, 我们得到了等边三角形的所有对称变换, 这些变换可以构成一个 6 元集合 $S_3 = \{(1), (12), (23), (13), (123), (132)\}$. 现在, 我们考虑对等边三角形进行连续两次变换, 例如先沿 23 边的中线翻转 (即变换 (23)), 再顺时针旋转 120°(即变换 $(132)^{①}$), 如图 3.4所示. 我们发现, 两次变换的结果实际上是顶点 1 和 2 的

---

① 注意, 因为在我们的表示中, 旋转本质上是在轮换三个顶点的位置, 因此旋转对应的变换与旋转之前三个顶点的顺序有关. 而在翻转 (23) 后, 三角形顶点的顺序已经发生改变, 所以这里的顺时针旋转 120° 是变换 (132) 而不是 (123). 不过, 因为旋转角只有 120° 和 240° 两种选择, 所以顶点的轮换也只有 (123) 和 (132) 两种; 同理翻转变换也只有三种, 所以集合 S_3 中变换的结果事实上包含了这个等边三角形顶点位置的全部情况.

位置互换, 即等价于翻转变换 (12).

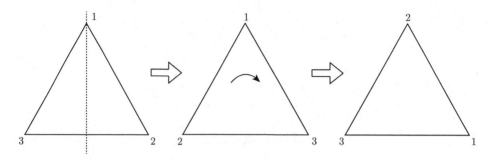

图 3.4　先沿 23 边上中线翻转, 再顺时针旋转 120°

如果我们定义一个 "乘法" 表示变换的组合, 并用记号 "·" 表示, 从上面的分析中我们就得到

$$(12) = (23) \cdot (132).$$

类似地, 我们也能写出其他连续两次和更多次变换的关系式. 对连续两次的变换来说, 把第一次的变换作为行, 第二次的变换作为列, 则所有可能的关系总结如表 3.1所示, 我们称这个表为 S_3 的乘法表.

表 3.1　等边三角形连续两次变换的乘法表

	(1)	(12)	(13)	(23)	(123)	(132)
(1)	(1)	(12)	(13)	(23)	(123)	(132)
(12)	(12)	(1)	(132)	(123)	(23)	(13)
(13)	(13)	(123)	(1)	(132)	(12)	(23)
(23)	(23)	(132)	(123)	(1)	(13)	(12)
(123)	(123)	(13)	(23)	(12)	(132)	(1)
(132)	(132)	(23)	(12)	(13)	(1)	(123)

由表可得, 不论两次变换如何组合, 得到的等价变换仍是集合 S_3 中的某一种变换; 并且显然, 对更多次的连续变换, 我们有同样的结论. 集合中的元素经过某种运算, 结果仍属于这个集合, 这种性质称为 "封闭性". 另外, 注意到表示不变换或旋转 360° 的元素 "(1)", 它与任意其他元素组合时, 总会得到元素本身. 我们称这个 (1) 为 "单位元".

进一步, 在乘法表中我们还能找到其他性质. 例如我们考虑如下变换:

$$(123) \cdot (12) \cdot (132) = (13) \cdot (132) = (23),$$

即先顺时针旋转 120°, 再按 12 边上中线翻转, 最后再顺时针旋转 120°, 这一组合变换等价于沿 23 边中线的单次翻转变换. 而如果考虑这样的变换

$$(123) \cdot [(12) \cdot (132)] = (123) \cdot (13) = (23),$$

即 "改变运算顺序", 将连续三个变换的后两个组合起来, 得到的结果仍然是等价于沿 23 边中线的单次翻转变换. 事实上, 我们可以把这三个变换替换为 S_3 中任意的变换, 这一性质仍然成立, 这称为结合律. 再比如对三种翻转变换, 我们有

$$(12) \cdot (12) = (13) \cdot (13) = (23) \cdot (23) = (1),$$

而对旋转变换则有

$$(123) \cdot (132) = (132) \cdot (123) = (1).$$

加上对单位元有 $(1) \cdot (1) = (1)$, 这就是说对任意一个变换, 我们总能找到一个变换使这两个变换的组合等价于 (1). 由此, 我们称这样对应的两个变换互为 "逆元". 显然, (1) 变换和翻转变换的逆元都是其本身, 而 (123) 则与 (132) 互为逆元. □

以上的讨论实际上说明, 在一个集合中, 当我们定义了元素之间的二元运算后, 这个集合就被赋予了一定的代数结构. 事实上, 满足上述几个条件的代数结构在数学上称为群 (group).

在数学上, 对一个非空集合 G, 在 G 中定义一个二元运算 "·", 若集合 G 和它的二元运算 "·" 满足

封闭性: 若 $a, b \in G$, 则 $a \cdot b \in G$;
结合律: 对 $\forall\, a, b, c \in G$, 有 $a \cdot (b \cdot c) = (a \cdot b) \cdot c$;
单位元: $\exists\, e \in G$, 对 $\forall\, a \in G$, 有 $a \cdot e = e \cdot a = a$;
逆元: 对 $\forall\, a \in G$, $\exists\, b \in G$, 使得 $a \cdot b = b \cdot a = e$.

则 G 及其二元运算 "·" 构成一个群[①], 或称 G 成群, 其中二元运算 "·" 称为群乘法, e 称为群的单位元, b 称为群元素 a 的逆元, 记为 $b = a^{-1}$, 而像表 3.1这样反映各个群元素之间的乘法关系的表称为乘法表. 例如, 整数集 $\mathbb{Z}$ 和加法, 有理数集 $\mathbb{Q}$ 和乘法, 都构成群. 再例如, $G = \{e\}$ 也构成一个群. 另外, 如果群乘法同时满足交换律

$$\forall\, a, b \in G, \quad a \cdot b = b \cdot a,$$

我们称这类特殊的群为阿贝尔群 (Abelian group), 反之则为非阿贝尔群 (non-Abelian group). 例如, 整数集 $\mathbb{Z}$ 和加法构成的就是一个阿贝尔群, 其中零是单位元, 而整数 a 和 $-a$ 互为逆元.

---

① 群的标准记号应同时列出集合和二元运算, 如 "$(G, \cdot)$", 但为了简便, 在不致混淆的情况下, 我们也常以单独的符号 G 表示群, 而不再同时列出运算 "·".

事实上, 例题 3.1 中的 S_3 是一个典型的置换群 (permutation group)①. 容易验证, 由于

$$(123) \cdot (12) = (13) \neq (23) = (12) \cdot (123),$$

所以 S_3 是一个非阿贝尔群.

群的概念最早是伽罗瓦 (E. Galois) 在研究对应数域中多项式方程有无解的问题时提出的. 1872 年德国数学家克莱因 (F. C. Klein) 在其著作《埃尔朗根纲领》(*Erlangen Programme*) 中, 根据空间内积定义的距离在变换群下不变, 对几何进行了分类.

我们以三维欧氏实空间 E_3 的几何 (即欧几里得几何) 为具体例子来讨论埃尔朗根纲领. 我们知道, 在内积空间中, 距离定义为矢量内积的平方根, 即对矢量 $\boldsymbol{v} = (v_1, v_2, v_3)$, 其对应的距离 $|\boldsymbol{v}| = \sqrt{\boldsymbol{v} \cdot \boldsymbol{v}}$, 而

$$|\boldsymbol{v}|^2 = \boldsymbol{v} \cdot \boldsymbol{v} = g_{ij} v_i v_j = \delta_{ij} v_i v_j, \tag{3.2}$$

其中 g_{ij} 称为度规张量 (metric tensor). 由此, 内积的定义和该内积空间的性质完全由 g_{ij} 决定. 对 E_3 来说, 其度规张量为三阶单位矩阵

$$g = I_3.$$

于是, 假设向量 $\boldsymbol{v}$ 在变换 Λ 下变为 $\boldsymbol{v}'$, 即

$$\boldsymbol{v} \to \boldsymbol{v}' = \Lambda \boldsymbol{v} \quad (\text{或分量形式} \quad v_i' = \Lambda_{ij} v_j),$$

如果距离 $|\boldsymbol{v}|$ 在变换 Λ 下不变, 就有

$$|\boldsymbol{v}|^2 = g_{\mu\nu} v_\mu v_\nu = |v'|^2 = g_{ij} v_i' v_j' = g_{ij} \Lambda_{i\alpha} v_\alpha \Lambda_{j\beta} v_\beta, \tag{3.3}$$

故有

$$\Lambda g \Lambda^{\mathrm{T}} = g.$$

而如果 $g^2 = 1$, 则上式可写为

$$g \Lambda^{\mathrm{T}} g = \Lambda^{-1}.$$

进一步对 E_3 空间, 就有

$$\Lambda \Lambda^{\mathrm{T}} = I, \quad (\det \Lambda)^2 = 1. \tag{3.4}$$

---

① 直观上理解, 置换群就是指交换指标 (如这里三角形顶点编号) 位置的操作构成的群.

如果我们取 $\det \Lambda = 1$, 就得到了三维特殊正交变换[1]Λ. 而由三维特殊正交变换所构成的群称为三维特殊正交群, 即 $SO(3)$, 这是一个在物理上非常重要的变换群. 而如果在平面欧氏几何中, 对应地则可以得到二维特殊正交变换群 $SO(2)$, 这也是一个非常重要的群.

3.2 $SO(2)$ 与 $SO(1,1)$

前面我们提到了二维特殊正交变换群 $SO(2)$, 这是一个比较简单的群, 因此我们以之为例进一步讨论群的性质.

定义平面转动变换 "算符[2]" $g(\phi)$, 表示逆时针[3]转动角度 ϕ. 容易理解, 如果将一个矢量转动一个角度 ϕ_1 后再转另一个角度 ϕ_2, 它显然等价于将这个矢量转动一个 $(\phi_1 + \phi_2)$ 的角度, 因而转动算符的乘法满足

$$g(\phi_2) \cdot g(\phi_1) = g(\phi_1 + \phi_2),$$

即封闭性. 同样地也可以验证乘法满足结合律. 我们也容易找到一个单位元 $g(0)$, 即转动零角度, 或者说不转动. 而对每一个转动 $g(\phi)$, 也可找到 $g(-\phi)$ 为其逆元, 即

$$g(\phi) \cdot g(-\phi) = g(-\phi) \cdot g(\phi) = g(0) = I.$$

这样, 我们就证明了平面转动可以成群. 并且, 我们还不难发现, $g(\phi)$ 满足

$$g(\phi_2) \cdot g(\phi_1) = g(\phi_1) \cdot g(\phi_2) = g(\phi_1 + \phi_2),$$

即交换律, 因此平面转动群是一个阿贝尔群. 类似地我们可以证明, 平移变换也构成一个阿贝尔群, 但空间转动构成的是非阿贝尔群.

定义无穷小转动 $g(\delta)$, 它是在不变的基础上加一个无穷小的扰动 $\epsilon(\delta)$[4]

$$g(\delta) = I + \epsilon.$$

它显然应满足正交变换条件 (以保持矢量的内积和夹角不变), 即

$$g(\delta)^{\mathrm{T}} g(\delta) = g(\delta) g(\delta)^{\mathrm{T}} = I.$$

---

① 其中, "特殊" 指的是 $\det \Lambda = 1$ 这一条件, 而 "正交" 对应于 $\Lambda \Lambda^{\mathrm{T}} = I$.
② 梯度算符 ∇ 是熟悉的, 它表示对其后的函数求梯度, 而同理, 任何一个算符也可看作一个记号, 表示对其后函数某种运算. 算符在量子力学理论中具有重要意义, 我们将在 4.5 节中严格地介绍.
③ 我们习惯上约定逆时针转动角度为正.
④ 下面我们将把 $\epsilon(\delta)$ 简写成 ϵ.

代入 $g(\delta)$ 的表达式并保留到一阶无穷小, 容易得到

$$\epsilon^{\mathrm{T}} = -\epsilon.$$

所以 ϵ 是一个 2×2 反对称矩阵. 如果定义 $\epsilon = \delta X$, 其中 δ 为扰动参数, 则可以得到无穷小转动算符

$$X = \begin{pmatrix} 0 & -1 \\ 1 & 0 \end{pmatrix}. \tag{3.5}$$

对于有限角度 ϕ 的转动, 如果对角度 ϕ 进行 N 等分, 则转动 ϕ 角可以看成是 N 次转动 ϕ/N 角叠加的结果, 即

$$g(\phi) = \prod_{i=1}^{N} g\left(\frac{\phi}{N}\right). \tag{3.6}$$

令 $N \to +\infty$, 此时 $\phi/N \to 0$, 因此 $g(\phi/N)$ 就是无穷小转动 $g(\delta)$, 即

$$\begin{aligned}
g(\phi) &= \lim_{N \to +\infty} \prod_{i=1}^{N} g(\delta) \\
&= \lim_{N \to +\infty} \prod_{i=1}^{N} (I + \delta X) \\
&= \lim_{N \to +\infty} \left(I + \frac{\phi}{N} X\right)^N \\
&= \mathrm{e}^{\phi X} \\
&= \sum_{n=0}^{\infty} \frac{1}{n!} (\phi X)^n.
\end{aligned} \tag{3.7}$$

因此回到了例题 2.6, 我们有

$$g(\phi) = \begin{pmatrix} \cos\phi & -\sin\phi \\ \sin\phi & \cos\phi \end{pmatrix}. \tag{2.49}$$

于是我们从无穷小平面转动得到了有限角度的平面转动.

也可以从另外一个角度看上面的讨论. 如果对 $SO(2)$ 平面转动变换 $g(\phi)$, 在 $\phi = 0$ 处作泰勒展开, 可以看到无穷小转动算符 X 就是 $g(\phi)$ 的一阶展开系数

$$X = \frac{\mathrm{d}g(\phi)}{\mathrm{d}\phi}\bigg|_{\phi=0}. \tag{3.8}$$

将 $g(\phi)$ 代入式 (3.8), 得

$$X = \begin{pmatrix} -\sin\phi & -\cos\phi \\ \cos\phi & -\sin\phi \end{pmatrix}_{\phi=0} = \begin{pmatrix} 0 & -1 \\ 1 & 0 \end{pmatrix}.$$

这与前面通过无穷小正交变换得到的无穷小转动算符 X 一致. 像 $SO(2)$ 这样的群元素是带有参数的连续可微函数的群, 统称为李群, 而其无穷小变换算符或参数零点泰勒展开的一阶系数 X 称为群的生成元. 在 3.3 节中我们会更进一步讨论.

回到 3.1 节提到的埃尔朗根纲领, 我们再通过一个例子来进一步理解.

例题 3.2 (二维闵可夫斯基空间的转动) 前面已经知道, 一个空间的核心性质在于其度规张量 g. 如果我们定义这样的度规张量

$$g = \begin{pmatrix} 1 & 0 \\ 0 & -1 \end{pmatrix},$$

于是矢量内积就变成

$$|\boldsymbol{v}^2| = g_{ij}v_iv_j = v_1^2 - v_2^2.$$

这样的空间称为二维闵可夫斯基 (Minkowski) 空间 (M_2), 对应的几何称为二维闵可夫斯基几何.

为保证这个空间中矢量距离 $|\boldsymbol{v}|^2 = v_1^2 - v_2^2$ 在转动下保持不变, 容易推出其无穷小转动算符 X 必须满足

$$X^{\mathrm{T}}g = -gX,$$

于是

$$X = \begin{pmatrix} 0 & 1 \\ 1 & 0 \end{pmatrix}, \tag{3.9}$$

这就是 M_2 的生成元. 与 $SO(2)$ 生成元的幂次性质 (2.48) 类似, 对 M_2 的生成元 X 有

$$\forall\, n \in \mathbb{N}, \quad X^{2n} = I, \quad X^{2n+1} = X,$$

利用双曲函数的展开式

$$\sinh x = \sum_{n=0}^{\infty} \frac{x^{2n+1}}{(2n+1)!},$$

$$\cosh x = \sum_{n=0}^{\infty} \frac{x^{2n}}{(2n)!},$$

最终可得

$$g(\varphi) = \mathrm{e}^{\varphi X} = \begin{pmatrix} \cosh\varphi & \sinh\varphi \\ \sinh\varphi & \cosh\varphi \end{pmatrix}. \tag{3.10}$$

这实际上是说, 在一个保持 $x^2 - y^2$ 不变的空间里, 其转动是双曲转动, 而其构成的群称为 $SO(1,1)$. 在 M_2 中, 这样的转动其实对应于洛伦兹变换的 Boost, 我们会在 7.3 节中再一次遇到这种变换. □

3.3 李群与李代数

不论是以上的 $SO(2)$、$SO(1,1)$ 群, 还是我们证明诺特定理时用的 $q_i(t) \rightarrow Q_i(s,t)$ 变换, 它们都有一个共同的特点, 就是能被参数化. 因此, 我们引入一个新的概念——带有参数的群. 它的元素是含参函数, 当参数取零时, 对应单位元.

设 G 是一个群, 如果存在从 r 维实 (复) 数域到群 G 的解析映射 $g : \mathbb{R}^r(\mathbb{C}^r) \rightarrow G$, 使得

$$(\alpha_1, \alpha_2, \cdots, \alpha_r) \rightarrow g(\alpha_1, \alpha_2, \cdots, \alpha_r) = g(\boldsymbol{\alpha}) \in G,$$

且由群乘法和逆元定义的映射

$$g(\boldsymbol{\alpha}), g(\boldsymbol{\beta}) \in G \rightarrow g(\boldsymbol{\alpha}) \cdot g(\boldsymbol{\beta}) \in G, \quad g(\boldsymbol{\alpha}) \in G \rightarrow g(\boldsymbol{\alpha})^{-1} \in G$$

都是解析的, 则称 G 是一个李群 (Lie group)[①]. 具有 r 个独立参数的李群称为 r 参数李群, r 也称为李群的维数. 李群的单位元通常定义为 $g(\boldsymbol{0}) = I$, 它表示恒等映射.

按照群的封闭性有

$$g(\boldsymbol{\alpha}) \cdot g(\boldsymbol{\beta}) = g(\boldsymbol{\gamma}) = g[f(\boldsymbol{\alpha}, \boldsymbol{\beta})], \tag{3.11}$$

其中 f 是一个实或复函数, 它表示参数间的代数关系. 利用单位元 $g(\boldsymbol{0}) = I$, 可以得到函数 f 满足的第一个性质

$$f(\boldsymbol{\alpha}, \boldsymbol{0}) = f(\boldsymbol{0}, \boldsymbol{\alpha}) = \boldsymbol{\alpha}.$$

如果记逆元 $g^{-1} = g(\boldsymbol{\alpha})^{-1} = g(\boldsymbol{\alpha}^{-1})$, 则可得到函数 f 的第二个性质

$$f(\boldsymbol{\alpha}, \boldsymbol{\alpha}^{-1}) = f(\boldsymbol{\alpha}^{-1}, \boldsymbol{\alpha}) = \boldsymbol{0}.$$

---

① 李群 G 事实上是一个具有群结构的微分流形, 因而在数学上拥有多种等价的定义, 这里我们主要关注它的代数结构, 因此从这个角度给出定义. 对李群更多数学性质感兴趣的同学可阅读 Nakahara M. Geometry, Topology and Physics. Bristol: Institute of Physics Publishing, 2003 等参考资料.

最后根据结合律

$$g(\boldsymbol{\alpha}) \cdot g(\boldsymbol{\beta}) \cdot g(\boldsymbol{\gamma}) = g(\boldsymbol{\alpha}) \cdot [g(\boldsymbol{\beta}) \cdot g(\boldsymbol{\gamma})],$$

得到函数 f 的第三个性质

$$f[\boldsymbol{\alpha}, f(\boldsymbol{\beta}, \boldsymbol{\gamma})] = f[f(\boldsymbol{\alpha}, \boldsymbol{\beta}), \boldsymbol{\gamma}].$$

李群最基本的性质是群元 $g(\boldsymbol{\alpha})$ 是参数 $\boldsymbol{\alpha}$ 的解析函数, 因此 g 可以在 $\boldsymbol{\alpha} = \mathbf{0}$ 附近做泰勒展开,

$$g(\boldsymbol{\alpha}) = g(\mathbf{0}) + \sum_{i=1}^{r} \alpha_i \frac{\partial g(\boldsymbol{\alpha})}{\partial \alpha_i}|_{\boldsymbol{\alpha}=\mathbf{0}} + \frac{1}{2!} \sum_{i,j=1}^{r} \alpha_i \alpha_j \frac{\partial^2 g(\boldsymbol{\alpha})}{\partial \alpha_i \partial \alpha_j}|_{\boldsymbol{\alpha}=\mathbf{0}} + \cdots$$
$$= I + \alpha_i X_i + \alpha_i \alpha_j Y_{ij} + \cdots \tag{3.12}$$

其中

$$X_i = \frac{\partial g(\boldsymbol{\alpha})}{\partial \alpha_i}|_{\boldsymbol{\alpha}=\mathbf{0}}, \quad Y_{ij} = \frac{\partial^2 g(\boldsymbol{\alpha})}{\partial \alpha_i \partial \alpha_j}|_{\boldsymbol{\alpha}=\mathbf{0}}. \tag{3.13}$$

根据 $g(\boldsymbol{\alpha}) \cdot g(\boldsymbol{\alpha})^{-1} = I$, 不难推出

$$g(\boldsymbol{\alpha})^{-1} = I - \alpha_i X_i + \alpha_i \alpha_j X_i X_j - \frac{1}{2} \alpha_i \alpha_j Y_{ij} + \cdots.$$

同理, 对群元 $g(\boldsymbol{\beta})^{-1} g(\boldsymbol{\gamma})^{-1} g(\boldsymbol{\beta}) g(\boldsymbol{\gamma})$ 展开并保留到参数平方项, 有

$$g(\boldsymbol{\beta})^{-1} g(\boldsymbol{\gamma})^{-1} g(\boldsymbol{\beta}) g(\boldsymbol{\gamma}) = I + \beta_i \gamma_j (X_i X_j - X_j X_i) + \cdots$$
$$= I + \beta_i \gamma_j [X_i, X_j] + \cdots. \tag{3.14}$$

根据群的封闭性, $g(\boldsymbol{\beta})^{-1} g(\boldsymbol{\gamma})^{-1} g(\boldsymbol{\beta}) g(\boldsymbol{\gamma})$ 必然等于某个群元, 设它为 $g(\boldsymbol{\alpha})$, 就有

$$g(\boldsymbol{\beta})^{-1} g(\boldsymbol{\gamma})^{-1} g(\boldsymbol{\beta}) g(\boldsymbol{\gamma}) = I + \beta_i \gamma_j [X_i, X_j] + \cdots$$
$$= g(\boldsymbol{\alpha})$$
$$= I + \alpha_k X_k + \cdots. \tag{3.15}$$

因此, 在一阶展开中得到

$$\beta_i \gamma_j [X_i, X_j] = \alpha_k X_k.$$

由式 (3.11), 群元的参数之间通过实或复函数 f 相联系, 则在这里根据式 (3.15) 有 $\boldsymbol{\alpha} = f(\boldsymbol{\beta}, \boldsymbol{\gamma})$, 或写成分量形式

$$\alpha_k = c_{kij}\beta_i\gamma_j.$$

于是立即有

$$[X_i, X_j] = c_{kij}X_k. \tag{3.16}$$

这是李群的一个重要性质, 其中 X_k 称为李群的生成元, c_{kij} 称为李群的结构常数, 由群本身的变换决定. 这是区别不同李群的关键. 式 (3.16) 在数学上构成一个代数结构, 称为李代数 (Lie algebra). 从以上推导中也可以看出, 单参数李群只有一个生成元, 因此群元必然可以交换, 故单参数李群一定是阿贝尔群. 相应地, 多参数李群通常是非阿贝尔群, 但也有特例, 比如我们之前看到的空间平移群, 虽然有多个参数 $\hat{p}_i$, 但由于参数是可交换的, 所以仍是一个阿贝尔群.

在无穷小变换 $g(\boldsymbol{\delta})$ 中, 生成元 X_i 总是和无穷小变换 ϵ 相关联, 即

$$g(\boldsymbol{\delta}) = I + \epsilon = I + \delta_i X_i,$$

因此也可以直接通过 $g(\boldsymbol{\delta})$ 的变换性质推得 X_i. 例如三维特殊正交群 $SO(3)$, 设它的一个无穷小正交变换

$$\Lambda_\delta = I + \epsilon = I + \delta_i X_i,$$

当参数 $\delta_i = 0$ 时, $\Lambda_{\delta=0}$ 为恒等变换 I. 否则, 根据正交变换关系 $\Lambda\Lambda^{\mathrm{T}} = I$, 保留到 ϵ 一阶, 可得

$$(I + \epsilon)(I + \epsilon)^{\mathrm{T}} = I + \epsilon + \epsilon^{\mathrm{T}} = I,$$

即

$$\epsilon^{\mathrm{T}} = -\epsilon.$$

因此, ϵ 是一个 3×3 的反对称矩阵, 有 3 个独立参数, 对应 3 个生成元 X_i.

通过 3.2 节的几个例子不难看出, 在阿贝尔群里, 从生成元开始推得无穷小变换, 再得到有限参数变换的形式, 就是一个从李代数到李群的过程. 对非阿贝尔群来说这个过程是类似的, 不过由于非阿贝尔群都是多参数李群, 因此我们需要对每个有限参数分别执行式 (3.6) 和式 (3.7) 的过程, 最后利用 e 的算符指数乘积的贝克–坎贝尔–豪斯多夫公式 (Baker-Cambell-Hausdorff formula)

$$\mathrm{e}^X\mathrm{e}^Y = \mathrm{e}^{X+Y+1/2[X,Y]+\cdots}, \tag{3.17}$$

得到非阿贝尔群的有限参数变换形式.

3.4 $SO(3)$ 与空间转动

3.3 节我们提到, 三维特殊正交群 $SO(3)$ 的无穷小变换 ϵ 是一个 3×3 的反对称矩阵, 有 3 个独立参数, 对应 3 个生成元. 因此, 不失一般性地, ϵ 可写为

$$\epsilon = \sum_{i=1}^{3} \delta_i X_i = \begin{pmatrix} 0 & \delta_3 & -\delta_2 \\ -\delta_3 & 0 & \delta_1 \\ \delta_2 & -\delta_1 & 0 \end{pmatrix}, \tag{3.18}$$

δ_i 和 X_i 分别表示 $SO(3)$ 的 3 个独立参数和 3 个生成元, 其中

$$X_1 = \begin{pmatrix} 0 & 0 & 0 \\ 0 & 0 & 1 \\ 0 & -1 & 0 \end{pmatrix}, \quad X_2 = \begin{pmatrix} 0 & 0 & -1 \\ 0 & 0 & 0 \\ 1 & 0 & 0 \end{pmatrix}, \quad X_3 = \begin{pmatrix} 0 & 1 & 0 \\ -1 & 0 & 0 \\ 0 & 0 & 0 \end{pmatrix}.$$

习惯上, 我们用 $\hat{J}_i$ 表示 $SO(3)$ 的生成元[①],

$$X_i = \mathrm{i}\hat{J}_i, \quad i = 1, 2, 3.$$

即有

$$\hat{J}_1 = \begin{pmatrix} 0 & 0 & 0 \\ 0 & 0 & -\mathrm{i} \\ 0 & \mathrm{i} & 0 \end{pmatrix}, \quad \hat{J}_2 = \begin{pmatrix} 0 & 0 & \mathrm{i} \\ 0 & 0 & 0 \\ -\mathrm{i} & 0 & 0 \end{pmatrix}, \quad \hat{J}_3 = \begin{pmatrix} 0 & -\mathrm{i} & 0 \\ \mathrm{i} & 0 & 0 \\ 0 & 0 & 0 \end{pmatrix}. \tag{3.19}$$

相应地, 有限参数变换的形式就可写为

$$g(\theta_1) = \mathrm{e}^{\mathrm{i}\theta_1 \hat{J}_1} = \begin{pmatrix} 0 & 0 & 0 \\ 0 & \cos\theta_1 & \sin\theta_1 \\ 0 & -\sin\theta_1 & \cos\theta_1 \end{pmatrix}, \tag{3.20}$$

$$g(\theta_2) = \mathrm{e}^{\mathrm{i}\theta_2 \hat{J}_2} = \begin{pmatrix} \cos\theta_2 & 0 & -\sin\theta_2 \\ 0 & 0 & 0 \\ \sin\theta_2 & 0 & \cos\theta_2 \end{pmatrix}, \tag{3.21}$$

$$g(\theta_3) = \mathrm{e}^{\mathrm{i}\theta_3 \hat{J}_3} = \begin{pmatrix} \cos\theta_3 & \sin\theta_3 & 0 \\ -\sin\theta_3 & \cos\theta_3 & 0 \\ 0 & 0 & 0 \end{pmatrix}. \tag{3.22}$$

---

① 为了与第 2 章中的角动量作区分, 我们使用了量子力学中常用于算符的 " ˆ " 标记. 后面我们会发现, 这里的 $\hat{J}_i$ 正是量子力学中的角动量算符. 因此也可以说, $SO(3)$ 群正是由量子力学的角动量算符生成的.

式 (3.20)～式 (3.22) 分别表示绕 x、y 和 z 轴的转动, 其中 $\theta_i = N\delta_i, i = 1, 2, 3$; $N \to \infty$.

容易发现, 沿不同轴的旋转是不可交换的, 这可能给转动的描述带来一些困难. 为了方便, 在力学系统中, 我们通常使用欧拉角 (Eulerian angle) 来表示三维转动变换, 也即使用欧拉角来参数化 $SO(3)$ 群. 如图 3.5所示, 首先将坐标系 (x, y, z) 绕 z 轴转动 α 角, 转到 (x', y', z'); 再绕 y' 轴转动 β 角, 转到 (x'', y'', z''); 最后绕 z'' 轴转动 γ 角, 完成转动. 上述三步转动中的 (α, β, γ) 就称为一组欧拉角.

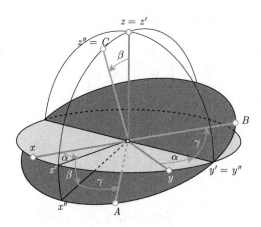

图 3.5   三维转动和欧拉角

由上述转动过程, 我们可以把转动写成

$$R(\alpha, \beta, \gamma) = R_{z''}(\gamma) R_{y'}(\beta) R_z(\alpha). \tag{3.23}$$

从转动中的几何关系容易知道

$$R_{y'}(\beta) = R_z(\alpha) R_y(\beta) R_z(\alpha)^{-1},$$

$$R_{z''}(\gamma) = R_{y'}(\beta) R_z(\gamma) R_{y'}(\beta)^{-1}.$$

代入式 (3.23) 即得

$$R(\alpha, \beta, \gamma) = R_z(\alpha) R_y(\beta) R_z(\gamma) = \mathrm{e}^{-\mathrm{i}\alpha \hat{J}_z} \mathrm{e}^{-\mathrm{i}\beta \hat{J}_y} \mathrm{e}^{-\mathrm{i}\gamma \hat{J}_z}. \tag{3.24}$$

这样, 我们就完成了对 $SO(3)$ 群的参数化.

容易验证 X_i 满足

$$[X_1, X_2] = -X_3, \quad [X_2, X_3] = -X_1, \quad [X_3, X_1] = -X_2.$$

利用之前介绍的莱维–齐维塔全反对称张量 (式 (2.3)), 上式可以写成

$$[X_i, X_j] = -\epsilon_{ijk}X_k. \tag{3.25}$$

或对 $\hat{J}_i$ 有

$$[\hat{J}_i, \hat{J}_j] = \mathrm{i}\epsilon_{ijk}\hat{J}_k. \tag{3.26}$$

于是我们发现, $SO(3)$ 群的李代数和我们前面所说的角动量的泊松括号

$$\{J_i, J_j\} = \epsilon_{ijk}J_k. \tag{2.52}$$

存在对应关系. 这就回到了第 2 章结尾的结论.

3.5 幺正变换群 $SU(2)$ 及其与 $SO(3)$ 的对应

前面讨论的都是实空间中的群, 为了进一步讨论变换群的性质, 我们来看一个复空间中的例子——幺正变换群[①](unitary transformation group).

最简单的幺正变换群是一维幺正变换群 $U(1)$. 考虑一个复数 $z = x + \mathrm{i}y$, 如果保持它的模长不变, 将它在复平面里旋转幅角 α, 得到 $z' = z = x' + \mathrm{i}y'$, 就有

$$z' = \mathrm{e}^{\mathrm{i}\alpha}z = (\cos\alpha + \mathrm{i}\sin\alpha)(x + \mathrm{i}y)$$
$$= \cos\alpha\, x - \sin\alpha\, y + \mathrm{i}(\sin\alpha\, x + \cos\alpha\, y),$$

或写成分量形式

$$\begin{pmatrix} x' \\ y' \end{pmatrix} = \begin{pmatrix} \cos\alpha & -\sin\alpha \\ \sin\alpha & \cos\alpha \end{pmatrix} \begin{pmatrix} x \\ y \end{pmatrix}. \tag{3.27}$$

容易验证该变换满足幺正性, 因此这就是一维的幺正变换. 注意到式 (3.27) 中的变换矩阵和 $SO(2)$ 群的转动矩阵一致, 因此复空间中的一维幺正变换群 $U(1)$ 与实平面 E_2 上的二维特殊正交群 $SO(2)$ 就存在一个对应关系.

接下来我们考虑二维的情况. 对二维复空间矢量 ξ 做幺正变换 U

$$\xi \to \xi' = U\xi.$$

两边同时取厄米共轭

$$\xi'^{\dagger} = \xi^{\dagger}U^{\dagger}.$$

---

① 也称酉群. 其中幺正 (或酉) 的意思是其变换矩阵 U 满足其厄米共轭矩阵等于逆矩阵, 即 $U^{\dagger}U = I$.

由幺正性易得

$$\xi'^\dagger \xi' = \xi^\dagger U^\dagger U \xi = \xi^\dagger \xi.$$

这说明 $\xi^\dagger \xi$ 在此幺正变换下保持不变.

而对于 $\xi \xi^\dagger$, 显然它是厄米的, 即 $(\xi \xi^\dagger)^\dagger = \xi \xi^\dagger$. 在变换 U 下有

$$\xi \xi^\dagger \longrightarrow U \xi \xi^\dagger U^\dagger,$$

显然, $\xi \xi^\dagger$ 在幺正变换下并不是不变的, 但如果我们要求 $\det U = 1$, 使该变换成特殊幺正变换, 就有

$$\det(\xi \xi^\dagger) = \det(U \xi \xi^\dagger U^\dagger).$$

因而 $\det(\xi^\dagger \xi)$ 在二维特殊幺正变换下是一个不变量. 而由二维特殊幺正变换构成的群就是二维特殊幺正群 $SU(2)$.

和实空间中的讨论一样, 设一个 $SU(2)$ 的无穷小幺正变换 $\Lambda_\delta = I + \epsilon$, 由于变换满足幺正性

$$\Lambda_\delta^\dagger \Lambda_\delta = I,$$

易得 ϵ 具有反厄米的形式

$$\epsilon^\dagger = -\epsilon.$$

由于任一幺正矩阵 U, 总可以写成

$$U = \mathrm{e}^{\mathrm{i}H},$$

其中 H 是厄米矩阵. 如果取一个厄米矩阵的特例——实对角矩阵

$$D = \begin{pmatrix} h_1 & 0 \\ 0 & h_2 \end{pmatrix}$$

则有

$$\mathrm{e}^{\mathrm{i}D} = \sum_{n=0}^{\infty} \frac{1}{n!} \mathrm{i}^n \begin{pmatrix} h_1 & 0 \\ 0 & h_2 \end{pmatrix}^n = \sum_{n=0}^{\infty} \frac{1}{n!} \mathrm{i}^n \begin{pmatrix} h_1^n & 0 \\ 0 & h_2^n \end{pmatrix} = \begin{pmatrix} \mathrm{e}^{\mathrm{i}h_1} & 0 \\ 0 & \mathrm{e}^{\mathrm{i}h_2} \end{pmatrix},$$

我们可以得到对实对角矩阵 D 有

$$\det \mathrm{e}^{\mathrm{i}D} = \mathrm{e}^{\mathrm{i}h_1} \cdot \mathrm{e}^{\mathrm{i}h_2} = \mathrm{e}^{\mathrm{i}\operatorname{Tr} D}. \tag{3.28}$$

由于厄米矩阵 H 总可以通过幺正矩阵相似变换到实对角矩阵

$$H = UDU^\dagger,$$

而行列式在相似变换下是不变量

$$\det U = \det \mathrm{e}^{\mathrm{i}H} = \det \mathrm{e}^{\mathrm{i}\,\mathrm{Tr}\,H} = \det \left(\sum_{n=0}^{\infty} \frac{1}{n!} \mathrm{i}^n U D^n U^\dagger\right) = \det \mathrm{e}^{\mathrm{i}D},$$

所以对于任意厄米矩阵 H 生成的幺正矩阵都可以证明

$$\det U = \det \mathrm{e}^{\mathrm{i}H} = \mathrm{e}^{\mathrm{i}\,\mathrm{Tr}\,H}. \tag{3.29}$$

因而若取 $\det U = 1$, 就有

$$\mathrm{Tr}\,H = 0.$$

而代入 $U = \Lambda_\delta$, 就有

$$\Lambda_\delta = I + \epsilon = \mathrm{e}^{\mathrm{i}H} = \sum_{n=0}^{\infty} \frac{1}{n!} (\mathrm{i}H)^n,$$

即 $\epsilon = \mathrm{i}H$, 于是有 $\mathrm{Tr}\,\epsilon = 0$.

至此我们得到 ϵ 是反厄米的无迹矩阵, 因此我们可以用待定系数法, 将 ϵ 写成

$$\epsilon = \delta_k X_k = \begin{pmatrix} \mathrm{i}\delta_3 & \delta_2 + \mathrm{i}\delta_1 \\ -\delta_2 + \mathrm{i}\delta_1 & -\mathrm{i}\delta_3 \end{pmatrix}, \tag{3.30}$$

其中 δ_k 和 X_k 分别表示李群的 3 个独立参数和 3 个生成元. 为保证生成元的厄米性, 通常我们定义 $SU(2)$ 的生成元为 σ, 满足

$$X_k = \mathrm{i}\sigma_k,$$

即

$$\sigma_1 = \begin{pmatrix} 0 & 1 \\ 1 & 0 \end{pmatrix}, \quad \sigma_2 = \begin{pmatrix} 0 & -\mathrm{i} \\ \mathrm{i} & 0 \end{pmatrix}, \quad \sigma_3 = \begin{pmatrix} 1 & 0 \\ 0 & -1 \end{pmatrix}. \tag{3.31}$$

这一系列 σ 矩阵被称为泡利矩阵 (Pauli matrix), 在描述粒子的自旋时会起到重要作用.

对泡利矩阵, 容易证明

$$\begin{aligned} [\sigma_i, \sigma_j] &= 2\mathrm{i}\epsilon_{ijk}\sigma_k, \\ \{\sigma_i, \sigma_j\} &= \sigma_i \sigma_j + \sigma_j \sigma_i = 2\delta_{ij}. \end{aligned} \tag{3.32}$$

进而

$$\sigma_i \sigma_j = \delta_{ij} + i\epsilon_{ijk}\sigma_k. \tag{3.33}$$

利用这些关系可以证明很多和泡利矩阵相关的性质, 例如

$$(\boldsymbol{\sigma} \cdot \boldsymbol{A})(\boldsymbol{\sigma} \cdot \boldsymbol{B}) = \boldsymbol{A} \cdot \boldsymbol{B} + i\boldsymbol{\sigma} \cdot (\boldsymbol{A} \times \boldsymbol{B}). \tag{3.34}$$

另外, 对式 (3.32) 稍加变形, 我们得到

$$\left[\frac{\sigma_i}{2}, \frac{\sigma_j}{2}\right] = i\epsilon_{ijk}\frac{\sigma_k}{2}. \tag{3.35}$$

对比式 (3.26), 我们发现 $\sigma_i/2$ 与 $SO(3)$ 的生成元 $\hat{J}_i$ 具有相同的李代数, 或者说这两个李代数同构. 在 7.4 节我们会进一步看到, $SO(3)$ 群与 $SU(2)$ 群是同态①的: $SO(3)$ 中的每一个群元素都对应着 $SU(2)$ 中的两个群元素, 这两个群元素刚好相差一个 $e^{i\pi}$ 相因子.

第 3 章习题

1. 讨论正方形所有对称变换构成的置换群 S_4, 找到所有群元并写出乘法表.
2. 在某空间, 矢量 $\boldsymbol{v} = (x, y)^{\mathrm{T}}$ 的长度定义为

$$|\boldsymbol{v}|^2 = \boldsymbol{v}^{\mathrm{T}} g \boldsymbol{v}, \quad g = \begin{pmatrix} 1 & 0 \\ 0 & -1 \end{pmatrix}.$$

在变换 Λ 下保持不变

$$\boldsymbol{v} \to \boldsymbol{v}' = \Lambda \boldsymbol{v} \longrightarrow \Lambda^{\mathrm{T}} g \Lambda = g,$$

对于无穷小变换 Λ_δ

$$\Lambda_\delta = I + \delta X,$$

推导 X 的形式, 并对于有限参数 η, 推导 Λ_η 的具体形式.
3. 验算式 (3.14)

$$g(\boldsymbol{\beta})^{-1} g(\boldsymbol{\gamma})^{-1} g(\boldsymbol{\beta}) g(\boldsymbol{\gamma}) = I + \beta_i \gamma_j (X_i X_j - X_j X_i) + \cdots = I + \beta_i \gamma_j [X_i, X_j] + \cdots.$$

---

① 在数学上, 群的同态定义为: 对两个群 $(G_1, \cdot)$ 和 $(G_2, \circ)$, 若存在一个映射 $f: G_1 \to G_2$ 使群乘法保持, 即

$$f(a \cdot b) = f(a) \circ f(b), \quad \forall a, b \in G,$$

则称该映射为一个同态, 且当 $(G_1, \cdot)$ 和 $(G_2, \circ)$ 之间存在一个同态满射时, 称这两个群同态; 而当该同态映射为双射时, 称该映射为一个同构, 也称群 $(G_1, \cdot)$ 与 $(G_2, \circ)$ 同构.

$SO(3)$ 与 $SU(2)$ 的对应是一个很好的例子, 它表明群的代数同构只是群同态 (而并非同构) 的充分条件. 关于同构和同态关系的详细讨论可以参考相关群论或抽象代数教材.

4. 证明对于两个不对易的矩阵 X、Y, 有贝克–坎贝尔–豪斯多夫公式 (即式 (3.17))

$$e^X e^Y = e^{X+Y+1/2[X,Y]+\cdots}.$$

5. 对于厄米矩阵 A, 证明若

$$\det e^{iA} = 1,$$

则 A 无迹.

6. 对最小幺正变换的反厄米矩阵 ϵ

$$\epsilon = \begin{pmatrix} i\delta_3 & \delta_2 + i\delta_1 \\ -\delta_2 + i\delta_1 & -i\delta_3 \end{pmatrix},$$

给出一个厄米的生成元 X_i 的形式, 计算 $[X_i/2, X_j/2]$.

第 4 章

量子力学初步

> If quantum mechanics hasn't profoundly shocked you,
> you haven't understood it yet.
>
> ——Niels Bohr

德布罗意波粒二象性 (物质波) 假说告诉我们, 微观粒子除了具有粒子性外, 也呈现出波动性. 微观粒子的波粒二象性已经被大量实验证实, 并成为量子理论的起点和核心. 显而易见, 由于微观粒子表现为物质波的形式, 那么研究量子系统的演化规律, 便是要给出作为物质波的粒子的运动方程, 也就是给出物质波的波动方程.

本章将从经典的波动系统出发, 过渡到量子力学中的波动力学, 并讨论几个一维定态问题作为例子. 此后, 我们将转入矩阵力学的讨论, 这是对量子力学问题的更抽象和简洁的表述. 最后, 我们会回到公理化体系中, 介绍量子力学的基本假设, 并通过变换的视角深入研究量子力学系统, 发现更深刻的经典–量子对应关系即正则量子化方案, 由此, 第 2 章中介绍的一些经典力学原理将被自然地推广到量子力学中.

4.1 经典力学中的波动

在介绍量子波动系统之前, 我们首先回顾两个典型的经典波动系统.

例题 4.1(弹性杆的纵振动) 考虑一个杨氏模量为 E、横截面积为 S、密度为 ρ、原长为 L 的杆放置在 $0 \ll x \ll L$ 区间, 设初始位置 x 的点的振动位移为 $u(x,t)$, 则对 x 到 $x + \mathrm{d}x$ 小段, 其在 x 端的受力为

$$T(x) = ES\frac{u(x+\mathrm{d}x,t) - u(x,t)}{(x+\mathrm{d}x) - x} = ES\frac{\partial u}{\partial x}\bigg|_x,$$

同理在 $x + \mathrm{d}x$ 一端的受力就是

$$T(x + \mathrm{d}x) = ES\frac{\partial u}{\partial x}\bigg|_{x+\mathrm{d}x},$$

于是运动方程为

$$\rho S\mathrm{d}x\frac{\partial u^2}{\partial t^2} = ES\left[\frac{\partial u(x + \mathrm{d}x)}{\partial x} - \frac{\partial u(x)}{\partial x}\right],$$

即

$$\frac{\partial^2 u(x,t)}{\partial t^2} - \frac{E}{\rho}\frac{\partial^2 u(x,t)}{\partial x^2} = 0. \tag{4.1}$$

■

例题 4.2 (两端固定的绳的微小横振动) 设绳上某一小段 x 到 $x + \mathrm{d}x$ 的振动位移为 u, 对应的弯曲角度为 θ, 则根据几何关系有

$$\sin\theta(x) \approx \tan\theta(x) = \frac{\partial u}{\partial x}.$$

设绳的线密度为 ρ、内部张力为 T, 则该 x 到 $x + \mathrm{d}x$ 小段在两端的张力 T 下, 运动方程为

$$\rho\mathrm{d}x\frac{\partial^2 u}{\partial t^2} = T\left[\sin\theta(x + \mathrm{d}x) - \sin\theta(x)\right]$$

$$\approx T\left[\frac{\partial u(x + \mathrm{d}x, t)}{\partial x} - \frac{\partial u(x, t)}{\partial x}\right],$$

即

$$\frac{\partial^2 u}{\partial t^2} - \frac{T}{\rho}\frac{\partial^2 u}{\partial x^2} = 0. \tag{4.2}$$

■

可以看到, 两个问题的方程有相同的形式, 即一般性的达朗贝尔 (D'Alembert) 方程

$$\Delta\psi(\boldsymbol{x}, t) - \frac{1}{u^2}\frac{\partial^2}{\partial t^2}\psi(\boldsymbol{x}, t) = 0. \tag{4.3}$$

该方程有如下平面波通解:

$$\psi = Ae^{\mathrm{i}\boldsymbol{k}\cdot\boldsymbol{x} - \mathrm{i}\omega t} + Be^{-\mathrm{i}\boldsymbol{k}\cdot\boldsymbol{x} - \mathrm{i}\omega t}, \tag{4.4}$$

其中, $\omega = 2\pi f$ 为角频率 (f 为频率), $|\boldsymbol{k}| = \dfrac{2\pi}{\lambda}$ 为波矢. 波前速度 (相速度) 为

$$v_{\text{phase}} = u = \frac{\omega}{k}, \tag{4.5}$$

而波的群速度为

$$v_{\text{group}} = \frac{\mathrm{d}\omega}{\mathrm{d}k}. \tag{4.6}$$

当然, 上述两例均为一维问题, 通解为

$$u(x) = A\mathrm{e}^{\mathrm{i}kx - \mathrm{i}\omega t} + B\mathrm{e}^{-\mathrm{i}kx - \mathrm{i}\omega t}. \tag{4.7}$$

而两个问题具有不同的边界条件, 由此前者可以导出某个特定方向传播的平面波解, 而后者则导出驻波解.

对达朗贝尔方程 (4.3) 的平面波解 ψ, 如果以空间和时间求导, 可以得到如下两个方程:

$$\begin{aligned}\mathrm{i}\frac{\partial}{\partial t}\psi(\boldsymbol{x}, t) &= \omega\psi(\boldsymbol{x}, t),\\[2mm]-\mathrm{i}\nabla\psi(\boldsymbol{x}, t) &= \boldsymbol{k}\psi(\boldsymbol{x}, t).\end{aligned} \tag{4.8}$$

在 4.2 节中, 我们将从这两个方程出发, 发现经典力学和量子力学的对应关系.

4.2 波动力学概要

在经典力学中, 质点的状态由 (p_i, q_i, t) 或者 $(q_i, \dot{q}_i, t)$ 确定. 但 20 世纪以来, 戴维孙–革末电子衍射实验、电子双缝干涉实验等很多实验均表明微观粒子 (如电子) 具有波粒二象性, 所以我们不能再简单地用位置和速度等信息来描述这些粒子, 而应该是以波的形式.

已知平面波 $\psi_0(\boldsymbol{x}, t) = A\mathrm{e}^{\mathrm{i}\boldsymbol{k} \cdot \boldsymbol{x} - \mathrm{i}\omega t}$ 满足以下两个方程:

$$\begin{aligned}\mathrm{i}\frac{\partial}{\partial t}\psi_0(\boldsymbol{x}, t) &= \omega\psi_0(\boldsymbol{x}, t),\\[2mm]-\mathrm{i}\nabla\psi_0(\boldsymbol{x}, t) &= \boldsymbol{k}\psi_0(\boldsymbol{x}, t).\end{aligned} \tag{4.8}$$

而按照德布罗意物质波假说, 有[①]

$$\text{频率} \quad \nu = E/h, \quad E = \hbar\omega = \omega,$$

---

① 为了熟悉一般理论的形式, 这里使用国际单位制, 到第 4.7 节时会切换回自然单位制.

$$\text{波长} \quad \lambda = h/p, \quad \boldsymbol{p} = \hbar \frac{2\pi}{\lambda} \hat{n} = \hbar \boldsymbol{k} = \boldsymbol{k}.$$

上式中最后一步采用了自然单位制 ($\hbar = c = 1$). 因此, 将 E 和 $\boldsymbol{p}$ 代回平面波方程, 得到

$$i\hbar \frac{\partial}{\partial t} \psi_0(\boldsymbol{x}, t) = E \psi_0(\boldsymbol{x}, t),$$
$$-i\hbar \nabla \psi_0(\boldsymbol{x}, t) = \boldsymbol{p} \psi_0(\boldsymbol{x}, t). \tag{4.9}$$

于是我们看到, 上述平面波方程其实对应一个能量为 E、动量为 $\boldsymbol{p}$ 的粒子. 从式 (4.9) 中可以看出, 算符 $i\hbar \dfrac{\partial}{\partial t}$ 和 $-i\hbar \nabla$ 与能量和动量之间有着如下对应关系:

$$i\hbar \frac{\partial}{\partial t} \to E,$$
$$-i\hbar \nabla \to \boldsymbol{p}. \tag{4.10}$$

因此, 这两个算符分别称为能量算符和动量算符, 记作 $\hat{E}$ 和 $\hat{p}$[①]. 在非相对论条件下, 对于自由粒子, 由于能量只包含动能, 其哈密顿量为

$$H = E = \frac{p^2}{2m},$$

对应的哈密顿算符 $\hat{H}$[②]就为

$$\hat{H} = \hat{E} = -\frac{\hbar^2}{2m} \nabla^2.$$

代回式 (4.9), 即得

$$i\hbar \frac{\partial}{\partial t} \psi_0(\boldsymbol{x}, t) = -\frac{\hbar^2}{2m} \nabla^2 \psi_0(\boldsymbol{x}, t). \tag{4.11}$$

这一方程事实上就描述了具有波动性的自由粒子的运动状态, 其中 $\psi_0(\boldsymbol{x}, t)$ 称为自由粒子的波函数. 于是, 我们就从平面波方程 (4.8) 出发得到了一个自由粒子的运动方程 (4.11). 接下来, 我们以一维情况为例, 验证自由粒子在德布罗意物质波假说下是否真的对应一个平面波解.

---

① 在量子力学的讨论中, 我们常用 "ˆ" 标记算符, 以将其与同名的物理量区分开来.

② 我们也经常直接将哈密顿算符 $\hat{H}$ 称为哈密顿量.

假设一维空间中的自由粒子由函数 $\psi(x,t)$ 描述, 由分离变量法

$$\psi(x,t) = f(t)\phi(x), \tag{4.12}$$

代入方程 (4.11), 得

$$i\hbar \frac{1}{f(t)} \frac{\partial}{\partial t} f(t) = -\frac{\hbar^2}{2m} \frac{1}{\phi(x)} \frac{\partial^2}{\partial x^2} \phi(x) = E.$$

容易看出, 上式左边仅包含 t, 而中间仅包含 x, 因而右边的 E 必是一个常数, 它事实上表示自由粒子的能量. 于是我们便有了两个方程

$$i\hbar \frac{\partial}{\partial t} f(t) = E f(t),$$

$$\frac{\mathrm{d}^2}{\mathrm{d}x^2} \phi(x) + \frac{2mE}{\hbar^2} \phi(x) = 0.$$

第一个方程表示自由粒子随时间的演化, 解得

$$f(t) = A e^{-i\frac{E}{\hbar}t},$$

而第二个方程表示自由粒子随空间的演化, 解得

$$\phi(x) = B e^{i\frac{\sqrt{2mE}}{\hbar}x} \text{ 或 } \phi(x) = B e^{-i\frac{\sqrt{2mE}}{\hbar}x},$$

其中 A、B 为待定系数, 由初始条件和边界条件确定. 不妨假设粒子一开始沿 x 正方向传播, 代入非相对论自由粒子动量 $p = \sqrt{2mE}$, 就有

$$\phi(x) = e^{i\frac{p}{\hbar}x}.$$

所以描述自由粒子的函数 $\psi(x,t)$ 就为

$$\psi(x,t) = AB e^{-i\frac{E}{\hbar}t + i\frac{p}{\hbar}x}. \tag{4.13}$$

根据德布罗意物质波关系, 式 (4.13) 写为

$$\psi(x,t) = AB e^{-i\omega t + ikx}, \tag{4.14}$$

可知它确实是一个平面波解.

4.1 节中我们讨论了经典的波在空间中的传播, 它由达朗贝尔方程描述

$$\Delta\psi(\boldsymbol{x},t) - \frac{1}{u^2} \frac{\partial^2}{\partial t^2} \psi(\boldsymbol{x},t) = 0. \tag{4.3}$$

其平面波通解为

$$\psi(\boldsymbol{x}, t) = A\mathrm{e}^{\mathrm{i}\boldsymbol{k}\cdot\boldsymbol{x} - \mathrm{i}\omega t} + B\mathrm{e}^{-\mathrm{i}\boldsymbol{k}\cdot\boldsymbol{x} - \mathrm{i}\omega t}. \tag{4.4}$$

由于自由粒子对应平面波解, 所以在德布罗意物质波假说下它必然也满足达朗贝尔方程, 因此我们可以计算出波前速度 (相速度)v_{phase} 和波包中心速度 (群速度)v_{group} 与自由粒子物理量之间的关系. 假设自由粒子的质量[①]为 m, 速度为 $\boldsymbol{v}$, 对于非相对论性的自由粒子, 我们有

$$E = \frac{p^2}{2m}, \quad \boldsymbol{p} = m\boldsymbol{v},$$

于是物质波的相速度和群速度分别为

$$v_{\mathrm{phase}} = \frac{\omega}{k} = \frac{p}{2m} = \frac{1}{2}v,$$

$$v_{\mathrm{group}} = \frac{\mathrm{d}\omega}{\mathrm{d}k} = \frac{p}{m} = v.$$

可见, 群速度对应于粒子运动的 "物理" 速度[②].

接下来再看有相互作用的情况, 最简单的是保守力系统. 与上面对自由粒子的讨论类似, 我们同样可以利用达朗贝尔方程和德布罗意物质波假设得到保守力系统中粒子的运动方程. 设系统的势能仅为坐标的函数 $U = U(\boldsymbol{x})$, 物质波对应粒子的质量、能量和动量分别为 m、E 和 p, 在非相对论情况下有

$$p = \sqrt{2mE_{\mathrm{k}}} = \sqrt{2m(E - U)},$$

其中 E_{k} 是动能. 利用德布罗意关系, 物质波的相速度和群速度可以分别写成

---

① 如不加特殊说明, 本书中提到的质量均为静质量.

② 类似地, 对相对论性自由粒子, 我们可以从相对论的能动量关系 $E^2 = p^2c^2 + m^2c^4$ 出发. 在自然单位制下, 其对应物质波的色散关系

$$\omega^2 = k^2 + m^2.$$

于是有

相速度 $\quad v_{\mathrm{phase}} = \dfrac{\omega}{k} = \dfrac{E}{p},$

群速度 $\quad v_{\mathrm{group}} = \dfrac{\mathrm{d}\omega}{\mathrm{d}k} = \dfrac{\mathrm{d}E}{\mathrm{d}p} = \dfrac{p}{E}.$

当 $m = 0$ 时, $E = pc$, 故有

$$v_{\mathrm{phase}} = v_{\mathrm{group}} = c.$$

这说明质量为零的自由粒子总是以光速在运动, 比如光子.

$$v_{\text{phase}} = u = \frac{\omega}{k} = \frac{\hbar\omega}{\sqrt{2m(\hbar\omega - U)}},$$

$$v_{\text{group}} = \frac{\mathrm{d}\omega}{\mathrm{d}k} = \sqrt{\frac{2}{m}}\sqrt{\hbar\omega - U}. \tag{4.15}$$

设保守力系统中以达朗贝尔方程传播的波总可以分离变量成以下形式[①]:

$$\psi(\boldsymbol{x}, t) = \mathrm{e}^{-\mathrm{i}\omega t}\phi(\boldsymbol{x}), \tag{4.16}$$

代入式 (4.3) 中, 并利用 $\dfrac{\partial \psi}{\partial t} = -\mathrm{i}\omega\psi$ 和相速度 u 的表达式 (4.15), 整理可得

$$\mathrm{i}\hbar\frac{\partial}{\partial t}\psi(\boldsymbol{x}, t) = \left[-\frac{\hbar^2}{2m}\Delta + U(\boldsymbol{x})\right]\psi(\boldsymbol{x}, t). \tag{4.17}$$

和描述自由粒子的方程 (4.11) 相比, 方程 (4.17) 右边多出了表示势能贡献的 $U(\boldsymbol{x})$ $\psi(\boldsymbol{x}, t)$ 项. 而如果我们用哈密顿量表示, 即令

$$\hat{H} = -\frac{\hbar^2}{2m}\Delta + U(\boldsymbol{x}), \tag{4.18}$$

其中第一项代表粒子动能, 第二项代表粒子势能, 于是方程 (4.11) 和 (4.17) 就写成相同的形式

$$\mathrm{i}\hbar\frac{\partial}{\partial t}\psi(\boldsymbol{x}, t) = \hat{H}\psi(\boldsymbol{x}, t). \tag{4.19}$$

这便是非相对论量子力学的波动方程——薛定谔方程. 再代入能量算符 $\hat{E} = \mathrm{i}\hbar\dfrac{\partial}{\partial t}$, 该方程就写为

$$\hat{H}\psi(\boldsymbol{x}, t) = \hat{E}\psi(\boldsymbol{x}, t), \tag{4.20}$$

其中 $\psi(\boldsymbol{x}, t)$ 称为物质波的波函数. 以上推导说明, 基于达朗贝尔方程和德布罗意关系给出的对量子系统的描述是自洽的, 因而至此我们很好地找到了经典力学和量子力学的对应关系, 其核心便是

$$\mathrm{i}\hbar\frac{\partial}{\partial t} \to E,$$

$$-\mathrm{i}\hbar\nabla \to \boldsymbol{p}. \tag{4.10}$$

同时, 经典力学中的哈密顿量 $H = E = T + U$ 也可以直接推广到量子力学中, 只不过要对应到量子力学中的算符形式.

---

① 这是合理的, 因为达朗贝尔方程的通解就是平面波形式.

注意到薛定谔方程是一个线性方程, 这意味着如果 ψ_1 和 ψ_2 是方程的解, 则

$$\psi = c_1\psi_1 + c_2\psi_2 \tag{4.21}$$

也是这个方程的解.

不过, 以上对薛定谔方程的讨论都是基于不显含时间的势能 U, 这种问题我们称为定态问题. 只有在定态时, 我们才能对系统的波函数做分离变量

$$\psi(\boldsymbol{x}, t) = f(t)\phi(\boldsymbol{x}). \tag{4.12}$$

事实上, 对薛定谔方程 (4.17) 或 (4.19) 分离变量可得

$$\mathrm{i}\hbar\frac{\partial}{\partial t}f(t) = Ef(t),$$
$$\left[-\frac{\hbar^2}{2m}\Delta + U(\boldsymbol{x})\right]\phi(\boldsymbol{x}) = E\phi(\boldsymbol{x}). \tag{4.22}$$

容易解得 $f = Ce^{-\mathrm{i}\frac{E}{\hbar}t}$. 因此总可将 $\psi(\boldsymbol{x}, t)$ 写成

$$\psi(\boldsymbol{x}, t) = \mathrm{e}^{-\mathrm{i}\frac{E}{\hbar}t}\phi(\boldsymbol{x}),$$

而如果我们将常数 C 归入 $\phi(\boldsymbol{x})$, 由归一化条件确定 (我们马上会看到归一化的意义), 就会得到

$$\psi(\boldsymbol{x}, t) = \mathrm{e}^{-\mathrm{i}\omega t}\phi(\boldsymbol{x}). \tag{4.16}$$

这与之前满足达朗贝尔方程的波的形式是一样的.

限于本书的讨论主题, 对势能 U 显含时间的非定态问题 (或称含时问题) 不再展开讨论, 但需要说明的是, 薛定谔方程 (4.19) 对含时问题依然成立. 薛定谔方程是量子力学的基本假设之一, 是整个波动力学的基础.

第 1 章讨论电子干涉实验时我们曾提到, 波粒二象性的核心是将粒子用物质波函数描述, 而这种物质波的本质是一种概率波, 它反映了粒子出现在某特定位置上的概率密度. 这被称为波函数的统计诠释. 下面我们对波函数统计诠释的基本内容作简单讨论, 在 4.6 节介绍过不确定度后, 我们会再次回到这一主题, 讨论对统计诠释更进一步的理解.

对薛定谔方程取复共轭, 有

$$-\mathrm{i}\hbar\frac{\partial}{\partial t}\psi^*(\boldsymbol{x}, t) = \left[-\frac{\hbar^2}{2m}\Delta + U(\boldsymbol{x})\right]\psi^*(\boldsymbol{x}, t), \tag{4.23}$$

将式 (4.19) 和式 (4.23) 分别乘以 ψ^* 和 ψ 后做差, 得到

$$\frac{\partial}{\partial t}(\psi^*\psi) - \nabla \cdot \left[\frac{\mathrm{i}\hbar}{2m}(\psi^*\nabla\psi - \psi\nabla\psi^*)\right] = 0. \tag{4.24}$$

定义

$$\rho(\boldsymbol{x}, t) = \psi(\boldsymbol{x}, t)^*\psi(\boldsymbol{x}, t) = |\psi(\boldsymbol{x}, t)|^2,$$

$$\boldsymbol{J} = -\frac{\mathrm{i}\hbar}{2m}(\psi^*\nabla\psi - \psi\nabla\psi^*), \tag{4.25}$$

我们称 ρ 为粒子的概率密度, 即表示在 t 时刻粒子出现在空间坐标 $\boldsymbol{x}$ 上的概率; 而 $\boldsymbol{J}$ 为概率流密度. 则方程 (4.24) 可写为

$$\frac{\partial\rho}{\partial t} + \nabla \cdot \boldsymbol{J} = 0. \tag{4.26}$$

这就是概率流守恒方程. 事实上, 这是一个一般的流守恒方程 (或称连续性方程), 在下面式 (4.27) 的积分中我们看到, 它表示对任何一个局域空间, 总概率的增加或减少恒等于边界上概率流的流入或流出. 值得注意的是, 在经典力学中流守恒方程是一个独立的方程, 但在量子力学中它自然地包含在薛定谔方程中.

由于 $\rho = |\psi|^2$ 表示概率密度, 因而它必须可以归一化, 才能描述物理的粒子; 并且, 我们也希望它能在全空间中归一化到一个常数, 这样我们就可以对所有时刻都使用同一个归一化条件. 对定态问题这是显然成立的, 但对一般的 $\psi(\boldsymbol{x}, t)$, $|\psi|^2$ 在全空间中积分一般应该是 t 的函数, 而非常数. 不过, 由概率流守恒方程可得

$$\frac{\mathrm{d}}{\mathrm{d}t}\int_V |\psi|^2 \mathrm{d}^3\boldsymbol{x} = -\int_V \nabla \cdot \boldsymbol{J}\mathrm{d}^3\boldsymbol{x} = -\oint_S \boldsymbol{J} \cdot \mathrm{d}\boldsymbol{s}, \tag{4.27}$$

其中最后一个等式用了高斯定理. 容易知道, 当 $V \to \infty$ 时, $r = \sqrt{x^2 + y^2 + z^2} \to \infty$. 因而, 如果 $\psi(\boldsymbol{x}, t)$ 在 $r \to \infty$ 时趋于 0 的速度比 $r^{-\frac{3}{2}}$ 快的话, 那么总是有

$$\oint_{S \to \infty} \boldsymbol{J} \cdot \mathrm{d}\boldsymbol{s} = 0.$$

这样即使对非定态问题, $|\psi|^2$ 也是与时间无关的常数. 因此, 我们通常要求波函数 ψ 满足 $\psi(\boldsymbol{x}, t)$ 平方可积, 即

$$\int_{V \to \infty} |\psi(\boldsymbol{x}, t)|^2\mathrm{d}^3\boldsymbol{x} < \infty. \tag{4.28}$$

另一个值得一提的性质是薛定谔方程和概率密度 ρ 在变换

$$\psi(x,t) \to \mathrm{e}^{\mathrm{i}\alpha}\psi(x,t)$$

下不变. 这意味着我们波函数的系数总可以差一个常数的相位因子, 而物理结果不变.

我们再来回顾一下一维自由粒子, 即 $U(x) = 0$ 的问题, 其波函数为

$$\psi(x,t) = AB\mathrm{e}^{-\mathrm{i}\frac{E}{\hbar}t + \mathrm{i}\frac{p}{\hbar}x}. \tag{4.14}$$

如果按照前面讨论的在全空间中归一化, 我们会得到

$$\int_{-\infty}^{+\infty} |AB|^2 \, \mathrm{d}x = \infty.$$

可见上面讨论的归一化条件, 只适用于束缚态, 并不适用于自由粒子. 对于自由粒子, 因为完全不参加相互作用, 所以也无法测量. 因此, 我们通常取 $AB = 1$, 即

$$\psi(x,t) = \mathrm{e}^{-\mathrm{i}\frac{E}{\hbar}t + \mathrm{i}\frac{p}{\hbar}x},$$

或者将自由粒子进行箱归一化[①]来确定系数 AB 的值.

综上可以看到, 满足描述微观粒子的薛定谔方程和波函数具有以下几个性质:

(1) 薛定谔方程是个只含有粒子内禀物理量 (如质量 m、电荷 e 等) 的二阶偏微分方程, 它是量子力学的基本假设之一;

(2) 薛定谔方程的解, 即波函数, 是统计意义上的概率波, 其模平方表示粒子在对应坐标 $(\boldsymbol{x}, t)$ 下出现的概率;

(3) 在一般情况下, 除了个别孤立奇点外, 波函数是 $\boldsymbol{x}$ 的单值、有界、连续函数;

(4) 若势能 $U(\boldsymbol{x})$ 处处连续或具有某一不连续的间断点或间断面, 则波函数的一阶导数也处处连续或在这一间断点或间断面上连续[②];

(5) 对于束缚态粒子, 波函数在全空间中满足平方可积条件, 可归一化;

(6) 波函数满足叠加原理, 如果 ψ_1 和 ψ_2 是方程的解, 则 $\psi = c_1\psi_1 + c_2\psi_2$ 也是方程的解.

至此我们看到, 波函数 $\psi(x)$ 及其概率解释表明了粒子在对应坐标下出现的概率, 这对应于我们对粒子位置的测量和描述. 我们当然可以并且应该关心粒子的其他力学量, 比如动量. 事实上, 如果对波函数作如下傅里叶展开, 有

---

① 简单来说就是, 先假设粒子处于一个有限空间内, 然后在此条件下进行归一化, 最后将空间范围扩展到 ∞, 限于篇幅此处不作展开讨论, 请有兴趣的同学查阅量子力学的相关教材.

② 由这条性质和上一条性质可知薛定谔方程的边界条件: 波函数和波函数的一阶导数在边界点上保持连续.

$$\psi(x) = \frac{1}{\sqrt{2\pi\hbar}} \int_{-\infty}^{+\infty} \mathrm{e}^{\mathrm{i}px/\hbar} \psi(p)\mathrm{d}p, \tag{4.29}$$

反之就有

$$\psi(p) = \frac{1}{\sqrt{2\pi\hbar}} \int_{-\infty}^{+\infty} \mathrm{e}^{\mathrm{i}px/\hbar} \psi(x)\mathrm{d}x, \tag{4.30}$$

于是我们就得到了动量空间中的波函数[1]. 与坐标空间中的波函数类似, $\mid \varphi(p) \mid^2$ 就是粒子在动量空间中的概率密度, 它表示该粒子具有给定动量 $\boldsymbol{p}$ 的概率. 这种变换亦可以推广到其他动力学量.

4.3 一维定态问题

本节以薛定谔方程为基础, 简单讨论两个一维定态问题: 一维无限深方势阱和一维势垒贯穿. 这两者都是非常简化的物理模型, 但对应于一些重要的实际问题: 无限深势阱对应于一些特殊的束缚态系统, 比如原子核[2]; 势垒贯穿问题则是散射理论的基础, 而散射在研究物质内部结构的实验中至关重要, 比如扫描隧道显微镜、核反应等都属于这类问题.

例题 4.3 一维无限深势阱

$$U(x) = \begin{cases} 0, & x \in (0, L), \\ \infty, & x \in (-\infty, 0] \cup [L, +\infty). \end{cases} \tag{4.31}$$

在 $(-\infty, 0] \cup [L, +\infty)$ 区间, 薛定谔方程为

$$\frac{\hbar^2}{2m}\frac{\mathrm{d}^2}{\mathrm{d}x^2}\psi(x) - [U(x) - E]\psi(x) = 0, \quad U(x) \to +\infty,$$

其通解为

$$\psi(x) = \alpha\mathrm{e}^{kx} + \beta\mathrm{e}^{-kx}, \quad k = \sqrt{\frac{2m[U(x) - E]}{\hbar^2}} \to +\infty.$$

α、β 是待定参数. 对 $x < 0$, $\mathrm{e}^{kx} = 0$, 而 $\mathrm{e}^{-kx} \to +\infty$, 因此由归一化限制, 必须取 $\beta = 0$, 即有

$$\psi(x) = 0, \quad x < 0.$$

---

① 在 4.5 节中我们会进一步看到, 这事实上是以动量算符的本征态为基构成了一个无穷维的希尔伯特空间, 而波函数总可以在该空间中作展开.

② 原子核内核子可用带有很强束缚能的某种自由粒子近似, 有兴趣的同学可以查阅原子核物理的有关资料.

同理考虑 $x \in [L, +\infty)$ 也有相同结果. 这就是说, 在势能无穷大的区域, 粒子出现的概率为零. 这是符合预期的, 因为没有任何粒子可以携带无穷大的动能进入这个区域.

而在 $(0, L)$ 区间, 薛定谔方程为

$$-\frac{\hbar^2}{2m}\frac{\mathrm{d}^2}{\mathrm{d}x^2}\psi(x) = E\psi(x),$$

其通解为

$$\psi(x) = Ae^{\mathrm{i}kx} + Be^{-\mathrm{i}kx}, \quad k = \sqrt{2mE},$$

A、B 是待定参数. 由于波函数具有连续性, 有边界条件

$$\begin{cases} \psi(0) = 0, \\ \psi(L) = 0, \end{cases}$$

代入可得

$$\begin{cases} A + B = 0 \\ Ae^{\mathrm{i}kL} + Be^{-\mathrm{i}kL} = 0. \end{cases}$$

利用欧拉公式有

$$2\mathrm{i}A \sin kL = 0,$$

即

$$kL = n\pi, \quad n \in \mathbb{N}^+.$$

因此有

$$\begin{aligned} k_n &= k = \frac{n\pi}{L}, \\ E_n &= \frac{k_n^2}{2m} = \frac{\pi^2}{2mL^2}n^2. \end{aligned} \tag{4.32}$$

可以看到能级依赖于 n 的取值, 因此是分立的. 利用 4.2 节中波函数可以相差一个相位因子的性质, 做变换

$$\psi \to e^{\mathrm{i}\pi/2}\psi$$

后, 波函数可写成

$$\psi(x) = 2A \sin kx.$$

再由归一化条件

$$\int_0^L \psi(x)^* \psi(x)\mathrm{d}x = 4 \mid A \mid^2 \int_0^L \sin^2 kx \mathrm{d}x = 1,$$

确定系数

$$A = \frac{1}{\sqrt{2L}}.$$

至此我们便得到了分立能级 E_n 所对应的波函数

$$\psi_n(x) = \sqrt{\frac{2}{L}} \sin\left(\frac{n\pi}{L}x\right), \quad n \in \mathbb{N}^+. \tag{4.33}$$

这就是一维无限深势阱问题的驻波解. 每个分立能级 E_n 对应的波函数也称为相应能级的本征波函数 (或本征态). $n = 1$ 对应的本征态称为基态, 能级为 $E_1 = \frac{\pi^2}{2mL^2}$; $n > 1$ 对应的本征态称为激发态. 因为能级 E_n 与 n^2 成正比, 所以能级分布是不均匀的. 并且由于波函数 $\psi_n(x)$ 局限在 $(0, L)$ 的势阱内, 其他区域为零, 因此粒子只在空间的有限区域内有概率出现, 在无穷远处出现概率为零. 我们把这种粒子束缚在有限区域, 而无穷远处波函数为零的状态统称为束缚态.　　　　■

　　在例题 4.3 中, 利用三角函数的正交性, 可以发现

$$\int_{-\infty}^{+\infty} \psi_m^*(x)\psi_n(x)\mathrm{d}x = \delta_{mn}, \tag{4.34}$$

即不同能级的本征波函数是正交的. 这个结论可以推广至任意束缚态系统, 即对于不同能量 $E_i \neq E_j$, 其对应的本征波函数正交

$$\int_{-\infty}^{+\infty} \psi_i^*(x)\psi_j(x)\mathrm{d}x = 0. \tag{4.35}$$

该性质的证明留作习题.

　　例题 4.4　一维势垒问题

$$U(x) = \begin{cases} 0, & x \in (-\infty, 0), \\ U_0, & x \in [0, L], \\ 0, & x \in (L, +\infty), \end{cases} \tag{4.36}$$

其中 $U_0 > 0$. 在经典力学中我们知道, 对这样一个势垒, 当粒子能量 $E > U_0$ 时, 它可以完全穿过势场而不受势场影响, 这就是完全透射; 而当 $E < U_0$ 时, 粒子则

完全不能穿过势场, 会被完全反射回来. 但不论是哪种情况, 这都是一个二元问题, 粒子要么穿过, 要么不穿过. 不过在量子力学中, 由于描述粒子状态的波函数是个概率波, 因此粒子是否能穿过势场也变成了一个概率问题. 下面我们将看到, 无论 $E > U_0$, 还是 $E < U_0$, 粒子的透射和反射总是同时存在.

先讨论 $E > U_0$ 的情况. 不同区域的薛定谔方程为

$$\frac{\hbar^2}{2m}\frac{\mathrm{d}^2}{\mathrm{d}x^2}\psi(x) + E\psi(x) = 0, \quad x \in (-\infty, 0) \cup (L, +\infty),$$

$$\frac{\hbar^2}{2m}\frac{\mathrm{d}^2}{\mathrm{d}x^2}\psi(x) + (E - U_0)\psi(x) = 0, \quad x \in [0, L].$$

容易写出各个区域的通解

$$\psi_1(x) = Ae^{\mathrm{i}kx} + Re^{-\mathrm{i}kx}, \quad x < 0,$$

$$\psi_2(x) = Be^{\mathrm{i}k'x} + B'e^{-\mathrm{i}k'x}, \quad 0 \leqslant x \leqslant L,$$

$$\psi_3(x) = Te^{\mathrm{i}kx}, \quad x > L,$$

其中

$$k = \sqrt{\frac{2mE}{\hbar^2}}, \quad k' = \sqrt{\frac{2m(E - U_0)}{\hbar^2}},$$

A、R、B、B'、T 都是待定系数. 这里我们假设入射波是系数为 1 的自 $-\infty$ 沿 $+x$ 方向传播的平面波, 则 $A = 1$. 在 $x < 0$ 区域, 除了入射波 $e^{\mathrm{i}kx}$, 还有被势垒反射回来沿 $-x$ 方向传播的反射波 $Re^{-\mathrm{i}kx}$. 另外, 因为 $x > L$ 区域中没有势垒, 所以这个区域中没有反射波, 只有沿 $+x$ 方向传播的透射波 $Te^{\mathrm{i}kx}$. 而在 $0 \leqslant x \leqslant L$ 区域, 则既有透射波 $Be^{\mathrm{i}k'x}$, 又有反射波 $B'e^{-\mathrm{i}k'x}$. 根据边界条件

$$\begin{cases} \psi_1(0) = \psi_2(0), \\ \psi_1'(0) = \psi_2'(0), \\ \psi_2(L) = \psi_3(L), \\ \psi_2'(L) = \psi_3'(L), \end{cases}$$

有

$$\begin{cases} 1 + R = B + B', \\ Be^{\mathrm{i}k'L} + B'e^{-\mathrm{i}k'L} = Te^{\mathrm{i}kL}, \\ \mathrm{i}k + R(-\mathrm{i}k) = \mathrm{i}k'B + (-\mathrm{i}k')B', \\ \mathrm{i}k'Be^{\mathrm{i}k'L} + (-\mathrm{i}k')B'e^{-\mathrm{i}k'L} = \mathrm{i}kTe^{\mathrm{i}kL}. \end{cases}$$

据此可以解出

$$T = \frac{4kk'\mathrm{e}^{-\mathrm{i}kL}}{4kk'\cos k'L + 2\mathrm{i}\left(k^2 + k'^2\right)\sin k'L} \tag{4.37}$$

和

$$R = \frac{2i(k^2 - k'^2)\sin k'L}{4kk'\cos k'L + 2\mathrm{i}\left(k^2 + k'^2\right)\sin k'L}. \tag{4.38}$$

由概率流密度

$$J = -\frac{\mathrm{i}\hbar}{2m}(\psi^*\psi' - \psi\psi^{*\prime}),$$

如果记

$$\psi_{\mathrm{in}}(x) = \mathrm{e}^{\mathrm{i}kx},$$

$$\psi_{\mathrm{R}}(x) = R\mathrm{e}^{-\mathrm{i}kx},$$

$$\psi_{\mathrm{T}}(x) = T\mathrm{e}^{\mathrm{i}kx},$$

则可定义入射流 J_{in}、透射流 J_{T} 和反射流 J_{R}, 有

$$
\begin{aligned}
J_{\mathrm{in}} &= -\frac{\mathrm{i}\hbar}{2m}(\psi_{\mathrm{in}}^*\psi_{\mathrm{in}}' - \psi_{\mathrm{in}}'\psi_{\mathrm{in}}^*) = \frac{-\mathrm{i}\hbar}{2m}(2\mathrm{i}k) = \frac{\hbar k}{m}, \\
J_{\mathrm{T}} &= -\frac{\mathrm{i}\hbar}{2m}(\psi_T^*\psi_T' - \psi_T'\psi_T^*) = |T|^2\frac{\hbar k}{m}, \\
J_{\mathrm{R}} &= -\frac{\mathrm{i}\hbar}{2m}(\psi_R^*\psi_R' - \psi_R'\psi_R^*) = -|R|^2\frac{\hbar k}{m},
\end{aligned}
\tag{4.39}
$$

代入式 (4.37) 和式 (4.38), 不难验证

$$J_{\mathrm{in}} = J_{\mathrm{T}} + J_{\mathrm{R}},$$

这反映了概率守恒. 分别定义透射系数 (贯穿系数) 和反射系数

$$T_{\mathrm{coef}} = \left|\frac{J_{\mathrm{T}}}{J_{\mathrm{in}}}\right| = |T|^2 = \frac{4k^2k'^2}{4k^2k'^2 + (k^2 - k'^2)\sin^2 k'L}, \tag{4.40}$$

$$R_{\mathrm{coef}} = \left|\frac{J_{\mathrm{R}}}{J_{\mathrm{in}}}\right| = |R|^2 = \frac{(k^2 - k'^2)\sin k'L}{4k^2k'^2 + (k^2 - k'^2)\sin^2 k'L}. \tag{4.41}$$

显然

$$T_{\mathrm{coef}} + R_{\mathrm{coef}} = 1.$$

式 (4.39)、式 (4.40) 和式 (4.41) 共同表明, 在量子力学中, 即使 $E > U_0$, 也并非完全透射.

再看 $E < U_0$ 的情况. 此时薛定谔方程及其通解和 $E > U_0$ 时一样, 只不过 $\dfrac{2m(E - U_0)}{\hbar^2} < 0$, 所以这时 $k' = \sqrt{\dfrac{2m(E - U_0)}{\hbar^2}}$ 是一个纯虚数. 因此, 我们只需要做变换

$$k' = \mathrm{i}k'', \quad k'' = \sqrt{\frac{2m(U_0 - E)}{\hbar^2}},$$

然后代入上面的所有公式中, 并利用

$$\sinh x = -\mathrm{i}\sin \mathrm{i}x,$$

$$\cosh x = \cos \mathrm{i}x,$$

即得 $E < U_0$ 情况下的透射系数和反射系数分别为

$$T_{\mathrm{coef}} = \frac{4k^2 k''^2}{4k^2 k''^2 + (k^2 + k''^2)\sinh^2 k''L}, \tag{4.42}$$

$$R_{\mathrm{coef}} = \frac{(k^2 + k''^2)\sinh^2 k''L}{4k^2 k''^2 + (k^2 + k''^2)\sinh^2 k''L}. \tag{4.43}$$

这表明, 在 $E < U_0$ 时, 同样既发生透射也发生反射. ∎

上面在解薛定谔方程时, 我们利用了波函数一阶导数连续的边界条件. 如 4.3 节中所说, 这需要势能 $U(x)$ 满足一定的条件. 势垒贯穿问题中, 势能 $U(x)$ 在边界处只是第一类间断点, 因此波函数一阶导数是连续的. 但对于其他情况, 比如 $U(x)$ 具有一阶奇点时, 波函数一阶导数在奇点处可以不连续. 在有更高阶奇点的情况下, 波函数本身甚至都可以不连续. 因此, 波函数及其一阶导数连续的边界条件对势能 $U(x)$ 的解析性质有很强的依赖性. 例如, 如果势能有如下形式:

$$U(x) = U_0 \delta(x),$$

则波函数一阶导数在 $x = 0$ 处不连续, 这时应该在零点附近对薛定谔方程积分来求得边界条件.

4.4 希尔伯特空间

前面我们介绍了波动力学理论, 其核心是建立并利用薛定谔方程求解波函数 $\psi(\boldsymbol{x}, t)$, 从而通过统计解释得到微观粒子在空间坐标下的概率密度. 但对量子力

学来说, 人们事实上更关心的是与粒子相关的物理量的测量, 比如粒子能量、动量、所在位置等. 基于这一观点, 海森伯、玻恩和 Jordan 等提出了一套更抽象的描述量子世界的方法——矩阵力学. 接下来我们开始介绍这一理论.

历史上, 薛定谔和海森伯几乎同时分别提出了波动力学和矩阵力学, 后来狄拉克证明了两种理论的等价性, 并从变换理论出发构造了简洁的量子力学体系. 为了做理论准备, 本节我们首先介绍希尔伯特 (Hilbert) 空间的概念.

希尔伯特空间是一个由加法、数乘和内积三种运算定义的向量空间 (vector space). 对于一个非空集合 H, 定义加法

$$\forall \ |\psi\rangle, |\phi\rangle \in H, \quad |\chi\rangle = |\psi\rangle + |\phi\rangle \in H$$

和数乘

$$\forall \ a \in \mathbb{C}, |\psi\rangle \in H, \quad |\phi\rangle = |\psi\rangle a = a |\psi\rangle \in H.$$

如果对任意的 $|\psi\rangle, |\phi\rangle, |\chi\rangle \in H$; $\forall a, b \in \mathbb{C}$, 两种运算满足以下 8 条性质:

加法交换律 $|\psi\rangle + |\phi\rangle = |\phi\rangle + |\psi\rangle$;

加法结合律 $|\psi\rangle + (|\phi\rangle + |\chi\rangle) = (|\psi\rangle + |\phi\rangle) + |\chi\rangle$;

加法单位元 $\exists \ |0\rangle \in H, |\psi\rangle + |0\rangle = |0\rangle + |\psi\rangle = |\psi\rangle$;

加法逆元素 $\exists \ |\psi^{-1}\rangle \in H, |\psi\rangle + |\psi^{-1}\rangle = |\psi^{-1}\rangle + |\psi\rangle = |0\rangle$;

数乘结合律 $(|\psi\rangle a)b = |\psi\rangle (ab)$;

数乘单位元 $1 |\psi\rangle = |\psi\rangle$;

数乘对数域加法分配律 $|\psi\rangle (a + b) = |\psi\rangle a + |\psi\rangle b$;

数乘对向量加法分配律 $(|\psi\rangle + |\phi\rangle)a = |\psi\rangle a + |\phi\rangle a$.

则称集合 H 构成复数域 $\mathbb{C}$ 上的一个向量空间, 其中 $|\psi\rangle, |\phi\rangle, |\chi\rangle, \cdots \in H$ 被称为向量.

类似于复共轭, 每一个向量 $|\psi\rangle$ 都对应一个 $\langle\psi|$, 这些 $\langle\psi|$ 构成了 H 的对偶空间 H^{*}[①]. H^{*} 也是一个向量空间, 有满足以上 8 条性质的加法和数乘两种运算, 并且有

$$\forall \ |\psi\rangle + |\phi\rangle = |\chi\rangle, \quad \exists \ \langle\psi| + \langle\phi| = \langle\chi|,$$

$$\forall \ |\psi\rangle = |\phi\rangle a, \quad \exists \ \langle\psi| = a^* \langle\phi|,$$

---

① 符号 $|\ \rangle$ 和 $\langle\ |$ 分别称为 "右矢 (ket, 曾称刅)" 和 "左矢 (bra, 曾称刁)", 它们是当年狄拉克为了描述希尔伯特空间中的态矢量而引入的, 统称为狄拉克符号.

其中 a^* 是复数 a 的共轭复数.

如果我们在向量空间的基础上定义二元运算 "$\langle \cdot \mid \cdot \rangle$", 使得

$$\forall \, |\phi\rangle , |\psi\rangle \in H, \quad \langle \psi \mid \phi \rangle \in \mathbb{C},$$

且该运算满足

$$\forall \, a,b \in \mathbb{C}, |\phi\rangle, \langle\psi| \in H, \quad \langle a \, \psi \mid b \, \phi \rangle = (a\langle\psi|)(|\phi\rangle b) = a^*b \, \langle \psi \mid \phi \rangle \, ;$$

$$\forall \, |\phi\rangle , |\psi\rangle , |\chi\rangle \in H, \quad \langle \psi + \chi \mid \phi \rangle = ((\langle\psi| + \langle\chi|) \, |\phi\rangle = \langle \psi \mid \phi \rangle + \langle \chi \mid \phi \rangle \, ;$$

$$\forall \, |\phi\rangle \, |\psi\rangle \in H, \quad \langle \psi \mid \phi \rangle = \langle \phi \mid \psi \rangle^* \, ;$$

$$\forall \, |\phi\rangle \in H, \quad \langle \phi \mid \phi \rangle \geqslant 0, \quad \langle \phi \mid \phi \rangle = 0 \Leftrightarrow |\phi\rangle = |0\rangle \, .$$

则称 $\langle \cdot \mid \cdot \rangle$ 为向量空间 H(或 H^*) 上的内积, 其中 $\langle \phi \mid \psi \rangle^*$ 表示 $\langle \phi \mid \psi \rangle$ 的复共轭

$$\langle \phi \mid \psi \rangle^* = \langle \phi^* \mid \psi^* \rangle \, .$$

$|\psi^*\rangle = |\psi\rangle^*$ 和 $\langle \phi^*| = \langle \phi|^*$ 分别表示对向量 $|\psi\rangle$ 和 $\langle \phi|$ 中的所有数取共轭. 包含内积运算的向量空间称为内积空间或希尔伯特空间[①]. 希尔伯特空间中的两个向量正交定义为

$$\langle \psi \mid \phi \rangle = 0.$$

向量的模定义为

$$\forall \, |\psi\rangle \in H, \quad \langle \psi \mid \psi \rangle = |\psi|^2 \geqslant 0.$$

下面我们看一些简单的希尔伯特空间的例子.

(1) 欧几里得平面 $\mathbb{R}^2$, 内积为矢量点乘运算

$$\forall \, \boldsymbol{v}_1, \boldsymbol{v}_2 \in \mathbb{R}^2, \quad \langle v_1 \mid v_2 \rangle = \boldsymbol{v}_1 \cdot \boldsymbol{v}_2 = |\boldsymbol{v}_1||\boldsymbol{v}_2| \cos\theta,$$

$$\boldsymbol{v}_1 \cdot \boldsymbol{v}_2 = \begin{cases} \alpha \, |v_1|^2, & \theta = 0°, \boldsymbol{v}_2 = \alpha\boldsymbol{v}_1(\text{共线}), \\ 0, & \theta = 90°(\text{正交}). \end{cases}$$

模平方

$$\langle \boldsymbol{v}_1 \mid \boldsymbol{v}_1 \rangle = |v_1|^2 = x^2 + y^2.$$

(2) 复平面 $\mathbb{C}$, 有 $z = x + \mathrm{i}y \in \mathbb{C}$. 内积运算为

$$\forall \, z, w \in \mathbb{C}, \quad \langle z \mid w \rangle = z^* w,$$

---

① 严格来说只有完备的内积空间才称为希尔伯特空间. 本书对于向量空间、对偶空间和希尔伯特空间等的讨论在数学上并不严谨, 但对量子力学来说已经足够, 更加严格的数学讨论可参考相关泛函分析教材.

而模平方

$$\langle z \mid z \rangle =\mid z \mid^2 = z^*z = x^2 + y^2.$$

(3) 勒贝格 (Lebesgue) 空间 $L^2(\mathbb{R}, x)$, 其向量为定义在实数域上的复函数 $f(x)$, 且满足

$$\int_{-\infty}^{+\infty} |f(x)|^2 \mathrm{d}x < +\infty.$$

内积定义为

$$\forall \; \psi(x), \phi(x) \in L(\mathbb{R}, x), \quad \langle \phi \mid \psi \rangle = \int_{-\infty}^{+\infty} \phi^*(x)\psi(x)\mathrm{d}x,$$

利用 Hölder 不等式①, 可以验证

$$\int_{-\infty}^{+\infty} \phi^*(x)\psi(x)\mathrm{d}x < \int_{-\infty}^{+\infty} |\phi^*(x)\psi(x)|\mathrm{d}x$$

$$\leqslant \left(\int_{-\infty}^{+\infty} |\phi^*(x)|^2 \mathrm{d}x \right)^{\frac{1}{2}} \cdot \left(\int_{-\infty}^{+\infty} |\psi(x)|^2 \mathrm{d}x \right)^{\frac{1}{2}}$$

$$< +\infty.$$

模平方为

$$\mid \psi \mid^2 = \langle \psi \mid \psi \rangle = \int_{-\infty}^{+\infty} \psi^*(x)\psi(x)\mathrm{d}x.$$

如果 $\psi(x)$ 是满足平方可积的一维波函数, 则模平方为概率密度对全空间的积分, 在束缚态的情况下它是归一的, 即

$$\int_{-\infty}^{+\infty} \rho(x)\mathrm{d}x = 1.$$

接下来我们证明两个与模相关的不等式.

---

① $\forall \, f \in L^p(F), g \in L^q(F)$, 有 $f \cdot g \in L^p(F)$ 且

$$\int_{-\infty}^{+\infty} |f(x)g(x)|\mathrm{d}x \leqslant \left(\int_{-\infty}^{+\infty} |f(x)|^p \mathrm{d}x \right)^{\frac{1}{p}} \cdot \left(\int_{-\infty}^{+\infty} |g(x)|^q \mathrm{d}x \right)^{\frac{1}{q}} < +\infty.$$

其中 $p, q > 1$, F 是某个区间或数域. 证明需要用到 Young 不等式.

(1) 施瓦茨 (Schwarz) 不等式

$$|\langle \psi \mid \phi \rangle| \leqslant |\psi| \cdot |\phi|. \tag{4.44}$$

要证明上面的不等式, 可以利用任意两个向量 $|\psi\rangle$ 和 $|\phi\rangle$ 构造一个新的向量

$$|\chi\rangle = |\psi\rangle - \frac{\langle \phi \mid \psi \rangle}{\langle \phi \mid \phi \rangle} |\phi\rangle.$$

利用 $|\chi\rangle$ 和 $|\phi\rangle$ 的模平方半正定, 有

$$|\chi|^2 = |\psi|^2 - \frac{|\langle \psi \mid \phi \rangle|^2}{|\phi|^2} \geqslant 0,$$

整理后得

$$|\langle \psi \mid \phi \rangle|^2 \leqslant |\psi|^2 \cdot |\phi|^2,$$

即有

$$|\langle \psi \mid \phi \rangle| \leqslant |\psi| \cdot |\phi|.$$

$\square$

(2) 三角不等式

$$|\psi + \phi| \leqslant |\psi| + |\phi|. \tag{4.45}$$

该不等式对我们熟悉的平面向量来说是显然的. 一般地, 由于内积满足

$$((\langle\psi| + \langle\phi|)(|\psi\rangle + |\phi\rangle)) = |\psi|^2 + \langle \psi \mid \phi \rangle + \langle \phi \mid \psi \rangle + |\phi|^2,$$

且

$$\langle \psi \mid \phi \rangle + \langle \phi \mid \psi \rangle = 2\mathrm{Re}(\langle \psi \mid \phi \rangle)$$
$$\leqslant 2\sqrt{|\langle \psi \mid \phi \rangle|^2}$$
$$\leqslant 2\sqrt{|\psi|^2 |\phi|^2},$$

于是

$$|\psi + \phi|^2 \leqslant |\psi|^2 + |\phi|^2 + 2\sqrt{|\psi|^2 |\phi|^2} = (|\psi| + |\phi|)^2.$$

$\square$

本节最后, 我们对希尔伯特空间的基向量作简单讨论. 在线性代数中我们知道, 如果空间中 n 个向量的集合 $\{|\psi_i\rangle\}$ 满足

$$\sum_{i=1}^{n} |\psi_i\rangle\, a_i = 0,$$

当且仅当全部系数 $a_i = 0$ 时才成立, 则称这 n 个向量 $\{|\psi_i\rangle\}$ 线性无关. 而如果向量空间 H 中任意向量 $|\phi\rangle$ 均可写成集合 $\{|\psi_i\rangle\}$ 中向量的线性组合

$$|\phi\rangle = \sum_{i=1}^{n} c_i |\psi_i\rangle, \tag{4.46}$$

则称该集合为线性空间的一组基 (或称完全集), 其中 $|\psi_i\rangle$ 为这个空间的基向量[1], 而式 (4.46) 中的 $c_i |\psi_i\rangle$ 是 $|\phi\rangle$ 的分量, 表示 $|\phi\rangle$ 在基向量 $|\psi_i\rangle$ 方向上的投影. 可以证明, 在有限维向量空间中, 不同的完全集所含基向量的数目相同, 这个数目称为该向量空间的维数.

如果这组完全集在空间内积定义下是正交归一的, 即

$$\langle \psi_i \mid \psi_j \rangle = \delta_{ij}, \tag{4.47}$$

则该完全集 $\{|\psi_i\rangle\}$ 可以构成一组正交基向量, 简称正交基. 可以证明, 如果选取正交基 $\{|\psi_i\rangle\}$, 则式 (4.46) 中的系数

$$c_i = \langle \psi_i \mid \phi \rangle. \tag{4.48}$$

由此

$$|\phi\rangle = \sum_{i=1}^{n} |\psi_i\rangle \langle \psi_i \mid \phi \rangle, \quad \langle \phi| = \sum_{i=1}^{n} \langle \phi \mid \psi_i \rangle \langle \psi_i|. \tag{4.49}$$

例如三维实向量的欧几里得空间 E_3 的一组正交基 $\{\hat{e}_i\}$ 满足 $\hat{e}_i \cdot \hat{e}_j = \delta_{ij}$, 则该空间中任意向量 $\boldsymbol{x}$ 可写成

$$\boldsymbol{x} = \sum_{i=1}^{3} x_i \hat{e}_i,$$

其中 $x_i = \hat{e}_i \cdot \boldsymbol{x}$.

对于包括希尔伯特空间在内的向量空间, 只要知道任意一组完全集, 总可以构造出一组正交基, 这个过程称为格拉姆–施密特 (Gram-Schmidt) 正交化[2]. 例

---

[1] 在不致混淆的情况下, 我们也常将基向量简写为 $|i\rangle$, 这样式 (4.47) 就可简写为 $\langle i \mid j \rangle = \delta_{ij}$.

[2] 对无穷维空间, 这个过程将执行无穷次, 请思考如何证明一定能够构造.

如, 考虑一组不正交归一的完全集 $\{|\chi_i\rangle\}$, 构造向量 $\{|\psi_i\rangle\}$.

$$|\psi_1'\rangle = |\chi_1\rangle, \quad |\psi_1\rangle = \frac{|\psi_1'\rangle}{\sqrt{\langle \psi_1' \mid \psi_1'\rangle}},$$

$$|\psi_2'\rangle = |\chi_2\rangle - \langle \psi_1 \mid \chi_2\rangle|\psi_1\rangle, \quad |\psi_2\rangle = \frac{|\psi_2'\rangle}{\sqrt{\langle \psi_2' \mid \psi_2'\rangle}},$$

$$\cdots\cdots$$

$$|\psi_k'\rangle = |\chi_k\rangle - \sum_{i=1}^{k-1} \langle \psi_i \mid \chi_k\rangle|\psi_i\rangle, \quad |\psi_k\rangle = \frac{|\psi_k'\rangle}{\sqrt{\langle \psi_k' \mid \psi_k'\rangle}}.$$

不难证明, 新构造的向量 $\{|\psi_i\rangle\}$ 是一组正交基. 因此按照格拉姆–施密特正交化构造的基向量总是正交归一的.

4.5 作用于希尔伯特空间的算符与矩阵力学

与波动力学关注的根据运动方程求解波函数不同, 矩阵力学着眼于物理量 (或称力学量) 的测量. 在矩阵力学中, 力学量将被看作算符. 通过将经典力学运动方程中的坐标和动量都看作算符, 就可以引入坐标和动量的对易关系, 将经典力学中的泊松括号改为量子泊松括号, 从而找到经典与量子的对应关系, 即实现量子化. 这种量子化过程通常称为正则量子化.

算符本身是一个抽象的概念, 但在选定了特定的 "表象" 后, 我们就能将其写成具体的表达式, 比如微分、积分或者矩阵. 其中最常用的就是算符的矩阵表示. 通过算符的矩阵表示, 我们就把算符运算归结为矩阵运算, 这也是此种方法称为 "矩阵力学" 的原因. 本节我们主要介绍有关算符及其矩阵表示的基础知识. 在后面我们将看到, 线性厄米算符具有十分特殊的性质, 而将物理量看作线性厄米算符也正是量子力学的基本假设之一.

若对希尔伯特空间 H, 存在某一 $H \to H$ 的映射 A, 使对任意一个向量 $|\psi\rangle \in H$, 都有一个向量

$$|\phi\rangle = \hat{A}|\psi\rangle, \quad |\phi\rangle \in H \tag{4.50}$$

与之对应, 则我们称 A 为一个算符, 记作 $\hat{A}$ (其中的 ^ 用以区分算符和其他量). 有时为了方便, 我们也记式 (4.50) 中的向量为

$$|\phi\rangle = \hat{A}|\psi\rangle = \left|\hat{A}\psi\right\rangle. \tag{4.51}$$

算符在量子力学中有着重要的意义, 例如我们前面提到的动量算符

$$\hat{\boldsymbol{p}} = -\mathrm{i}\hbar\nabla,$$

能量算符

$$\hat{E} = i\hbar \frac{\partial}{\partial t}$$

和哈密顿量

$$\hat{H} = -\frac{\hbar^2}{2m} \nabla^2$$

等都是量子力学中常见的算符.

特别地, 我们把具有如下性质的算符称为线性算符:

$$\hat{A} (|\psi\rangle + |\phi\rangle) = \hat{A} |\psi\rangle + \hat{A} |\phi\rangle,$$
$$\hat{A} (|\psi\rangle a) = (\hat{A} |\psi\rangle)a.$$

如无特殊说明, 本书涉及的算符都是线性算符.

两个特殊的算符分别是零算符 $\hat{O}$ 和单位算符 $\hat{I}$, 它们满足

$$\forall \ |\psi\rangle \in H, \quad \hat{O} |\psi\rangle = |0\rangle, \quad \hat{I} |\psi\rangle = |\psi\rangle.$$

算符的加法和乘积定义为

$$(\hat{A} + \hat{B}) |\psi\rangle = \hat{A} |\psi\rangle + \hat{B} |\psi\rangle,$$
$$\hat{B}\hat{A} |\psi\rangle = \hat{B}(\hat{A} |\psi\rangle).$$

如果两个算符作用于任意相同的向量后得到的向量也相同, 则称两个算符相等, 即

$$\forall |\psi\rangle, \ \hat{A} |\psi\rangle = \hat{B} |\psi\rangle \quad \Rightarrow \quad \hat{A} = \hat{B}.$$

对定义在 H 上的算符 $\hat{A}$,

$$|\phi\rangle = \hat{A} |\psi\rangle,$$

如果对任意给定的 $\hat{\phi} \in H$, 都有唯一的 $|\psi\rangle \in H$, 则可定义算符 $\hat{A}$ 的逆算符 $\hat{A}^{-1}$, 使满足

$$|\psi\rangle = \hat{A}^{-1} |\phi\rangle.$$

于是显然有

$$\hat{A}\hat{A}^{-1} = \hat{A}^{-1}\hat{A} = \hat{I}.$$

值得注意的是, 并不是任何算符都有对应的逆算符.

定义两个算符的对易子为

$$[\hat{A}, \hat{B}] = \hat{A}\hat{B} - \hat{B}\hat{A}, \tag{4.52}$$

如果 $[\hat{A}, \hat{B}] = \hat{O}$, 我们称两个算符对易. 为了方便, 下文中我们将把 $\hat{O}$ 简写作 0. 容易知道, 所有算符和本身总是对易的, 即

$$[\hat{A}, \hat{A}] = 0.$$

但一般而言, 两个算符不一定对易, 因此对算符而言乘法交换律不恒成立. 但算符之间的加法交换律、加法结合律、乘法结合律及幂次运算均成立, 所以可以用算符和复数构成算符的函数. 一般地, 若 $F(x)$ 是 x 的解析函数, 则算符 $\hat{A}$ 的函数 $F(\hat{A})$ 可定义为

$$F(\hat{A}) = a_0 + a_1\hat{A} + a_2\hat{A}^2 + \cdots + a_n\hat{A}^n,$$

其中 $a_i \in \mathbb{C}$ 是系数. 算符函数也可以做泰勒展开, 例如

$$e^{a\hat{A}} = \sum_{n=0}^{\infty} \frac{1}{n!} a^n \hat{A}^n = \hat{I} + a\hat{A} + \frac{1}{2} a^2 \hat{A}^2 + \cdots$$

其中 $a \in \mathbb{C}$. 鉴于乘法交换律并不是对所有算符都成立, 所以对

$$e^{\hat{A}} e^{\hat{B}} = \left(\sum_{n=0}^{\infty} \frac{1}{n!} a^n \hat{A}^n \right) \left(\sum_{m=0}^{\infty} \frac{1}{m!} a^m \hat{B}^m \right)$$

和

$$e^{\hat{A}+\hat{B}} = \left(\sum_{n=0}^{\infty} \frac{1}{n!} a^n (\hat{A} + \hat{B})^n \right),$$

当且仅当算符 $\hat{A}$ 和 $\hat{B}$ 对易时, 以上两式相等.

设 $\{|\psi_i\rangle\}$ 是向量空间中的一组正交基, 由于任意向量都可以表示成基向量的线性组合, 则容易有

$$\hat{A} |\psi_\alpha\rangle = \sum_{\beta} |\psi_\beta\rangle D_{\beta\alpha}(A),$$

其中 $D_{\beta\alpha}(A)$ 是依赖于 $\hat{A}$ 的一组待定系数. 而我们可以把这一组待定系数写成矩

阵的形式, 即

$$D(A) = \begin{pmatrix} D_{11}(A) & D_{12}(A) & \cdots & D_{1n}(A) \\ D_{21}(A) & D_{22}(A) & \cdots & D_{2n}(A) \\ \vdots & \vdots & & \vdots \\ D_{n1}(A) & D_{n2}(A) & \cdots & D_{nn}(A) \end{pmatrix}$$

这就在算符和矩阵之间建立了对应. 也就是说, 在选定的一组基下, 算符可表示为一个矩阵. 而如果我们先将算符 $\hat{A}$ 作用于向量 $|\psi\rangle$ 上, 再与另一向量 $|\phi\rangle$ 做内积, 记

$$\langle\phi|\,\hat{A}\,|\psi\rangle = \langle\phi|\,(\hat{A}\,|\psi\rangle) = \left\langle\phi \mid \hat{A}\psi\right\rangle, \tag{4.53}$$

容易有

$$D_{\beta\alpha} = \left\langle\psi_\beta \mid \hat{A} \mid \psi_\alpha\right\rangle. \tag{4.54}$$

这就比较简单地得到了算符的矩阵表示. 一般地, 我们记一组基 $|\psi\rangle_i$ 下算符 $\hat{A}$ 的矩阵表示为

$$A_{ji} = \hat{A}_{ji} = \left\langle\psi_j \mid \hat{A} \mid \psi_i\right\rangle = D_{ji}.$$

由此, 对

$$|\phi\rangle = \hat{A}\,|\psi\rangle, \quad |\phi\rangle \in H, \tag{4.50}$$

如果我们将向量 $|\phi\rangle$ 和 $|\psi\rangle$ 在同一组基下展开, 即

$$|\psi\rangle = \sum_{i=1}^n |i\rangle\,\langle i \mid \psi\rangle = \sum_{i=1}^n |i\rangle\,a_i,$$

$$|\phi\rangle = \sum_{i=1}^n |i\rangle\,\langle i \mid \phi\rangle = \sum_{i=1}^n |i\rangle\,b_i,$$

就能将向量写成列矩阵的形式, 即令

$$|\psi\rangle = \boldsymbol{a} = (a_1, a_2, \cdots, a_n)^{\mathrm{T}}, \quad |\phi\rangle = \boldsymbol{b} = (b_1, b_2, \cdots, b_n)^{\mathrm{T}}. \tag{4.55}$$

对应地, 我们把对偶空间 H^* 上的向量写成行矩阵的形式, 即

$$\langle\psi| = \boldsymbol{a} = (a_1, a_2, \cdots, a_n), \quad \langle\phi| = \boldsymbol{b} = (b_1, b_2, \cdots, b_n). \tag{4.56}$$

这称为向量的矩阵表示. 由向量和算符的矩阵表示, 我们就能将式 (4.50) 写成

$$\boldsymbol{b} = A\boldsymbol{a}, \quad \text{或 } b_j = A_{ji}a_i, \ i = 1, 2, 3, \cdots, n.$$

用矩阵来表示希尔伯特空间中向量和力学量算符的这套方法称为矩阵力学. 可以看到, 不论是空间中的向量还是算符, 其矩阵表示都依赖于正交基 $|i\rangle$ 的选择, 不同的基向量得出的矩阵表示不同. 这类似于三维空间中坐标系的选择, 对于同一向量 $\boldsymbol{r}$, 其分量取值在笛卡儿坐标和球坐标下一般是不同的, 它们之间通过坐标变换联系. 不过, 向量本身的性质并不依赖于坐标系, 例如, 如果 $\boldsymbol{r}_1$ 和 $\boldsymbol{r}_2$ 是线性无关的, 那么在任何坐标系中它们都线性无关. 这种在选定基向量后将向量和算符具体化的过程, 称为给定表示或表象. 表象理论是矩阵力学的基础之一.

若在式 (4.53) 的基础上, 有算符 $\hat{A}^{\mathrm{T}}$ 满足

$$\left\langle \phi \mid \hat{A}^{\mathrm{T}} \psi \right\rangle = \left\langle \psi^* \mid \hat{A} \phi^* \right\rangle,$$

容易验证, 当算符 $\hat{A}$ 用矩阵表示时, $\hat{A}^{\mathrm{T}}$ 就是 $\hat{A}$ 的转置矩阵, 因而我们也称 $\hat{A}^{\mathrm{T}}$ 为 $\hat{A}$ 的转置算符. 显然, 转置算符的乘积满足

$$(\hat{A}\hat{B})^{\mathrm{T}} = \hat{B}^{\mathrm{T}}\hat{A}^{\mathrm{T}}.$$

在算符的矩阵表示下, 若将算符 $\hat{A}$ 中所有的复数替换成它的共轭, 则形成了一个新的算符, 我们称这个新算符为 $\hat{A}$ 的复共轭算符, 记作 $\hat{A}^*$. 以动量算符为例, 就有 $\hat{\boldsymbol{p}}^* = -\hat{\boldsymbol{p}} = -\mathrm{i}\hbar\nabla$.

如果对内积求复共轭, 得到

$$\begin{aligned}
\langle\phi|\,\hat{A}\,|\psi\rangle^* &= \left\langle \phi \mid \hat{A}\psi \right\rangle^* = \left\langle \phi^* \mid \hat{A}^*\psi^* \right\rangle \\
&= \left\langle \psi \mid (\hat{A}^*)^{\mathrm{T}}\phi \right\rangle = \langle\psi|\,(\hat{A}^*)^{\mathrm{T}}\,|\phi\rangle \\
&= \langle\psi|\,\hat{A}^\dagger\,|\phi\rangle.
\end{aligned} \tag{4.57}$$

其中我们记 $\hat{A}^\dagger = (\hat{A}^*)^{\mathrm{T}}$, 称为 $\hat{A}$ 的伴随算符或厄米共轭算符. 如果 $\hat{A}$ 作用于希尔伯特空间 H 中的向量 $|\psi\rangle$ 上, 则一般认为 $\hat{A}^\dagger$ 只作用在对偶空间 H^* 中的 $\langle\psi|$ 上, 即对于每一个 $|\phi\rangle = \hat{A}|\psi\rangle = \left|\hat{A}\psi\right\rangle$, 总存在一个对应的伴随算符 $\hat{A}^\dagger$, 使得 $\langle\phi| = \langle\psi|\,\hat{A}^\dagger = \left\langle\hat{A}\psi\right|$. 可见这是满足内积性质的

$$\left\langle \hat{A}\psi \mid \phi \right\rangle = \langle\psi|\,\hat{A}^\dagger\,|\phi\rangle = \left\langle \phi \mid \hat{A}\psi \right\rangle^*.$$

因此在希尔伯特空间中, 有

$$\langle\phi|\,\hat{A}\,|\psi\rangle = \left\langle \phi \mid \hat{A}\psi \right\rangle = \left\langle \hat{A}^\dagger\phi \mid \psi \right\rangle. \tag{4.58}$$

由于厄米共轭算符包含转置, 所以

$$(\hat{A}\hat{B})^\dagger = \hat{B}^\dagger \hat{A}^\dagger. \tag{4.59}$$

若有 $\hat{A} = \hat{A}^\dagger$, 则称 $\hat{A}$ 为自伴算符或自厄米共轭算符, 简称厄米算符. 这时

$$\langle\phi|\,\hat{A}\,|\psi\rangle = \left\langle\phi\mid\hat{A}\psi\right\rangle = \left\langle\hat{A}\phi\mid\psi\right\rangle = \langle\phi|\,\hat{A}^\dagger\,|\psi\rangle. \tag{4.60}$$

在希尔伯特空间 H 中, 算符 $\hat{A}$ 为厄米算符的充要条件是

$$\forall\ |\psi\rangle \in H, \quad \left\langle\psi\mid\hat{A}\mid\psi\right\rangle = \left\langle\psi\mid\hat{A}\mid\psi\right\rangle^*, \tag{4.61}$$

即 $\left\langle\psi\mid\hat{A}\mid\psi\right\rangle \in \mathbb{R}$.

证明: 由式 (4.60), 必要性是显然的. 而

$$\begin{aligned}\left\langle\psi\mid\hat{A}\mid\psi\right\rangle &= \left\langle\psi\mid\hat{A}\mid\psi\right\rangle^* = \left\langle\psi\mid\hat{A}\psi\right\rangle^* \\ &= \left\langle\hat{A}\psi\mid\psi\right\rangle = \left\langle\psi\mid\hat{A}^\dagger\mid\psi\right\rangle,\end{aligned}$$

因此

$$\hat{A} = \hat{A}^\dagger.$$

即充分性得证. $\qquad\square$

如果希尔伯特空间的内积运算在算符 $\hat{U}$ 作用下不变, 即

$$\forall\ |\psi\rangle, |\phi\rangle \in H, \quad \left\langle\phi\mid\psi\right\rangle = \left\langle\hat{U}\phi\mid\hat{U}\psi\right\rangle = \left\langle\phi\mid\hat{U}^\dagger\hat{U}\psi\right\rangle,$$

也即

$$\hat{U}^\dagger\hat{U} = \hat{I}, \quad \hat{U}^\dagger = \hat{U}^{-1},$$

算符 $\hat{U}$ 称为幺正算符, 它对应于我们在 3.5 节中讨论的幺正变换, 其矩阵表示也为幺正矩阵.

接下来我们讨论厄米算符的本征值[①]问题. 对非零向量 $|\psi\rangle$, 如果存在算符 $\hat{A}$, 使得

$$\hat{A}\,|\psi\rangle = a\,|\psi\rangle, \quad a \in \mathbb{C},$$

---

① 也称特征值, 同理, 下文的 "本征" 均亦可作 "特征".

则称 $|\psi\rangle$ 是算符 $\hat{A}$ 的本征向量或本征态, a 为对应的本征值, 上式称为本征方程. 根据内积的性质, 有

$$\langle\psi\,|\,\hat{A}\,|\,\psi\rangle = \langle\psi\,|\,a\,|\,\psi\rangle = a\langle\psi\,|\,\psi\rangle.$$

所以对于厄米算符 $\hat{H}$, 本征值 a 一定是实数. 若存在厄米算符 $\hat{H}$, 使得

$$\hat{H}\,|\psi_1\rangle = E_1\,|\psi_1\rangle, \quad \hat{H}\,|\psi_2\rangle = E_2\,|\psi_2\rangle,$$

显然有

$$\langle\psi_2\,|\,\hat{H}\,|\,\psi_1\rangle = \langle\psi_2\,|\,\hat{H}\psi_1\rangle = E_1\langle\psi_2\,|\,\psi_1\rangle,$$

$$\langle\psi_2\,|\,\hat{H}\,|\,\psi_1\rangle = \langle\hat{H}\psi_2\,|\,\psi_1\rangle = E_2\langle\psi_2\,|\,\psi_1\rangle.$$

因此

$$(E_1 - E_2)\langle\psi_2\,|\,\psi_1\rangle = 0.$$

由此我们得出一个非常重要的结论

$$\text{若 } E_1 \neq E_2 \Rightarrow \langle\psi_2\,|\,\psi_1\rangle = 0. \tag{4.62}$$

即对于厄米算符, 不同本征值所对应的本征态之间正交. 反之, 若 $E_1 = E_2$, 但 $|\psi_1\rangle \neq \alpha|\psi_2\rangle$(即线性无关), 我们称这个本征值是简并的, 而对应于该本征值的本征态的个数称为该本征值的简并度. 6.7 节中我们会进一步讨论简并问题.

可以证明在 n 维空间中, 厄米算符的全部本征态构成一组正交基. 由于上面已经证明了本征态之间正交, 所以接下来只需要证明有 n 个线性无关的本征态即可. 设厄米算符 $\hat{H}$ 满足本征方程

$$\hat{H}\,|\psi\rangle = E\,|\psi\rangle,$$

利用 $\hat{I}\,|\psi\rangle = |\psi\rangle$, 以上本征方程可改写为

$$(\hat{H} - E\hat{I})\,|\psi\rangle = 0.$$

假设空间中存在一组正交基 $\{|i\rangle \mid i = 1, 2, \cdots, n\}$, 则对空间中任意的向量 $|\psi\rangle$, 总有

$$|\psi\rangle = \sum_{i=1}^{n}|i\rangle\langle i\,|\,\psi\rangle = \sum_{i=1}^{n}|i\rangle c_i,$$

即 $|\psi\rangle$ 在该正交基下的矩阵表示为 $\boldsymbol{c} = (c_1, c_2, \cdots, c_n)^{\mathrm{T}}$. 将 $|\psi\rangle$ 和算符 $\hat{H}$ 的矩阵表示代入本征方程, 即

$$(\hat{H} - E\hat{I})\boldsymbol{c} = 0. \tag{4.63}$$

这里 $\hat{H}$ 和 $\hat{I}$ 都是 $n \times n$ 矩阵 (后者为单位阵), 则该线性方程组有非零解的条件是

$$\det(\hat{H} - E\hat{I}) = 0.$$

这是一个关于 E 的 n 次方程, 称为久期方程. 可以看到, 矩阵表示下希尔伯特空间中的本征值问题和线性代数中的等价. 于是在非简并时, n 个不同的本征值对应于 n 个互相正交的本征向量, 即可构成整个 n 维本征空间的完全集. 因此有

$$\hat{H} |\psi_i\rangle = E_i |\psi_i\rangle.$$

$\{|\psi_i\rangle\}$ 构成了一组正交完全集, 是希尔伯特空间的一组正交基.

对希尔伯特空间中的任意一个向量 $|\phi\rangle$, 有

$$|\phi\rangle = \sum_{i=1}^{n} |\psi_i\rangle\, c_i, \quad c_i = \langle \psi_i \mid \phi \rangle = \sum_{i=1}^{n} |\psi_i\rangle \langle \psi_i \mid \phi \rangle,$$

所以 $\{|\psi_i\rangle\}$ 构成完全集的另外一个写法是

$$\sum_{i=1}^{n} |\psi_i\rangle \langle \psi_i| = \hat{I}.$$

不过上面的讨论中没有考虑简并的情况. 一般地, 根据舒尔 (Schur) 引理, 任意方阵 $\hat{H}$ 总是可以被幺正变换成上三角阵 $\hat{T}$, 即

$$\hat{U}^\dagger \hat{H} \hat{U} = \hat{T}, \quad \hat{U} \hat{H}^\dagger \hat{U}^\dagger = \hat{T}^\dagger. \tag{4.64}$$

而如果方阵 $\hat{H}$ 还满足

$$[\hat{H}, \hat{H}^\dagger] = 0,$$

则称该方阵为正规矩阵. 显然厄米矩阵、实对称矩阵均是正规矩阵. 容易证明, 上式等价于

$$[\hat{T}, \hat{T}^\dagger] = 0,$$

此时上三角阵约化为对角矩阵, 即 $\hat{H}$ 的本征矩阵. 因为 $\hat{U}$ 为幺正矩阵, 由本征向量构成且满秩, 所以本征向量是一组完全集.

特殊地, 如果算符的本征值是连续的, 由其本征态张成的希尔伯特空间则被推广到无穷维. 一个简单且典型的例子是动量本征态张成的希尔伯特空间. 前面我们已经提到, 任意定义在空间中的波函数总可以通过傅里叶变换变换成动量空间中的波函数

$$\psi(x) = \frac{1}{\sqrt{2\pi\hbar}} \int_{-\infty}^{+\infty} e^{ipx/\hbar} \psi(p) dp, \tag{4.29}$$

而从更深刻的角度看, 这是因为平面波是厄米算符 $\hat{p}$ 的本征态

$$-i\hbar \frac{\partial}{\partial x} A e^{ip_0 x/\hbar} = -i\hbar i \frac{p_0}{\hbar} A e^{ip_0 x/\hbar} \quad \longrightarrow \quad \hat{p}\psi_0 = p_0 \psi_0,$$

而对应于两个动量 p_1 和 p_2 的两个单色波 $\psi_1(x)$ 和 $\psi_2(x)$, 有

$$\int_{-\infty}^{+\infty} \psi_1^* \psi_2 \mathrm{d}x = \int_{-\infty}^{+\infty} e^{i(p_2-p_1)x/\hbar} \mathrm{d}x = 2\pi \delta[(p_2 - p_1)/\hbar]. \qquad (4.65)$$

这是一个推广的正交关系, 对应连续本征值. 也就是说, 以动量算符的本征态即平面波为基, 可以构成一个无穷维的希尔伯特空间, 而波函数总可以在希尔伯特空间中利用基做展开.

4.6 量子力学的基本假设

公理化是科学理论发展的终极阶段. 在现代科学研究中, 我们常常首先由唯象理论得出概念和框架, 然后将其总结成几个基本假设 (公理), 再从这几个假设出发, 通过自洽的数理逻辑, 推演出一套完整的理论体系, 用来解释已知的现象并作出新的预言. 其中将唯象理论总结成基本假设的过程就是公理化的过程. 而量子力学的发展史——从实验观测到玻尔的量子论再到波动力学和矩阵力学, 最终形成一套完整的公理化理论, 以此为基础解释和预言整个微观世界——正是上述研究范式的实践.

前面我们依次介绍了波动力学和矩阵力学的数学基础, 由此, 科学家最终总结出了量子力学的五条基本假设 (亦称 "量子力学五大公设").

(1) 波函数及其统计诠释: 粒子的状态由波函数 ψ 描述, 波函数对应希尔伯特空间中的一个向量, 其模是概率密度, 即

$$\psi^*(x,t)\psi(x,t)\mathrm{d}x = |\psi(x,t)|^2 \mathrm{d}x$$

给出了 t 时刻在 x 至 $x + \mathrm{d}x$ 的小空间 $\mathrm{d}x$ 内发现粒子的概率. 对单个粒子, 概率密度在全空间内的积分为 1, 即

$$\int_{-\infty}^{+\infty} \psi^*(x,t)\psi(x,t)\mathrm{d}x = 1.$$

(2) 态叠加原理: 如果 ψ_1 和 ψ_2 是描述同一粒子不同状态的波函数, 则它们的线性叠加

$$\psi_3(x,t) = c_1\psi_1(x,t) + c_2\psi_2(x,t)$$

也是该粒子可能的态. 态叠加原理是一个与测量联系密切的原理, 它指出物理态的叠加是波函数或者说是概率幅的叠加, 而不是概率的叠加, 因而必然出现干涉、衍射等现象. 以双缝干涉为例, 如果认为上面的 ψ_1 是开启第一个缝时粒子的状态, ψ_2 是开启第二个缝时粒子的状态, 则同时开启两个缝时粒子的状态为 ψ_3, 其概率密度为

$$|\psi_3|^2 = |c_1\psi_1 + c_2\psi_2|^2$$
$$= |c_1|^2|\psi_1|^2 + |c_2|^2|\psi_2|^2 + c_1^*c_2\psi_1^*\psi_2 + c_1c_2^*\psi_1\psi_2^*,$$

其中 $c_1^*c_2\psi_1^*\psi_2 + c_1c_2^*\psi_1\psi_2^*$ 为干涉项, 当且仅当 ψ_1 和 ψ_2 正交时这项才为 0. 电子双缝干涉实验直接证明了这一点. 还需要指出, 对于概率波而言, 波的干涉是指描述同一粒子状态的概率波之间的干涉, 而不是不同粒子之间概率波的干涉.

(3) 算符与测量: 量子力学中的力学可观测量均用厄米算符表示, 其测量值对应为该厄米算符的本征值. 也就是说, 测量就相当于将该厄米算符作用于本征态上. 具体地, 对厄米算符 $\hat{H}$, 其本征方程为

$$\hat{H}|\psi_i\rangle = E_i|\psi_i\rangle,$$

因此由前节所述, 本征态 $\{|\psi_i\rangle\}$ 构成了一组正交的完全集, 可以作为希尔伯特空间的正交基. 按这组基, 可将波函数 $\phi(x,t) = |\phi\rangle$ 展开成

$$|\phi\rangle = \sum_{i=1}^{n}|\psi_i\rangle\langle\psi_i \mid \phi\rangle = \sum_{i=1}^{n}|\psi_i\rangle c_i,$$

于是

$$\left\langle\hat{H}\right\rangle = \int_{-\infty}^{+\infty}\phi^*(x,t)\hat{H}\phi(x,t)\mathrm{d}x$$
$$= \left\langle\phi \mid \hat{H} \mid \phi\right\rangle$$
$$= \sum_{i=1}^{n}\sum_{j=1}^{n}\left\langle\psi_j \mid \hat{H} \mid \psi_i\right\rangle c_j^*c_i,$$

利用本征态的正交性质[①] $\langle\psi_i \mid \psi_j\rangle = \delta_{ij}$ 可得

$$\left\langle\hat{H}\right\rangle = \sum_{i,j=1}^{n}\delta_{ij}E_ic_j^*c_i = \sum_{i=1}^{n}|c_i|^2 E_i.$$

---

① 一般来说本征态 $\{|\psi_i\rangle\}$ 不一定归一, 但总是可以令 $|\psi_k'\rangle = \dfrac{|\psi_i\rangle}{|\psi_i|}$ 来构造出正交归一的本征态.

$\langle \hat{H} \rangle$ 就是状态 $|\phi\rangle$ 下测量力学量 $\hat{H}$ 的平均值, 或称期望值. 其中 $|c_i|^2$ 就是测量时平均值取 E_i 的概率. 显然, 对处于本征态 $\psi_i = |\psi_i\rangle$ 的粒子进行测量时, 测量值就是 E_i. 而如果有两个算符 $\hat{A}$、$\hat{B}$, 满足

$$\hat{A}|\psi\rangle = a|\psi\rangle, \quad \hat{B}|\psi\rangle = b|\psi\rangle,$$

当它们对易时, 显然有

$$\hat{A}\hat{B}|\psi\rangle = \hat{A}|\psi\rangle b = |\psi\rangle ab = \hat{B}\hat{A}|\psi\rangle.$$

这说明算符 $\hat{A}\hat{B}$ 和 $\hat{B}\hat{A}$ 有共同的非零本征态, 因此, 两个力学观测量可以不分先后地被同时被测量, 分别得到对应的本征值.

但如果算符 $\hat{A}$、$\hat{B}$ 不对易, 则两个力学量就没有共同的本征态, 因而不能被同时测量[①]. 例如, 对坐标算符 $\hat{x} = x$ 和动量算符 $\hat{p} = -\mathrm{i}\hbar\dfrac{\partial}{\partial x}$, 容易验证两个算符不对易

$$[\hat{x}, \hat{p}] = \mathrm{i}\hbar\hat{I}.$$

假设 $|\psi\rangle$ 同时是 $\hat{x}$、$\hat{p}$ 算符的本征态

$$\hat{x}|\psi\rangle = a|\psi\rangle, \quad \hat{p}|\psi\rangle = b|\psi\rangle,$$

则按照前面的对易关系, 我们可以把该本征态写成

$$\begin{aligned}
\hat{I}|\psi\rangle &= \frac{1}{\mathrm{i}\hbar}[\hat{x}, \hat{p}]|\psi\rangle \\
&= \frac{1}{\mathrm{i}\hbar}(\hat{x}\hat{p}|\psi\rangle - \hat{p}\hat{x}|\psi\rangle) \\
&= \frac{1}{\mathrm{i}\hbar}ab|\psi\rangle - \frac{1}{\mathrm{i}\hbar}ba|\psi\rangle = 0,
\end{aligned}$$

因而算符 $\hat{x}$、$\hat{p}$ 没有非零的共同本征态, 也就不存在可以被同时确定位置和动量的波函数. 换句话说, 粒子的位置和动量不能同时测量. 这就是海森伯不确定原理.

我们还可以从更深层次上讨论同时测量问题. 对厄米算符 $\hat{H}$、$\hat{H}^2$ 的期望值 $\langle \hat{H}^2 \rangle$ 和 $\hat{H}$ 的期望值的平方 $\langle \hat{H} \rangle^2$ 一般并不相等. 即对

$$\langle \hat{H}^2 \rangle = \langle \hat{H}\psi \mid \hat{H}\psi \rangle,$$

---

① 我们也可以从矩阵运算的角度来理解这一点: 寻找本征态的过程即是矩阵对角化的过程, 而我们知道所有的厄米矩阵都可以通过相似变换对角化, 但是只有当两个厄米矩阵对易时它们才能同时被对角化, 因而才有共同的本征态. 证明留作习题.

有

$$\left\langle \hat{H}^2 \right\rangle - \left\langle \hat{H} \right\rangle^2 = \left\langle \left(\hat{H} - \left\langle \hat{H} \right\rangle \right)^2 \right\rangle \geqslant 0, \tag{4.66}$$

当且仅当对本征态进行测量时等号成立.

定义算符 $\hat{H}$ 在状态 $|\psi\rangle$ 上的不确定度为

$$(\Delta \hat{H})^2 = \left\langle \left(\hat{H} - \left\langle \hat{H} \right\rangle_\psi \right)^2 \right\rangle_\psi. \tag{4.67}$$

下标 ψ 表示测量时粒子所处的状态. 对于力学量算符 $\hat{A}$ 和 $\hat{B}$, 由于它们都是厄米算符, 因此可以定义两个新的厄米算符 $\hat{F} = \Delta \hat{A} = \hat{A} - \langle A \rangle$, $\hat{G} = \Delta \hat{B} = \hat{B} - \langle B \rangle$. 利用 $\hat{F}$ 和 $\hat{G}$ 构造

$$\hat{N}_+ = \hat{F} + \mathrm{i}\xi \hat{G},$$

其中 ξ 是一个实数. 显然 $N_+^\dagger \neq N_+$, 所以 N_+ 不是一个厄米算符, 但 N_+ 作用在向量 $|\psi\rangle$ 上仍是希尔伯特空间中的一个向量 $\left| \hat{N}_+ \psi \right\rangle$. 利用向量的模的半正定性, 有

$$\begin{aligned}
0 &\leqslant \left\langle \psi \mid \hat{N}_+^\dagger \hat{N}_+ \mid \psi \right\rangle \\
&= \left\langle \hat{F}^2 \right\rangle + \mathrm{i}\xi \left\langle [\hat{F}, \hat{G}] \right\rangle + \xi^2 \left\langle \hat{G}^2 \right\rangle \\
&= (\Delta \hat{A})^2 + \mathrm{i}\xi \left\langle [\hat{A}, \hat{B}] \right\rangle + \xi^2 (\Delta \hat{B})^2.
\end{aligned}$$

上式最后一行为一个 ξ 的二次多项式且二次项系数大于零, 其半正定的条件为

$$(\mathrm{i} \left\langle [\hat{A}, \hat{B}] \right\rangle)^2 - 4(\Delta \hat{A})^2 (\Delta \hat{B})^2 \leqslant 0,$$

整理后开根号可得

$$\Delta \hat{A} \Delta \hat{B} \geqslant \frac{1}{2} \left| \left\langle [\hat{A}, \hat{B}] \right\rangle \right|. \tag{4.68}$$

上式就是不确定关系. 可以看到, 海森伯不确定原理并不局限于坐标和动量的测量, 而是适用于所有不对易的厄米算符.

在经典的哥本哈根诠释中, 我们用波函数的 "坍缩" 来解释测量行为, 即当量子态被测量时, 其波函数坍缩到了被测量量对应算符的本征态. 但哥本哈根诠释并不能解释量子态坍缩的原因. 接近一个世纪以来, 学者们针对量子力学的不确

定性问题展开了长久的争论, 提出了许多不同的观点, 例如退相干机制[①]等, 对此感兴趣的同学可自行阅读相关资料.

回到我们熟悉的坐标算符和动量算符

$$\hat{x}|\psi\rangle = x|\psi\rangle, \quad \hat{p}|\phi\rangle = -\mathrm{i}\hbar\frac{\partial}{\partial x}|\phi\rangle,$$

显然它们都是厄米算符. 事实上, 正如经典力学中所有力学量都可写成广义坐标 p 和广义动量 q 的函数一样, 量子力学中所有其他的力学量也都可以写成厄米算符 $\hat{x}$、$\hat{p}$ 的函数.

例如, 4.2节中定义的哈密顿量

$$\hat{H} = -\frac{\hbar^2}{2m}\Delta + U(\boldsymbol{x}), \tag{4.18}$$

它就是第 2 章中经典哈密顿量

$$H = \frac{p^2}{2m} + U(q) \tag{2.21}$$

的直接推广, 动能项和势能项分别是涉及 $\hat{p}$ 和 $\hat{x}$ 的多项式函数. 很容易证明 $\hat{H}$ 是厄米算符.

再考虑角动量算符 $\hat{J}$. 从经典力学中的角动量

$$J_i = \epsilon_{ijk}x_j p_k \tag{2.51}$$

出发, 直接把对应坐标和动量换成对应算符可得

$$\hat{J}_x = \hat{y}\hat{p}_z - \hat{z}\hat{p}_y,$$
$$\hat{J}_y = \hat{z}\hat{p}_x - \hat{x}\hat{p}_z,$$
$$\hat{J}_z = \hat{x}\hat{p}_y - \hat{y}\hat{p}_x.$$

我们知道

$$[\hat{x},\hat{x}] = 0, \quad [\hat{p},\hat{p}] = 0, \quad [\hat{x},\hat{p}] = \mathrm{i}\hbar\hat{I}, \tag{4.69}$$

推广到三维, 即

$$[\hat{x}_i,\hat{x}_j] = 0, \quad [\hat{p}_i,\hat{p}_j] = 0, \quad [\hat{x}_i,\hat{p}_j] = \mathrm{i}\hbar\delta_{ij}. \tag{4.70}$$

① Omnes R. Consistent interpretations of quantum mechanics. Review of Modern Physics, 1992, 64: 339-382.

由于 $\hat{x}_i$、$\hat{p}_j$ 只有在 $i \neq j$ 时才是不可交换的, 因此很容易证明

$$\hat{J}_i^\dagger = \hat{J}_i,$$

即角动量算符也是厄米算符. 此外, 我们还能得到关于角动量算符的对易关系

$$[\hat{J}_i, \hat{J}_j] = i\hbar\epsilon_{ijk}\hat{J}_k,$$

以及对卡西米尔 (Casimir) 算符 $\hat{J}^2 = \hat{J}_i\hat{J}_i$, 有

$$[\hat{J}^2, \hat{J}_i] = 0. \tag{4.71}$$

容易发现, 上述证明过程中的计算逻辑与经典力学中的泊松括号一致. 事实上这就是从经典力学构建量子力学体系的正则量子化方案. 正则量子化在 4.7 节中将会详细讨论, 而关于角动量理论的讨论则留到第 5 章.

不过需要注意的是, 由于算符不一定满足乘法交换律, 所以从经典的力学量函数过渡到量子的力学量算符时, 从经典力学借用的定义不一定能使算符直接满足厄米性, 因此在部分情况下需要做一定的修改. 6.2 节中讨论的 LRL 矢量就是一个典型的例子.

(4) 量子系统的非相对论动力学: 波函数随时间的演化由薛定谔方程描述

$$i\hbar\frac{\partial}{\partial t}\psi(x,t) = \hat{H}\psi(x,t). \tag{4.72}$$

前面我们已经对波动力学进行了较为详细的讨论. 而在 4.7 节中我们将看到, 结合其他几个假设后, 我们可以从变换理论的视角来进一步讨论量子力学的动力学, 这会带来更丰富的物理内涵.

(5) 全同性原理: 一般地, 如果两个粒子的一切固有性质 (如质量、电荷、自旋等) 完全一样, 我们称这两个粒子是全同的. 在量子力学中, 全同粒子是不可区分的.

根据定义, 显然在同样的物理条件下, 全同粒子的行为完全相同, 因而用一个全同粒子代替另一个全同粒子, 不会引起系统物理状态的任何改变. 在经典力学中, 虽然全同粒子的固有性质相同, 但每个粒子有确定的位置和动量, 因而我们可以利用动力学量 (q_i, p_i, t) 和运动方程描述和预言每个粒子的运动状态; 所以, 理论上我们总是可以通过初态编号来区分这些全同粒子 (有时候因为粒子数过多, 我们会选用统计方法描述其行为, 但这并不意味着这些粒子是不可区分的). 然而在量子力学中, 由于粒子以物质波的形式存在, 其波函数只是一种概率分布的描述, 我们无法找到某一粒子确定的 "运动轨迹", 也不能确定性地预言某一粒子未

来的运动状态, 因此, 我们就无法对全同粒子作出区分①. 这就是全同粒子的不可区分性, 或称全同性原理. 全同性原理在量子多体系统如多电子原子的讨论中有十分重要的应用, 我们会在第 9 章回到这里.

4.7　变换理论下的量子力学与正则量子化

在 2.4 节和 2.5 节中, 我们已经看到了经典力学下正则变换生成函数 G 与具体变换的对应

$$时间平移变换 \Leftrightarrow g = H(q,p)$$

$$空间平移变换 \Leftrightarrow g = p_x \tag{2.50}$$

$$平面转动变换 \Leftrightarrow g = J_z$$

本节我们讨论这样的对应能否推广到量子力学中.

首先我们看时间平移变换. 在量子力学中, 对态 $|\psi(x,t)\rangle$②, 在时间 t_0 附近做泰勒展开, 利用薛定谔方程可得③

$$
\begin{aligned}
|\psi(x, t_0 + \delta t)\rangle &= |\psi(x, t_0)\rangle + \delta t \frac{\partial |\psi(x,t)\rangle}{\partial t}\bigg|_{t=t_0} + \cdots \\
&= [\hat{I} - i\delta t \hat{H}] |\psi(x, t_0)\rangle + \cdots .
\end{aligned} \tag{4.73}
$$

我们对有限时间间隔 $(t - t_0)$ 做 $N(N \to \infty)$ 等分, 即设

$$
\delta t = \lim_{N \to \infty} \frac{t - t_0}{N}, \tag{4.74}
$$

代回式 (4.73), 保留到 δt 的一阶项有

$$
|\psi(x, t_0 + \delta t)\rangle = \left[\hat{I} - \frac{\mathrm{i}(t - t_0)}{N} \hat{H} \right] |\psi(x, t_0)\rangle .
$$

回到式 (4.74), 我们把有限的时间平移 $\Delta t = t - t_0$ 看作 $N(N \to \infty)$ 次无穷小时

---

① 即使我们在初始状态能给每个全同粒子编号, 随着时间的演化, 波在传播过程中总会出现叠加; 而一旦波函数出现叠加, 我们就无法继续追踪哪个是 "粒子 1" 的波, 哪个是 "粒子 2" 的波, 自然也就无法区分到底是哪个粒子.

② 这里我们使用在坐标表象下的 $|\psi\rangle$, 因而严格来说 $|\psi(x,t)\rangle$ 应写成 $\langle x \mid \psi \rangle$. 而其中的 t 表示 $|\psi\rangle$ 对时间 t 的依赖性.

③ 从这里开始我们将采用自然单位制 $(\hbar = c = 1)$, 以省去 $\hbar$.

间平移 δt 的叠加, 就有

$$|\psi(x,t)\rangle = \lim_{N \to \infty} \left[\hat{I} - \frac{\mathrm{i}(t-t_0)}{N}\hat{H} \right]^N |\psi(x,t_0)\rangle$$
$$= \mathrm{e}^{-\mathrm{i}(t-t_0)\hat{H}} |\psi(x,t_0)\rangle.$$

定义

$$\hat{U}(\tau) = \mathrm{e}^{-\mathrm{i}\tau\hat{H}}, \quad \text{即} \hat{H} = \mathrm{i}\frac{\partial \hat{U}}{\partial \tau}\Big|_{\tau=0},$$

可以证明

$$\hat{U}(s+t) = \hat{U}(s)\hat{U}(t), \quad \hat{U}(0) = \hat{I},$$

且

$$\hat{U}^\dagger(\tau)\hat{U}(\tau) = \hat{I}.$$

因此 $\hat{U}$ 是一个幺正算符, 称为时间演化算符或者时间平移算符. 可以看到哈密顿量是它的生成元.

在量子力学中, 量子态随时间的演化可表示为

$$|\psi(x,t)\rangle = \mathrm{e}^{-\mathrm{i}t\hat{H}} |\psi(x,0)\rangle. \tag{4.75}$$

如果 $|\psi_k(x)\rangle$ 是哈密顿量的本征态, 即

$$\hat{H} |\psi_k(x)\rangle = E_k |\psi_k(x)\rangle,$$

E_k 是本征值. 则 $t=0$ 时刻的初态波函数 $|\psi(x,0)\rangle$ 可以以上面本征态展开

$$|\psi(x,0)\rangle = \sum_{k=1}^{n} |\psi_k(x)\rangle c_k.$$

利用时间演化算符, 我们可以得到 t 时刻的波函数

$$|\psi(x,t)\rangle = \sum_{k=1}^{n} |\phi_k(x)\rangle c_k \mathrm{e}^{-\mathrm{i}tE_k}.$$

在薛定谔理论中, 算符一般是不含时的, 而波函数随时间演化, 即

$$\mathrm{i}\frac{\partial}{\partial t} |\psi^{\mathrm{S}}(x,t)\rangle = \hat{H}^{\mathrm{S}} |\psi^{\mathrm{S}}(x,t)\rangle,$$

$$\mathrm{i}\frac{\partial}{\partial t} \hat{A}^{\mathrm{S}} = 0.$$

如果我们要计算力学量的随时间的变化, 就要根据含时波函数的演化, 计算算符对应的期望值. 这种框架通常被称为薛定谔绘景 (Schrödinger picture), 这也是上式中上标 S 的含义.

我们还可以把系统随时间的演化归到算符上, 即认为算符通过时间演化算符 $\hat{U}$ 演化, 而波函数则不显含时间. 这样我们就可以得到一个量子力学的另一个等价的框架, 即海森伯绘景 (Heisenberg picture). 首先我们定义变换

$$\left|\psi^{\mathrm{H}}(t)\right\rangle = \hat{U}^{\dagger}(t)\left|\psi^{\mathrm{S}}(t)\right\rangle = \mathrm{e}^{\mathrm{i}t\hat{H}}\left|\psi^{\mathrm{S}}(t)\right\rangle, \quad \left|\psi^{\mathrm{S}}(t)\right\rangle = \hat{U}(t)\left|\psi^{\mathrm{H}}(t)\right\rangle, \tag{4.76}$$

与前面类似, 式中上标 H 表示海森伯绘景 (以下我们将薛定谔绘景和海森伯绘景分别简称为 S 绘景和 H 绘景). 因为 $[\hat{H}, \mathrm{e}^{\mathrm{i}t\hat{H}}] = 0$, 所以

$$\mathrm{i}\frac{\partial}{\partial t}\left|\psi^{\mathrm{H}}(t)\right\rangle = \mathrm{i}(\mathrm{i}\hat{H})\mathrm{e}^{\mathrm{i}t\hat{H}}\left|\psi^{\mathrm{S}}(t)\right\rangle + \mathrm{e}^{\mathrm{i}t\hat{H}}\hat{H}\left|\psi^{\mathrm{S}}(t)\right\rangle = 0.$$

因此 H 绘景下的波函数 $\left|\psi^{\mathrm{H}}(t)\right\rangle = \left|\psi^{\mathrm{H}}\right\rangle$ 不显含时间. 要保证两种绘景下力学量的测量值不变, 必须满足

$$\begin{aligned}
\left\langle \hat{A}^{\mathrm{S}} \right\rangle_{\mathrm{S}} &\equiv \left\langle \psi^{\mathrm{S}}(t) \mid \hat{A}^{\mathrm{S}} \mid \psi^{\mathrm{S}}(t) \right\rangle \\
&= \left\langle \psi^{\mathrm{H}} \mid \hat{U}^{\dagger}(t)\hat{A}^{\mathrm{S}}\hat{U}(t) \mid \psi^{\mathrm{H}} \right\rangle \\
&\equiv \left\langle \hat{A}^{\mathrm{H}} \right\rangle_{\mathrm{H}}.
\end{aligned}$$

由于算符 $\hat{A}^{\mathrm{H}}$ 及其含时演化定义为

$$\hat{A}^{\mathrm{H}}(t) = \hat{U}^{\dagger}(t)\hat{A}^{\mathrm{S}}\hat{U}(t) = \mathrm{e}^{\mathrm{i}t\hat{H}}\hat{A}^{\mathrm{S}}\mathrm{e}^{-\mathrm{i}t\hat{H}},$$

$$\begin{aligned}
\mathrm{i}\frac{\mathrm{d}}{\mathrm{d}t}\hat{A}^{\mathrm{H}}(t) &= \mathrm{i}\frac{\partial}{\partial t}\left(\mathrm{e}^{\mathrm{i}t\hat{H}}\hat{A}^{\mathrm{S}}\mathrm{e}^{-\mathrm{i}t\hat{H}}\right) \\
&= \mathrm{i}\mathrm{i}\hat{H}\mathrm{e}^{\mathrm{i}t\hat{H}}\hat{A}^{\mathrm{S}}\mathrm{e}^{-\mathrm{i}t\hat{H}} + \mathrm{i}(-\mathrm{i})\mathrm{e}^{\mathrm{i}t\hat{H}}\hat{A}^{\mathrm{S}}\hat{H}\mathrm{e}^{-\mathrm{i}t\hat{H}} \\
&= \mathrm{e}^{\mathrm{i}t\hat{H}}\hat{A}^{\mathrm{S}}\hat{H}\mathrm{e}^{-\mathrm{i}t\hat{H}} - \mathrm{e}^{\mathrm{i}t\hat{H}}\hat{H}\hat{A}^{\mathrm{S}}\mathrm{e}^{-\mathrm{i}t\hat{H}} \\
&= \mathrm{e}^{\mathrm{i}t\hat{H}}[\hat{A}^{\mathrm{S}}, \hat{H}]\mathrm{e}^{-\mathrm{i}t\hat{H}} \\
&= [\mathrm{e}^{\mathrm{i}t\hat{H}}\hat{A}^{\mathrm{S}}\mathrm{e}^{-\mathrm{i}t\hat{H}}, \hat{H}] \\
&= [A^{\mathrm{H}}(t), \hat{H}].
\end{aligned}$$

所以通过时间演化的幺正变换后, 我们从 S 绘景得到一组新的演化方程

$$\mathrm{i}\frac{\partial}{\partial t}\left|\psi^{\mathrm{H}}(t)\right\rangle = 0,$$

$$i\frac{\partial}{\partial t}\hat{A}^{\mathrm{H}}(t) = [\hat{A}^{\mathrm{H}}(t), \hat{H}] \tag{4.77}$$

这就是海森伯绘景 (H 绘景), 式 (4.77) 称为海森伯方程. 事实上, 在量子力学理论中, 除了 S 绘景和 H 绘景外, 还有一种绘景称为相互作用绘景 (interaction picture). 我们暂时不会遇到需要使用相互作用绘景的具体问题, 因此这里不再展开.

在上面的讨论中我们注意到, 量子力学中有如下对易关系:

$$[\hat{x}_i, \hat{p}_j] = i\delta_{ij}, \quad i\frac{\partial}{\partial t}\hat{A}^{\mathrm{H}}(t) = [\hat{A}^{\mathrm{H}}(t), \hat{H}], \tag{4.78}$$

因而算符的对易子 "[,]" 和第 2 章哈密顿力学中的泊松括号 "{ , }" 存在一定的对应性. 而狄拉克的正则量子化方案正是由此引出, 即

$$\{\, ,\, \} \to \frac{1}{i\hbar}[\, ,\,]. \tag{4.79}$$

其中算符对易子 "[,]" 也被称作量子括号. 通过以上对应关系可以把经典力学中的运动方程直接 "翻译" 到量子力学体系中.

在经典哈密顿力学中, 我们可以通过泊松括号判断某物理量是否为守恒量. 类似地, 在量子力学中要判断某力学可观测量是否守恒, 只需计算该算符与哈密顿量的对易子即可. 如果力学量算符与哈密顿量对易, 则该力学量为守恒量.

例如, 系统的能量对应哈密顿算符 $\hat{H}$, 它总是和本身对易

$$[\hat{H}, \hat{H}] = 0,$$

所以我们知道无论在哪种绘景下, 能量都是守恒量. 注意到时间平移算符 $U(t) = e^{it\hat{H}}$, 代入上式立即可得 $[\hat{H}, U(t)] = 0$. 这事实上表明系统运动方程的时间平移不变性对应了能量守恒.

再例如, 如果系统哈密顿量不显含坐标, 此时

$$\hat{H}_0 = \frac{\hat{p}^2}{2m},$$

因此有

$$[\hat{p}, \hat{H}_0] = 0,$$

所以系统动量守恒.

另外, 对于守恒量算符 $\hat{A}$, 鉴于 $[\hat{A}, \hat{H}] = 0$, 很容易证明

$$\hat{A}^{\mathrm{H}} = \hat{A}^{\mathrm{S}}.\tag{4.80}$$

这其实是显然的, 因为守恒量不随时间演化, 所以它们对应的算符在两种绘景下等价.

下面再来看空间平移变换. 以一维情况为例, 如果对函数 $f(x)$ 在 x_0 处做泰勒展开并保留到 δx 的一阶项, 有

$$f(x_0 + \delta x) = f(x_0) + \delta x \frac{\mathrm{d}f(x)}{\mathrm{d}x}\bigg|_{x=x_0} + \cdots = \left(1 + \delta x \frac{\mathrm{d}}{\mathrm{d}x}\right) f(x_0).$$

所以无穷小平移变换和量子力学中的动量算符 $\hat{p} = -\mathrm{i}\dfrac{\mathrm{d}}{\mathrm{d}x}$ 对应,

$$f(x_0 + \delta x) = (1 - \mathrm{i}\delta x\hat{p})f(x_0).$$

和前面时间平移变换的讨论一样, 把一维有限平移变换看作是 N 次无穷小平移变换 δx 的叠加, 当 $N \to \infty$ 时有

$$f(x) = \mathrm{e}^{-\mathrm{i}(x-x_0)\hat{p}} f(x_0),$$

于是定义一维平移变换算符

$$\hat{U}_p(x) = \mathrm{e}^{-\mathrm{i}x\hat{p}},$$

容易验证该算符满足如下性质:

$$\hat{U}_p(\alpha)x = x + \alpha,$$
$$\hat{U}_p(0) = 1,$$
$$\hat{U}_p(\alpha)\hat{U}_p(\beta) = \hat{U}_p(\alpha + \beta),$$
$$\hat{U}_p(\alpha)^{-1} = \hat{U}_p(-\alpha).$$

由于沿不同轴的平移可交换, 上述结果很容易被推广到三维情况, 即

$$\hat{U}_p(\boldsymbol{x}) = \mathrm{e}^{-\mathrm{i}x_i\hat{p}_i}, \quad i = 1, 2, 3,$$

和时间平移一样, 显然算符 $\hat{U}_p$ 具有幺正性

$$\hat{U}_p^\dagger \hat{U}_p = \hat{I}.$$

一个固定位置的粒子 $|\psi_0\rangle$ 可以通过平移算符得到

$$|\psi(\boldsymbol{x})\rangle = \hat{U}_p(\boldsymbol{x})|\psi_0\rangle = \mathrm{e}^{-\mathrm{i}x_i\hat{p}_i}|\psi_0\rangle.$$

如果运动方程在平移变换下不变, 即

$$i\frac{\partial}{\partial t}\left|\psi_0\right\rangle = \hat{H}\left|\psi_0\right\rangle,$$

且

$$i\frac{\partial}{\partial t}\left|\psi(x)\right\rangle = \hat{H}\left|\psi(x)\right\rangle,$$

则我们可以得到

$$\hat{U}_p(\boldsymbol{x})\hat{H}\hat{U}_p^\dagger(\boldsymbol{x}) = \hat{H},$$

即

$$[\hat{U}_p(\boldsymbol{x}), \hat{H}] = 0,$$

进而可以得到

$$[\hat{p}_i, \hat{H}] = 0.$$

所以运动方程的空间平移不变性对应动量守恒. 像时间平移、空间平移这种保持运动方程不变的幺正变换, 又称为对称变换.

以上两例向我们展示了把经典力学的诺特定理推广到量子力学的可能性. 而一般地, 设算符 $\hat{U}$ 为希尔伯特空间中保持内积不变的幺正变换

$$\left|\psi'\right\rangle = \hat{U}\left|\psi\right\rangle, \quad \left|\psi\right\rangle = \hat{U}^\dagger\left|\psi'\right\rangle, \quad \hat{U}^\dagger\hat{U} = \hat{I},$$

如果在算符 $\hat{U}$ 的作用下运动方程不变

$$i\frac{\partial}{\partial t}\left|\psi\right\rangle = \hat{H}\left|\psi\right\rangle \Rightarrow i\frac{\partial}{\partial t}\left|\psi'\right\rangle = \hat{H}\left|\psi'\right\rangle,$$

则有

$$\hat{H} = \hat{U}\hat{H}\hat{U}^\dagger,$$

即 $[\hat{H}, \hat{U}] = 0$. 我们已经知道一般单参数的幺正变换总可以用厄米算符 $\hat{G}$ 生成, 其中无穷小幺正变换为

$$\hat{U}_\delta = \hat{I} - i\delta\hat{G}, \quad \hat{G}^\dagger = \hat{G},$$

因此有限幺正变换 $\hat{U}_\Delta$ 为

$$\hat{U} = \hat{U}_\Delta = \hat{U}_\delta^N = \lim_{N\to\infty}\left(\hat{I} - i\frac{\Delta}{N}\hat{G}\right)^N = e^{-i\Delta\hat{G}},$$

其中 $\Delta = N\delta$. 而 $\hat{H}$ 与 $\hat{U}$ 又是对易的, 从而有

$$[\hat{H}, \hat{G}] = 0.$$

因此厄米算符 $\hat{G}$ 对应某个守恒量. 由于幺正变换 U 是由力学量算符 $\hat{G}$ 生成的, 所以每个保证运动方程不变的对称变换对应一个守恒量. 这就是量子力学中的诺特定理.

经典力学中角动量是转动变换的生成函数, 现在我们在量子力学中考察角动量对应的变换. 根据动量算符的形式, 我们可以写出量子力学中的角动量算符, 首先考虑沿 z 轴的角动量

$$\hat{J}_z = -\mathrm{i}\left(x\frac{\partial}{\partial y} - y\frac{\partial}{\partial x}\right).$$

在三维球坐标系 (r, θ, ϕ) 中

$$x = r\sin\theta\cos\phi, \quad y = r\sin\theta\sin\phi, \quad z = r\cos\theta,$$

因而角动量算符 $\hat{J}_z$ 可写成

$$\hat{J}_z = -\mathrm{i}\frac{\partial}{\partial\phi}.$$

而在 $x\text{-}y$ 平面的极坐标系 (ρ, ϕ) 下, 无穷小转动变换为

$$f(\phi) \to f(\phi + \delta\phi) = f(\phi) + \delta\phi\frac{\partial}{\partial\phi}f,$$

应用 $\hat{J}_z$, 此变换可写成

$$f(\phi) \to (1 + \mathrm{i}\delta\phi\hat{J}_z)f(\phi).$$

于是, 角动量算符 $\hat{J}_z$ 就成为 $x\text{-}y$ 平面转动的生成元. 不过, 另外两轴的转动相对复杂, 因而这里没有列出, 留到后续章节中继续讨论.

⚬ 第 4 章习题 ⚬

1. 证明当势能 $U(x)$ 在边界点上间断时, 波函数一阶导数的仍然连续性. 提示: 对薛定谔两边在边界点 c 从 c_- 到 c_+ 积分

$$\int_{c_-}^{c_+} \mathrm{d}x\frac{\mathrm{d}^2}{\mathrm{d}x^2}\psi(x) = \int_{c_-}^{c_+} \mathrm{d}x\, 2m[-E + U(x)]\psi(x). \tag{4.81}$$

2. 一个粒子在一维无限深势阱中运动

$$V(x) = \begin{cases} 0, & x \in [0,\ L], \\ \infty, & x \in (-\infty, 0)\bigcup(L,\ +\infty). \end{cases}$$

求: (1) 能级的具体形式.

(2) 波函数的具体形式 (含归一化系数).

(3) 证明波函数有

$$\int_{-\infty}^{+\infty} \psi_m^* \psi_n \mathrm{d}x = \delta_{mn}.$$

3. 上题最后结果推广, 对束缚态的波函数 (即波函数于无穷远处为零 $\psi(\pm\infty) = 0$) 如果 ψ_1 和 ψ_2 分别对应两个不同能级 E_1 和 $E_2(E_1 \neq E_2)$, 利用定态薛定谔方程证明

$$\int_{-\infty}^{+\infty} \psi_1^* \psi_2 \mathrm{d}x = 0,$$

即不同能级的束缚态波函数正交.

4. 考虑一个三维的刚性立方体盒子, 边长为 L, 已知波函数可以写成

$$\psi(x, y, z) = \psi_x(x)\psi_y(y)\psi_z(z)$$

的形式, 利用分离变量法把薛定谔方程分解成三个互相独立的一维问题.

5. 假设一个重原子核的半径为 $R = R_0 A^{1/3}$, 其中 A 为质量数, 同时假设原子核中的质子和中子可以分别用三维无限深势阱中的自由粒子描述 (自由费米气模型), 利用泡利不相容原理和上题关于三维无限深势阱的结果,

(1) 推导质子和中子的费米能, 即其动能的最大值 (最大动量对应动量空间 (k_x, k_y, k_z) 中费米球面半径).

(2) 假设原子核中电荷密度为常数

$$\rho_0 = \frac{3Q}{4\pi R^3} = \frac{3q}{4\pi r^3} \rightarrow \mathrm{d}q = 4\pi\rho_0 r^2 \mathrm{d}r,$$

推导质子的库仑排斥势能

$$E_\mathrm{c} = -\frac{z(z-1)}{2} \frac{e^2}{\langle r \rangle}, \quad \frac{1}{\langle r \rangle} = \frac{1}{Q} \int_0^R \frac{\mathrm{d}q}{r}.$$

(3) 如果 $_{92}^{238}\mathrm{U}$ 原子核中质子和中子的费米能之差恰好为库仑排斥势能, 求 R_0.

6. 一个粒子从 $x < 0$ 方向往 $+$ 方向运动, 穿过一维有限高度势垒

$$V(x) = \begin{cases} 0, & x \in (-\infty, 0), \\ V_0, & x \in [0, L], \\ 0, & x \in (L, +\infty), \end{cases} \tag{4.82}$$

且粒子能量 $E < V_0$.

(1) 利用薛定谔方程, 证明波函数和波函数的一阶导数在边界连续.

(2) 分别求出该粒子在三段的波函数的一般形式, 并且利用上面证明的连续性条件确定系数.

(3) 根据概率流密度

$$J = \frac{1}{2mi}\left(\psi^*\nabla\psi - \psi\nabla\psi^*\right),$$

给出入射流、投射流和反射流.

7. 粒子能量 $E < 0$ 在一维 δ 势阱中运动

$$V(x) = -V_0\delta(x), \quad V_0 > 0.$$

(1) 求束缚态能级和波函数 $\psi(x)$.

(2) 计算势能平均值

$$\langle V \rangle = \int_{-\infty}^{+\infty} \psi^*(x)V(x)\psi(x)\mathrm{d}x.$$

(3) 证明动能平均值为[①]

$$\langle T \rangle = E - \langle V \rangle = -\frac{1}{2}\langle V \rangle = \frac{1}{2}\left\langle x\frac{\mathrm{d}V(x)}{\mathrm{d}x}\right\rangle.$$

8. 对算符 $\hat{A}$ 和复数参量 α、β 有

$$\mathrm{e}^{\alpha\hat{A}} = \sum_{n=0}^{\infty}\frac{\alpha^n}{n!}\hat{A}^n,$$

证明

$$\mathrm{e}^{(\alpha+\beta)\hat{A}} = \mathrm{e}^{\alpha\hat{A}}\mathrm{e}^{\beta\hat{A}}, \quad \frac{\mathrm{d}}{\mathrm{d}\alpha}\mathrm{e}^{\alpha\hat{A}} = \mathrm{e}^{\alpha\hat{A}}\hat{A}.$$

9. 对算符 $\hat{A}$、$\hat{B}$ 有

$$[\hat{A},\ \hat{B}] = \hat{C} \neq \hat{0}, \quad [\hat{A},\ \hat{C}] = [\hat{B},\ \hat{C}] = 0.$$

证明

$$\mathrm{e}^{\hat{A}+\hat{B}} = \mathrm{e}^{\hat{A}}\mathrm{e}^{\hat{B}}\mathrm{e}^{-\hat{C}/2} = \mathrm{e}^{\hat{B}}\mathrm{e}^{\hat{A}}\mathrm{e}^{\hat{C}/2}.$$

10. 对于幺正算符 $\hat{U}$, $\hat{U}^{\dagger}\hat{U} = \hat{I}$, 如果无穷小幺正算符写成

$$\hat{U}_{\delta} = \hat{I} + \mathrm{i}\delta\hat{H},$$

其中 δ 为实数, 证明 $\hat{H}^{\dagger} = \hat{H}$, 并且证明算符 $\hat{H}$ 对于任意非零态平均值 $\langle\psi\mid\hat{H}\mid\psi\rangle$ 为实数.

11. 对厄米算符 $\hat{A}$, $|\phi\rangle$ 和 $|\psi\rangle$ 为两任意矢量, 证明

$$\left|\left\langle\psi\mid\hat{A}\mid\phi\right\rangle\right|^2 \leqslant \left\langle\psi\mid\hat{A}\mid\psi\right\rangle\left\langle\phi\mid\hat{A}\mid\phi\right\rangle$$

[①] 一般地, 对势场 $V(\boldsymbol{r})$ 中的粒子, 有

$$\langle T \rangle = \frac{\langle\boldsymbol{r}\cdot\nabla V\rangle}{2}.$$

此式称为位力定理 (virial theorem).

12. 对厄米算符 $\hat{A}$ 证明

$$(\Delta\hat{A})^2 = \left\langle \psi \mid (\hat{A} - \langle\hat{A}\rangle)^2 \mid \psi \right\rangle = \left\langle \psi \mid \hat{A}^2 - \langle\hat{A}\rangle^2 \mid \psi \right\rangle.$$

13. 假设存在厄米矩阵 A 和 B, 且 A、B 对易, 证明存在可逆矩阵 P, 使得 $P^{-1}AP$ 和 $P^{-1}BP$ 都是对角矩阵.

14. 对厄米算符 $\hat{A}$, $\hat{B}$, 证明

(1) $[\hat{A}, \hat{B}]^{\dagger} = -[\hat{A}, \hat{B}]$.

(2) $\Delta\hat{A}^2\Delta\hat{B}^2 \geqslant \dfrac{1}{4}\left\langle \mathrm{i}[\hat{A}, \hat{B}] \right\rangle^2$.

15. 讨论时间 t 和粒子能量 E 是否能被同时测量.

16. 利用 $\hat{x}$ 和 $\hat{p}$ 的对易关系证明对角动量算符

$$[\hat{J}_i, \hat{J}_j] = \mathrm{i}\epsilon_{ijk}\hat{J}_k.$$

17. 对于 $R^2 = \hat{x}^2 + \hat{y}^2 + \hat{z}^2$, $\hat{p}^2 = \hat{p}_x^2 + \hat{p}_y^2 + \hat{p}_z^2$, 求

$$[\hat{p}_i,\ R^2],\quad [\hat{p}_i,\ R^4],\quad [\hat{p}_i,\ R].$$

利用数学归纳法证明

$$[\hat{p}_i, R^n] = -\mathrm{i}nR^{n-2}\hat{x}_i.$$

并利用该式和 $[\hat{p}_i, 1] = 0$ 证明

$$\left[\hat{p}_i, \frac{1}{R^n}\right] = \mathrm{i}n\frac{1}{R^{n+2}}\hat{x}_i.$$

利用上题的角动量算符定义, 计算

$$[\hat{J}_i,\ R],\quad \left[\hat{J}_i,\ \frac{1}{R}\right],\quad [\hat{J}_i,\ \hat{p}^2].$$

第 5 章

角动量理论

> The miracle of the appropriateness of the language of mathematics for the formulation of the laws of physics is a wonderful gift which we neither understand nor deserve.
>
> ——Eugene Wigner

前面, 我们从经典的拉格朗日和哈密顿力学出发, 通过力学量与算符的对应关系建立了量子力学的基本理论, 并通过变换视角下的讨论找到了更简洁和深刻的正则量子化方案.

角动量问题是量子力学中的一个重要问题: 我们主要的研究对象, 即原子, 本身就是一个有心力场问题, 常常具有球对称特性; 而在变换的视角下, 角动量本身就是转动变换的生成元. 因此, 本章我们将从变换与矩阵力学的视角出发, 从代数角度推导一般的角动量理论, 这将为接下来深入研究氢原子问题打下基础.

5.1 角动量: 本征态与本征值

在量子力学的基本假设中, 我们提到了量子力学中所有的力学量均可以写成厄米算符 $\hat{x}$ 和 $\hat{p}$ 的函数, 从而根据其对易关系

$$[\hat{x}_i, \ \hat{p}_j] = \mathrm{i}\delta_{ij}, \quad [\hat{x}_i, \ \hat{x}_j] = 0, \quad [\hat{p}_i, \ \hat{p}_j] = 0, \tag{5.1}$$

可以得到所有这些力学量算符的对易关系. 按照第 4 章中角动量算符的定义

$$\hat{J}_i = \epsilon_{ijk}\hat{x}_i\hat{p}_j, \tag{5.2}$$

容易得到角动量算符满足

$$[\hat{J}_i, \hat{J}_j] = \mathrm{i}\epsilon_{ijk}\hat{J}_k$$

和

$$[\hat{J}^2, \hat{J}_i] = 0,$$

其中 $\hat{J}^2 = \hat{J}_1^2 + \hat{J}_2^2 + \hat{J}_3^2$ (在直角坐标系中, $\hat{J}_1 = \hat{J}_x$, $\hat{J}_2 = \hat{J}_y$, $\hat{J}_3 = \hat{J}_z$). 在第 4 章的最后, 我们也看到了角动量算符 $\hat{J}_z$ 和 x-y 平面转动生成元的对应关系. 在 3.4 节中我们已经知道, 从代数上讲, 保持 E_3 空间中向量距离不变的三维转动 $SO(3)$ 变换, 其无穷小生成元可认为就是角动量算符

$$\hat{J}_i = -\mathrm{i}X_i, \quad i = 1, 2, 3,$$

即

$$\hat{J}_1 = \begin{pmatrix} 0 & 0 & 0 \\ 0 & 0 & -\mathrm{i} \\ 0 & \mathrm{i} & 0 \end{pmatrix}, \quad \hat{J}_2 = \begin{pmatrix} 0 & 0 & \mathrm{i} \\ 0 & 0 & 0 \\ -\mathrm{i} & 0 & 0 \end{pmatrix}, \quad \hat{J}_3 = \begin{pmatrix} 0 & -\mathrm{i} & 0 \\ \mathrm{i} & 0 & 0 \\ 0 & 0 & 0 \end{pmatrix}, \quad (3.19)$$

且有

$$[\hat{J}_i, \hat{J}_j] = \mathrm{i}\epsilon_{ijk}\hat{J}_k. \tag{3.26}$$

另外, 由于 E_3 空间是希尔伯特空间, 正交变换算符也是幺正的, 而 $\hat{J}_i$ 确实是厄米的, 所以这也与之前讨论的幺正算符总可以由厄米算符生成相符.

角动量算符各分量之间的不可对易性至少说明了两点. 首先, 从群论角度, 角动量算符是欧氏空间转动群的生成元, 它的不对易性说明了绕着不同轴做转动的顺序是不可交换的, 这一点在 3.4 节中我们已经看到; 其次, 从量子力学的观测角度, 不对易性导致了任意两个角动量分量算符不存在共同的本征态, 也就是说不可能同时测量出 $\hat{J}_x$、$\hat{J}_y$、$\hat{J}_z$ 这三个力学量的平均值. 同理, 由于存在以下对易关系:

$$[\hat{J}_i, \hat{x}_j] = \mathrm{i}\epsilon_{ijk}\hat{x}_k, \quad [\hat{J}_i, \hat{p}_j] = \mathrm{i}\epsilon_{ijk}\hat{p}_k,$$

同时测量 $\hat{J}_x$、$\hat{p}_y$ 和 z 也是不可能的.

但鉴于 $\hat{J}_z$ 和 $\hat{J}^2$ 对易, 我们可以定义两个算符的共同本征态 $|j, m\rangle$, 其中 m 是 $\hat{J}_z$ 的本征值 (即 $\hat{J}_z|j, m\rangle = m|j, m\rangle$), 而 $\hat{J}^2$ 的本征值则可能与 m 及另一个量子数 j 有关[①]. 为了能够更方便地处理下面的问题, 定义两个新的算符

$$\begin{aligned} \hat{J}_+ &= \hat{J}_x + \mathrm{i}\hat{J}_y, \\ \hat{J}_- &= \hat{J}_x - \mathrm{i}\hat{J}_y. \end{aligned} \tag{5.3}$$

---

① 根据经典理论的直接推广, $\hat{J}^2$ 的本征值应该和 m 无关, 后面我们将会看到确实如此.

它们称为升降算符. 计算 $\hat{J}_+$、$\hat{J}_-$、$\hat{J}_z$ 和 $\hat{J}^2$ 之间的对易关系, 可得

$$[\hat{J}_z, \hat{J}_+] = \hat{J}_+, \tag{5.4}$$

$$[\hat{J}_z, \hat{J}_-] = -\hat{J}_-, \tag{5.5}$$

$$[\hat{J}_+, \hat{J}_-] = 2\hat{J}_z, \tag{5.6}$$

$$[\hat{J}^2, \hat{J}_\pm] = 0. \tag{5.7}$$

假设 $\hat{J}_z$ 的一个本征值为 m 的本征态是 $|m\rangle$, 因此有

$$\hat{J}_z |m\rangle = m |m\rangle.$$

利用上面第一个对易关系, 马上得到

$$\begin{aligned}
\hat{J}_z \hat{J}_+ |m\rangle &= (\hat{J}_+ \hat{J}_z + [\hat{J}_z, \hat{J}_+]) |m\rangle \\
&= \hat{J}_+ \hat{J}_z |m\rangle + \hat{J}_+ |m\rangle \\
&= (m+1) \hat{J}_+ |m\rangle.
\end{aligned}$$

即

$$\hat{J}_z (\hat{J}_+ |m\rangle) = (m+1)(\hat{J}_+ |m\rangle). \tag{5.8}$$

考虑到

$$\hat{J}_z |m+1\rangle = (m+1) |m+1\rangle, \tag{5.9}$$

可知 $\hat{J}_+ |m\rangle$ 也是 $\hat{J}_z$ 的一个本征态, 且本征值为 $m+1$, 所以可令

$$\hat{J}_+ |m\rangle = c_{m+1} |m+1\rangle, \tag{5.10}$$

其中 c_{m+1} 是一个待定常数. 同理, 对 $\hat{J}_-$ 有

$$\begin{aligned}
\hat{J}_z \hat{J}_- |m\rangle &= (\hat{J}_- \hat{J}_z + [\hat{J}_z, \ \hat{J}_-]) |m\rangle \\
&= (\hat{J}_- \hat{J}_z - \hat{J}_-) |m\rangle \\
&= (m-1) \hat{J}_- |m\rangle.
\end{aligned}$$

于是可设

$$\hat{J}_- |m\rangle = b_{m-1} |m-1\rangle,$$

其中 b_{m-1} 也是一个待定常数. 可以看到 $\hat{J}_+$ 和 $\hat{J}_-$ 算符作用在 $\hat{J}_z$ 的本征态 $|m\rangle$ 上, 分别会将其变成本征值为 $m+1$ 和 $m-1$ 的本征态, 这也是其升降算符名称的由来. 要注意, 虽然 $\hat{J}_x$、$\hat{J}_y$ 均为厄米算符, 但

$$\hat{J}_+^\dagger = (\hat{J}_x + \mathrm{i}\hat{J}_y)^\dagger = \hat{J}_x - \mathrm{i}\hat{J}_y = \hat{J}_-,$$

因而 $\hat{J}_\pm$ 都不是厄米算符, 不与力学可观测量对应.

将式 (5.10) 与 $\langle m+1|$ 做内积, 有

$$\langle m+1|\,\hat{J}_+\,|m\rangle = c_{m+1}\,\langle m+1|m+1\rangle = c_{m+1}.$$

对上式两边同时取共轭转置, 即得

$$
\begin{aligned}
c_{m+1}^* &= (\langle m+1|\,\hat{J}_+\,|m\rangle^*)^{\mathrm{T}} \\
&= \langle m|\,(\hat{J}_+)^\dagger\,|m+1\rangle \\
&= \langle m|\,\hat{J}_-\,|m+1\rangle \\
&= b_m\,\langle m|m\rangle \\
&= b_m.
\end{aligned}
$$

这里利用了厄米共轭算符的定义 $\hat{A}^\dagger = (\hat{A}^*)^{\mathrm{T}}$. 于是我们得到

$$\hat{J}_+\,|m\rangle = c_{m+1}\,|m+1\rangle\,, \quad \hat{J}_-\,|m\rangle = c_m^*\,|m-1\rangle\,,$$

进而有

$$\hat{J}_+\hat{J}_-\,|m\rangle = c_m^*\hat{J}_+\,|m-1\rangle = c_m^* c_m\,|m\rangle = |c_m|^2\,|m\rangle\,,$$

$$\hat{J}_-\hat{J}_+\,|m\rangle = c_{m+1}\hat{J}_-\,|m=1\rangle = c_{m+1}c_{m+1}^*\,|m\rangle = |c_{m+1}|^2\,|m\rangle\,.$$

为了建立 c_m 和 c_{m+1} 之间的递推关系, 可以利用 $[\hat{J}_+, \hat{J}_-] = 2\hat{J}_z$, 于是

$$
\begin{aligned}
|c_m|^2 - |c_{m+1}|^2 &= \langle m|\,|c_m|^2 - |c_{m+1}|^2\,|m\rangle \\
&= \langle m|\,\hat{J}_-\hat{J}_+ - \hat{J}_+\hat{J}_-\,|m\rangle \\
&= \langle m|\,[\hat{J}_+, \hat{J}_-]\,|m\rangle \\
&= \langle m|\,2\hat{J}_z\,|m\rangle \\
&= 2m. \tag{5.11}
\end{aligned}
$$

上面已经看到 $\hat{J}_+$ 作用在 $|m\rangle$ 之后会变成 $|m+1\rangle$，$\hat{J}_-$ 作用在 $|m\rangle$ 之后会变成 $|m-1\rangle$，那么一个自然的问题便是 m 是否有上下界？考虑到 $\hat{J}_x$ 和 $\hat{J}_y$ 均为厄米算符，因而 $\left\langle \hat{J}_x \right\rangle$ 和 $\left\langle \hat{J}_y \right\rangle$ 为实数，所以

$$\left\langle \hat{J}_x \right\rangle^2 + \left\langle \hat{J}_y \right\rangle^2 \geqslant 0.$$

前面已经证明过，对于任意厄米算符 $\hat{H}$ 有

$$\left\langle \hat{H}^2 \right\rangle - \left\langle \hat{H} \right\rangle^2 \geqslant 0, \tag{4.66}$$

所以

$$\left\langle \hat{J}_x^2 \right\rangle + \left\langle \hat{J}_y^2 \right\rangle \geqslant \left\langle \hat{J}_x \right\rangle^2 + \left\langle \hat{J}_y \right\rangle^2 \geqslant 0.$$

而因为

$$\left\langle \hat{J}^2 - \hat{J}_z^2 \right\rangle = \left\langle \hat{J}_x^2 + \hat{J}_y^2 \right\rangle = \left\langle \hat{J}_x^2 \right\rangle + \left\langle \hat{J}_y^2 \right\rangle,$$

于是有

$$\left\langle \hat{J}^2 - \hat{J}_z^2 \right\rangle = \left\langle \hat{J}^2 \right\rangle - m^2 \geqslant 0, \tag{5.12}$$

即

$$-\sqrt{\left\langle \hat{J}^2 \right\rangle} \leqslant m \leqslant \sqrt{\left\langle \hat{J}^2 \right\rangle}.$$

式 (5.12) 利用了 $\left\langle \hat{J}_z^2 \right\rangle = \langle m| \hat{J}_z^2 |m\rangle = m \langle m| \hat{J}_z |m\rangle = m^2$. 上式表明 m 是存在上下界的. 设 m 的上限是 j，则有

$$\hat{J}_+ |j\rangle = c_{j+1} |j+1\rangle = 0. \tag{5.13}$$

于是我们便得到了一个递推关系的初始条件：$c_{j+1} = 0$. 利用之前的递推关系式 (5.11)，可得

$$|c_j|^2 = |c_{j+1}|^2 + 2j = 2j,$$

$$|c_{j-1}|^2 = |c_j|^2 + 2(j-1) = 2[j + (j-1)],$$

$$\cdots\cdots$$

$$|c_{j-s}|^2 = 2[j + (j-1) + (j-2) + \cdots + (j-s)] = (2j-s)(s+1),$$

$$\cdots\cdots$$

$$|c_{-(j-1)}|^2 = 2j,$$

$$|c_{-j}|^2 = 0.$$

其中 $0 \leqslant s \leqslant 2j$, $s \in \mathbb{N}$. 通过对 c_m 的计算, 可以得出以下两个结论:

(1) m 的取值范围是 $-j, -(j-1), \cdots, j-1, j$ 这 $2j+1$ 个数;

(2) 如果不考虑相位因子 $e^{\mathrm{i}\phi}$, 分别令 $j-s = m+1$ 和 $j-s = m$, 那么我们有

$$\hat{J}_+ |m\rangle = c_{m+1} |m+1\rangle = \sqrt{(j-m)(j+m+1)} |m+1\rangle,$$

$$\hat{J}_- |m\rangle = c_m^* |m-1\rangle = \sqrt{(j+m)(j-m+1)} |m-1\rangle.$$

注意到 $\hat{J}^2$ 可以写成

$$\hat{J}^2 = \frac{1}{2}(\hat{J}_+ \hat{J}_- + \hat{J}_- \hat{J}_+) + \hat{J}_z^2,$$

所以利用上面的结论很容易计算出 $\hat{J}^2$ 的本征值

$$
\begin{aligned}
\hat{J}^2 |j, m\rangle &= \left[\frac{1}{2}(\hat{J}_+ \hat{J}_- + \hat{J}_- \hat{J}_+) + \hat{J}_z^2\right] |j, m\rangle \\
&= \left[\frac{1}{2}\left(|c_m|^2 + |c_{m+1}|^2\right) + m^2\right] |j, m\rangle \\
&= j(j+1) |j, m\rangle.
\end{aligned}
\tag{5.14}
$$

由此, $\hat{J}^2$ 的本征值事实上只与 j 有关, 而与 m 无关, 这也就是说 $\hat{J}_z$ 和 $\hat{J}^2$ 的本征值相互独立. 并且注意到 $\hat{J}^2$ 的本征值并不等于 j^2, 这是因为 $\hat{J}^2$ 是由三个互相不对易的算符的平方构成的. 至此, $\hat{J}_z$、$\hat{J}^2$ 和 $\hat{J}_\pm$ 的本征值都已求出, 总结如下:

$$\hat{J}_z |j, m\rangle = m |j, m\rangle, \tag{5.15}$$

$$\hat{J}^2 |j, m\rangle = j(j+1) |j, m\rangle, \tag{5.16}$$

$$\hat{J}_+ |j, m\rangle = \sqrt{(j-m)(j+m+1)} |j, m+1\rangle, \tag{5.17}$$

$$\hat{J}_- |j,m\rangle = \sqrt{(j+m)(j-m+1)} |j,m-1\rangle. \tag{5.18}$$

关于 $\hat{J}_\pm$ 本征值的计算, 也可以采用另一种方法. 假设 m 存在上下界, 设其可以取到的最大值为 m_+, 最小值为 m_-, 则

$$\hat{J}_+ |j,m_+\rangle = 0, \quad \hat{J}_- |j,m_-\rangle = 0.$$

另外, 由于升降算符满足

$$\hat{J}_- \hat{J}_+ = \hat{J}_x^2 + \hat{J}_y^2 - \mathrm{i}[\hat{J}_x, \hat{J}_y] = \hat{J}^2 - \hat{J}_z^2 - \hat{J}_z,$$

$$\hat{J}_+ \hat{J}_- = \hat{J}_x^2 + \hat{J}_y^2 + \mathrm{i}[\hat{J}_x, \hat{J}_y] = \hat{J}^2 - \hat{J}_z^2 + \hat{J}_z,$$

所以如果令

$$\hat{J}^2 |j,m\rangle = \lambda |j,m\rangle,$$

则得

$$0 = \hat{J}_- \hat{J}_+ |j,m_+\rangle$$
$$= (\hat{J}^2 - \hat{J}_z^2 - \hat{J}_z) |j,m_+\rangle$$
$$= (\lambda - m_+^2 - m_+) |j,m_+\rangle,$$

$$0 = \hat{J}_+ \hat{J}_- |j,m_-\rangle$$
$$= (\hat{J}^2 - \hat{J}_z^2 + \hat{J}_z) |j,m_-\rangle$$
$$= (\lambda - m_-^2 + m_-) |j,m_-\rangle.$$

整理后有

$$\begin{cases} \lambda = m_+(m_+ + 1), \\ \lambda = m_-(m_- - 1). \end{cases}$$

以上方程组有解

$$m_+ = \begin{cases} m_- - 1 \ (\text{与} m_+ \geqslant m_- \text{矛盾}), \\ -m_-, \end{cases}$$

所以

$$m_+ = -m_- = j,$$

从而

$$\lambda = j(j+1). \tag{5.19}$$

而

$$
\begin{aligned}
\mid c_{m+1} \mid^2 &= \left\langle j,m \mid \hat{J}_- \hat{J}_+ \mid j,m \right\rangle \\
&= \left\langle j,m \mid \hat{J}^2 - \hat{J}_z^2 - \hat{J}_z \mid j,m \right\rangle \\
&= j(j+1) - m^2 - m,
\end{aligned}
$$

所以

$$c_{m+1} = \sqrt{(j-m)(j+m+1)}. \tag{5.20}$$

同理可以证明

$$c_m^* = b_{m-1} = \sqrt{(j+m)(j-m+1)}. \tag{5.21}$$

在 5.3 节中我们将看到, 在球坐标下, 求解本征值

$$\hat{J}^2 \left| j,m \right\rangle = \lambda \left| j,m \right\rangle, \quad \hat{J}_z \left| j,m \right\rangle = m \left| j,m \right\rangle,$$

实质上是求解二阶偏微分方程

$$-\left(\frac{1}{\sin\theta} \frac{\partial}{\partial\theta} \sin\theta \frac{\partial}{\partial\theta} + \frac{1}{\sin^2\theta} \frac{\partial^2}{\partial\phi^2} \right) \left| j,m \right\rangle = \lambda \left| j,m \right\rangle,$$

$$-\mathrm{i}\frac{\partial}{\partial\phi} \left| j,m \right\rangle = m \left| j,m \right\rangle$$

的过程. 而本节中, 我们从角动量算符的李代数关系

$$[\hat{J}_i, \hat{J}_j] = \mathrm{i}\epsilon_{ijk}\hat{J}_k$$

出发, 使用完全基于代数的方法得到了角动量算符 $\hat{J}^2$ 的本征值, 其结果由 $SO(3)$ 李代数的结构常数 ϵ_{ijk} 决定. 这种方法避开了数理方程的求解, 极大地简化了求解过程.

5.2　角动量和转动的矩阵表示

从 5.1 节中我们知道 $\left| j,m \right\rangle$ 是 $\hat{J}^2$ 和 $\hat{J}_z$ 共同的本征态, 因此它们构成一组基矢, 我们可以利用这组基矢来张成一个希尔伯特空间, 这个空间称为角动量空间. 线性代数理论告诉我们不同本征态之间是互相正交的, 所以在 j 固定的情况

下, $\{|j,m\rangle\}$ 不仅是基矢, 还是角动量空间中的一组正交基, 简记为 $\{|m\rangle\}$[①]. 鉴于 m 的取值范围是从 $-j$ 到 j, 所以由它张成的角动量空间应该是 $2j+1$ 维, 因此利用 $\{|m\rangle\}$ 这组正交基, 我们可以给出角动量算符的 $(2j+1)$ 阶矩阵表示.

因为 $|j,m\rangle$ 是 $\hat{J}^2$、$\hat{J}_z$ 共同的本征态, 所以 $\hat{J}_z$ 和 $\hat{J}^2$ 可以同时在这组基下被对角化, 也即算符 $\hat{J}_z$ 和 $\hat{J}^2$ 在这组基下的矩阵表示应该是对角阵, 对角线上的元素为对应的本征值, 即

$$(\hat{J}_z)_{m,n} = \langle m| \hat{J}_z |n\rangle = m\delta_{m,n},$$
$$\hat{J}^2_{m,n} = \langle m| \hat{J}^2 |n\rangle = j(j+1)\delta_{m,n}.$$

这里, m 表示行指标, n 表示列指标, 取值都是 $1,2,3,\cdots,2j,2j+1$, 以下同理. 在这组基下 $\hat{J}_+$ 和 $\hat{J}_-$ 分别表示为

$$\begin{aligned}(\hat{J}_+)_{m,n} &= \langle m| \hat{J}_+ |n\rangle \\ &= \sqrt{(j-n)(j+n+1)} \langle m|n+1\rangle \\ &= \sqrt{(j-n)(j+n+1)}\delta_{m,n+1},\end{aligned}$$

和

$$\begin{aligned}(\hat{J}_-)_{m,n} &= \langle m| \hat{J}_- |n\rangle \\ &= \sqrt{(j+n)(j-n+1)} \langle m|n-1\rangle \\ &= \sqrt{(j+n)(j-n+1)}\delta_{m,n-1}.\end{aligned}$$

通过 $\hat{J}_\pm$ 的线性组合, 我们可以得到 $\hat{J}_x$ 和 $\hat{J}_y$ 分别表示为

$$\begin{aligned}(\hat{J}_x)_{m,n} &= \frac{1}{2}(\hat{J}_+ + \hat{J}_-)_{m,n} \\ &= \frac{1}{2}[\sqrt{(j-n)(j+n+1)}\delta_{m,n+1} + \sqrt{(j+n)(j-n+1)}\delta_{m,n-1}],\end{aligned}$$
$$\begin{aligned}(\hat{J}_y)_{m,n} &= \frac{1}{2\mathrm{i}}(\hat{J}_+ - \hat{J}_-)_{m,n} \\ &= \frac{1}{2\mathrm{i}}[\sqrt{(j-n)(j+n+1)}\delta_{m,n+1} - \sqrt{(j+n)(j-n+1)}\delta_{m,n-1}].\end{aligned}$$

至此我们得到了所有角动量算符矩阵表示的一般形式. 接下来我们取几个 j 的特殊值来进一步讨论.

---

① 我们默认 $\{|m\rangle\}$ 也是归一的, 即 $\langle n \mid m\rangle = \delta_{m,n}$.

首先以 $j = \dfrac{1}{2}$ 为例, 这时基矢 $|j, m\rangle$ 只有两个, 即

$$\left| \frac{1}{2}, \frac{1}{2} \right\rangle, \quad \left| \frac{1}{2}, -\frac{1}{2} \right\rangle. \tag{5.22}$$

代入矩阵表示的一般形式中, 对于 $\hat{J}_z$ 我们有

$$\left\langle \frac{1}{2}, \frac{1}{2} \right| \hat{J}_z \left| \frac{1}{2}, \frac{1}{2} \right\rangle = \frac{1}{2}, \quad \left\langle \frac{1}{2}, -\frac{1}{2} \right| \hat{J}_z \left| \frac{1}{2}, -\frac{1}{2} \right\rangle = -\frac{1}{2},$$

$$\left\langle \frac{1}{2}, \frac{1}{2} \right| \hat{J}_z \left| \frac{1}{2}, -\frac{1}{2} \right\rangle = \left\langle \frac{1}{2}, -\frac{1}{2} \right| \hat{J}_z \left| \frac{1}{2}, \frac{1}{2} \right\rangle = 0.$$

对于 $\hat{J}_x$ 有

$$\left\langle \frac{1}{2}, \frac{1}{2} \right| \hat{J}_x \left| \frac{1}{2}, \frac{1}{2} \right\rangle = \left\langle \frac{1}{2}, -\frac{1}{2} \right| \hat{J}_x \left| \frac{1}{2}, -\frac{1}{2} \right\rangle = 0,$$

$$\left\langle \frac{1}{2}, \frac{1}{2} \right| \hat{J}_x \left| \frac{1}{2}, -\frac{1}{2} \right\rangle = \left\langle \frac{1}{2}, -\frac{1}{2} \right| \hat{J}_x \left| \frac{1}{2}, \frac{1}{2} \right\rangle = \frac{1}{2}.$$

对于 $\hat{J}_y$ 有

$$\left\langle \frac{1}{2}, \frac{1}{2} \right| \hat{J}_y \left| \frac{1}{2}, \frac{1}{2} \right\rangle = \left\langle \frac{1}{2}, -\frac{1}{2} \right| \hat{J}_y \left| \frac{1}{2}, -\frac{1}{2} \right\rangle = 0,$$

$$\left\langle \frac{1}{2}, \frac{1}{2} \right| \hat{J}_y \left| \frac{1}{2}, -\frac{1}{2} \right\rangle = \frac{1}{2\mathrm{i}}, \quad \left\langle \frac{1}{2}, -\frac{1}{2} \right| \hat{J}_y \left| \frac{1}{2}, \frac{1}{2} \right\rangle = -\frac{1}{2\mathrm{i}}.$$

如果取

$$\left| \frac{1}{2}, \frac{1}{2} \right\rangle = \begin{pmatrix} 1 \\ 0 \end{pmatrix}, \quad \left| \frac{1}{2}, -\frac{1}{2} \right\rangle = \begin{pmatrix} 0 \\ 1 \end{pmatrix}.$$

则 $\hat{J}_x$、$\hat{J}_y$ 和 $\hat{J}_z$ 的矩阵表示就是

$$\hat{J}_x = \frac{1}{2} \begin{pmatrix} 0 & 1 \\ 1 & 0 \end{pmatrix}, \quad \hat{J}_y = \frac{1}{2} \begin{pmatrix} 0 & -\mathrm{i} \\ \mathrm{i} & 0 \end{pmatrix}, \quad \hat{J}_z = \frac{1}{2} \begin{pmatrix} 1 & 0 \\ 0 & -1 \end{pmatrix}.$$

很容易发现

$$J_i = \frac{1}{2} \sigma_i, \tag{5.23}$$

其中

$$\sigma_x = \begin{pmatrix} 0 & 1 \\ 1 & 0 \end{pmatrix}, \quad \sigma_y = \begin{pmatrix} 0 & -\mathrm{i} \\ \mathrm{i} & 0 \end{pmatrix}, \quad \sigma_z = \begin{pmatrix} 1 & 0 \\ 0 & -1 \end{pmatrix} \tag{3.31}$$

就是第 3 章中介绍过的泡利矩阵.

而当 $j = 1$ 时, 有三个基矢 $|j,m\rangle$, 分别为

$$|1,1\rangle, \quad |1,0\rangle, \quad |1,-1\rangle.$$

所以自然可以想到这时角动量的矩阵表示应该是 3×3 的方阵. 如果取

$$|1,1\rangle = \begin{pmatrix} 1 \\ 0 \\ 0 \end{pmatrix}, \quad |1,0\rangle = \begin{pmatrix} 0 \\ 1 \\ 0 \end{pmatrix}, \quad |1,-1\rangle = \begin{pmatrix} 0 \\ 0 \\ 1 \end{pmatrix},$$

与上面的过程类似, 可得

$$\hat{J}_z = \begin{pmatrix} 1 & 0 & 0 \\ 0 & 0 & 0 \\ 0 & 0 & -1 \end{pmatrix}, \quad \hat{J}_x = \frac{1}{\sqrt{2}} \begin{pmatrix} 0 & 1 & 0 \\ 1 & 0 & 1 \\ 0 & 1 & 0 \end{pmatrix}, \quad \hat{J}_y = \frac{1}{\sqrt{2}} \begin{pmatrix} 0 & -\mathrm{i} & 0 \\ \mathrm{i} & 0 & -\mathrm{i} \\ 0 & \mathrm{i} & 0 \end{pmatrix}. \tag{5.24}$$

具体的计算留作习题.

有了角动量的矩阵表示, 我们便可以进一步讨论转动变换本身的矩阵表示. 3.4节中我们提到, 在力学系统中我们一般用欧拉角来表示三维转动, 如图 5.1 所示, 有

$$R(\alpha, \beta, \gamma) = R_z(\alpha) R_y(\beta) R_z(\gamma) = \mathrm{e}^{-\mathrm{i}\alpha J_z} \mathrm{e}^{-\mathrm{i}\beta J_y} \mathrm{e}^{-\mathrm{i}\gamma J_z}. \tag{3.24}$$

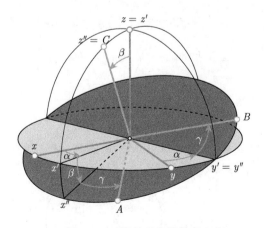

图 5.1 三维转动和欧拉角

容易证明转动变换是幺正的, 因而将其记作

$$\hat{U}(R_{\alpha,\beta,\gamma}) = e^{-i\alpha\hat{J}_z}e^{-i\beta\hat{J}_y}e^{-i\gamma\hat{J}_z}.$$

因为 $|j,m\rangle$ 是 $\hat{J}^2$ 和 $\hat{J}_z$ 的共同本征态, 而 $[\hat{J}^2, \hat{J}_i] = 0$, $[\hat{J}_i, \hat{J}_j] = i\epsilon_{ijk}\hat{J}_k$, 所以

$$[\hat{J}^2, \hat{U}(R_{\alpha,\beta,\gamma})] = 0, \quad [\hat{J}_z, \hat{U}(R_{\alpha,\beta,\gamma})] \neq 0.$$

故 $\hat{U}(R_{\alpha,\beta,\gamma})|j,m\rangle$ 是 $\hat{J}^2$ 的本征态, 但并不是 $\hat{J}_z$ 的本征态, 即

$$\hat{J}^2\hat{U}(R_{\alpha,\beta,\gamma})|j,m\rangle = \hat{U}(R_{\alpha,\beta,\gamma})\hat{J}^2|j,m\rangle$$
$$= j(j+1)\hat{U}(R_{\alpha,\beta,\gamma})|j,m\rangle.$$

如果我们可以把 $\hat{U}(R_{\alpha,\beta,\gamma})|j,m\rangle$ 按基矢 $|j,m\rangle$ 线性展开, 即

$$\hat{U}(R_{\alpha,\beta,\gamma})|j,m\rangle = \sum_{m'=-j}^{j} D_{m'm}^{(j)}|j,m'\rangle,$$

其中

$$D_{m'm}^{(j)} = \left\langle jm'|\hat{U}(R_{\alpha,\beta,\gamma})|j,m\right\rangle.$$

这便是转动 $\hat{R}$ 的矩阵表示, 它是一个 $2j+1$ 阶的方阵, 称为转动矩阵 $D^{(j)}(\alpha,\beta,\gamma)$.

因为在构造矩阵表示时选取的基 $|j,m\rangle$ 是 $\hat{J}_z$ 的本征态, 所以选用欧拉角描述一般转动会有显著的优势. 利用 $\hat{J}_z|j,m\rangle = m|j,m\rangle$, 我们有

$$D_{m'm}^{(j)} = \left\langle j,m'|\hat{U}(R_{\alpha,\beta,\gamma})|j,m\right\rangle$$
$$= \left\langle j,m'|e^{-i\alpha\hat{J}_z}e^{-i\beta\hat{J}_y}e^{-i\gamma\hat{J}_z}|j,m\right\rangle$$
$$= e^{-im'\alpha}e^{-im\gamma}\left\langle j,m'|e^{-i\beta\hat{J}_y}|j,m\right\rangle.$$

定义

$$\left\langle j,m'|e^{-i\beta\hat{J}_y}|j,m\right\rangle = d_{m'm}^{(j)}(\beta), \tag{5.25}$$

这就是维格纳转动函数 (Wigner function), 或者称为推广的球谐函数. 可见维格纳转动函数依赖于 $\hat{J}_y$ 的具体表示. 当 $j=1/2$ 和 $j=1$ 时有

$$d_{m'm}^{(1/2)}(\beta) = \begin{pmatrix} \cos\dfrac{\beta}{2} & \sin\dfrac{\beta}{2} \\ -\sin\dfrac{\beta}{2} & \cos\dfrac{\beta}{2} \end{pmatrix}, \tag{5.26}$$

$$
d^{(1)}_{m'm}(\beta) = \begin{pmatrix} \dfrac{1+\cos\beta}{2} & \dfrac{\sin\beta}{\sqrt{2}} & \dfrac{1-\cos\beta}{2} \\[3mm] \dfrac{-\sin\beta}{\sqrt{2}} & \cos\beta & \dfrac{\sin\beta}{\sqrt{2}} \\[3mm] \dfrac{1-\cos\beta}{2} & \dfrac{-\sin\beta}{\sqrt{2}} & \dfrac{1+\cos\beta}{2} \end{pmatrix}. \tag{5.27}
$$

其他 j 值的结果可以通过查图 5.2[①]得到.

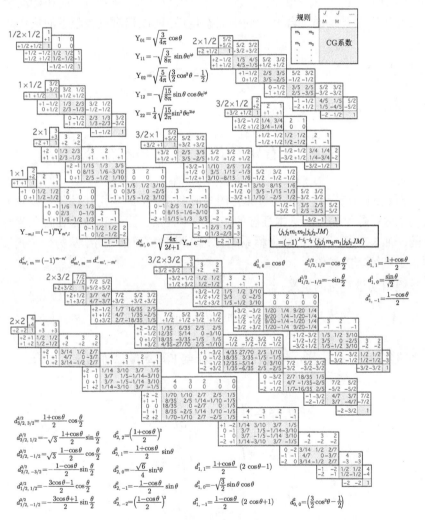

注: 图中所有 CG 系数均省略根号, 例如图中的 $-1/2$ 表示 $-\sqrt{1/2}$.

图 5.2　部分 CG 系数、球谐函数和维格纳函数

---

① Workman R L, et al. (Particle Data Group). Prog. Theor. Exp. Phys., 2022, 083C01. 2022.

维格纳转动函数描述了对一个角动量系统做空间转动的具体形式, 合理应用维格纳函数, 可以在如自旋关联等物理问题中极大简化对问题的理解. 例如, 传递带电流的弱相互作用的规范玻色子 $W^{\pm}$, 自旋为 1, 在轻子衰变

$$W^+ \longrightarrow e^+ \nu_e$$

中, 不同的极化的 W 衰变的振幅, 就完全可以用 $d_{m'm}^{(1)}$ 来描述. 而在标准模型下, 基本相互作用主要是通过自旋 1 的中间态传递, 所以相对论极限下的极化态散射, 例如

$$e^+ + e^- \longrightarrow \mu^+ + \mu^-$$

也可以和这个函数联系起来.

5.3 再看角动量算符及其本征态

前面我们讨论了几个角动量算符的矩阵表示, 由此利用线性代数知识和算符的对易关系, 得到了角动量本征态的一些基本性质. 上述讨论是在直角坐标系下进行的. 而本节, 我们将在球坐标系中讨论角动量算符的表示, 从另一个角度理解前面关于本征态的讨论.

按照角动量算符的定义

$$\hat{J}_i = i\epsilon_{ijk}\hat{x}_j\hat{p}_k, \tag{5.2}$$

代入动量算符 $\hat{p}_x = -i\dfrac{\partial}{\partial x}$, 可得在直角坐标系下角动量算符的具体表示

$$\hat{J}_x = -i\left(y\frac{\partial}{\partial z} - z\frac{\partial}{\partial y}\right),$$

$$\hat{J}_y = -i\left(z\frac{\partial}{\partial x} - x\frac{\partial}{\partial z}\right),$$

$$\hat{J}_z = -i\left(x\frac{\partial}{\partial y} - y\frac{\partial}{\partial x}\right).$$

再由直角坐标系与球坐标系 (r, θ, ϕ) 之间的坐标变换关系

$$x = r\sin\theta\cos\phi, \quad y = r\sin\theta\sin\phi, \quad z = r\cos\theta,$$

容易得到球坐标系下的角动量算符

$$\hat{J}_x = \mathrm{i}\left(\sin\phi\frac{\partial}{\partial\theta} + \cot\theta\cos\phi\frac{\partial}{\partial\phi}\right),$$

$$\hat{J}_y = \mathrm{i}\left(-\cos\phi\frac{\partial}{\partial\theta} + \cot\theta\sin\phi\frac{\partial}{\partial\phi}\right), \tag{5.28}$$

$$\hat{J}_z = -\mathrm{i}\frac{\partial}{\partial\phi}.$$

之前我们已经讨论论过, 角动量算符构成了保证距离不变的三维转动群 $SO(3)$ 的李代数, 其中总角动量的模平方 $\hat{J}^2 = \sum_i \hat{J}_i\hat{J}_i$ 定义为李代数的卡西米尔算符, 它满足

$$[\hat{J}^2, \hat{J}_i] = 0. \tag{4.71}$$

易得 $\hat{J}^2$ 在球坐标系中的具体形式为

$$\hat{J}^2 = -\left(\frac{1}{\sin\theta}\frac{\partial}{\partial\theta}\left(\sin\theta\frac{\partial}{\partial\theta}\right) + \frac{1}{\sin^2\theta}\frac{\partial^2}{\partial\phi^2}\right). \tag{5.29}$$

利用 $\hat{J}^2$ 的定义, 我们还可以直接推导出拉普拉斯算符 (Laplacian operator)Δ 的性质. 考虑到在直角坐标系中

$$\hat{J}^2 = \sum_i \hat{J}_i\hat{J}_i = \sum_{ijklm} \epsilon_{ijk}\epsilon_{ilm}\hat{x}_j\hat{p}_k\hat{x}_l\hat{p}_m,$$

而

$$\sum_i \epsilon_{ijk}\epsilon_{ilm} = \delta_{jl}\delta_{km} - \delta_{jm}\delta_{kl},$$

所以

$$\hat{J}^2 = \sum_{jk}\left(\hat{x}_j\hat{p}_k\hat{x}_j\hat{p}_k - \hat{x}_j\hat{p}_k\hat{x}_k\hat{p}_j\right). \tag{5.30}$$

代入 $\hat{p}_i = -\mathrm{i}\dfrac{\partial}{\partial x_i}$, $[\hat{x}_j,\ \hat{p}_k] = \mathrm{i}\delta_{jk}$, 得

$$-\sum_{jk}\hat{x}_j\hat{p}_k\hat{x}_j\hat{p}_k = \sum_{jk}x_j^2\frac{\partial^2}{\partial x_k^2} + \sum_j x_j\frac{\partial}{\partial x_j},$$

以及

$$-\sum_{jk}\hat{x}_j\hat{p}_k\hat{x}_k\hat{p}_j = \sum_{jk}x_k\frac{\partial}{\partial x_k}x_j\frac{\partial}{\partial x_j} + 3\sum_j x_j\frac{\partial}{\partial x_j} - \sum_j x_j\frac{\partial}{\partial x_j}.$$

代回式 (5.30), 整理后得

$$\hat{J}^2 = -\left(r^2\Delta - r\frac{\partial}{\partial r}r\frac{\partial}{\partial r} - r\frac{\partial}{\partial r} \right) = -\left(r^2\Delta - \frac{\partial}{\partial r}r^2\frac{\partial}{\partial r} \right),$$

其中 $r = \sqrt{\sum_j = x_j^2}$ 就是球坐标中的矢径. 由此, 三维球坐标系中的拉普拉斯算符为

$$\Delta = \frac{1}{r^2}\frac{\partial}{\partial r}r^2\frac{\partial}{\partial r} - \frac{\hat{J}^2}{r^2}. \tag{5.31}$$

代入球坐标下的动量算符

$$\hat{p}_r = -\mathrm{i}\left(\frac{\partial}{\partial r} + \frac{1}{r} \right),$$

$$\hat{p}_r^2 = -\frac{1}{r^2}\frac{\partial}{\partial r}r^2\frac{\partial}{\partial r} = -\frac{1}{r}\frac{\partial^2}{\partial r^2}r,$$

则可以把三维球坐标中一个粒子的哈密顿量写成

$$\hat{H} = -\frac{\Delta}{2m_0} + U(\boldsymbol{r}) = \frac{\hat{p}_r^2}{2m_0} + \frac{\hat{J}^2}{2m_0 r^2} + U(\boldsymbol{r}). \tag{5.32}$$

研究球对称的量子力学系统, 通常就是通过求解包含以上拉普拉斯算符的薛定谔方程, 找到其本征态函数及对应的本征值 (即能级).

另外, 根据哈密顿量和角动量算符的性质, 我们不难看出, 如果势能不是角度 θ 和 ϕ 的函数, 则

$$[\hat{J}^2, \hat{J}_i] = 0 \Rightarrow [\hat{H}, \hat{J}_i] = 0. \tag{5.33}$$

这意味着角动量的分量都是守恒量. 鉴于角动量算符是三维转动群 $SO(3)$ 的生成元, 所以有

$$[\hat{H}, \hat{U}(R_{\alpha,\beta,\gamma})] = 0,$$

因此该系统具有转动对称性, 即在三维转动下保持不变.

最后再来讨论球坐标系中角动量算符本征态的具体形式. 由于

$$\hat{J}_z = -\mathrm{i}\frac{\partial}{\partial \phi}, \quad \hat{J}_z|j,m\rangle = m|j,m\rangle,$$

容易推知 $\hat{J}_z$ 的本征态必有如下形式:

$$|j,m\rangle = \psi_{jm}(\theta)\mathrm{e}^{\mathrm{i}m\phi}.$$

另外, 利用 $\hat{J}_x$ 和 $\hat{J}_y$ 的具体表示 (5.28), 可得球坐标系中的升、降算符分别为

$$\hat{J}_+ = e^{i\phi}\left(\frac{\partial}{\partial\theta} + i\cot\theta\frac{\partial}{\partial\phi}\right),$$
$$\hat{J}_- = e^{-i\phi}\left(-\frac{\partial}{\partial\theta} + i\cot\theta\frac{\partial}{\partial\phi}\right). \tag{5.34}$$

将其作用在 $|j,m\rangle$ 上可得

$$\hat{J}_+|j,m\rangle = \sqrt{(j-m)(j+m+1)}\,|j,m+1\rangle$$
$$= e^{i(m+1)\phi}\left(\frac{\partial}{\partial\theta} - m\cot\theta\right)\psi_{jm}(\theta),$$

$$\hat{J}_-|j,m\rangle = \sqrt{(j+m)(j-m+1)}\,|j,m-1\rangle$$
$$= e^{i(m-1)\phi}\left(-\frac{\partial}{\partial\theta} - m\cot\theta\right)\psi_{jm}(\theta).$$

而

$$|j,m+1\rangle = \psi_{j,m+1}(\theta)e^{i(m+1)\phi},$$
$$|j,m-1\rangle = \psi_{j,m-1}(\theta)e^{i(m-1)\phi}.$$

对比上以上四式, 可得函数 $\psi_{jm}(\theta)$ 满足如下递推关系:

$$\left(\frac{d}{d\theta} - m\cot\theta\right)\psi_{j,m}(\theta) = \sqrt{(j-m)(j+m+1)}\psi_{j,m+1}(\theta), \tag{5.35}$$

$$\left(-\frac{d}{d\theta} - m\cot\theta\right)\psi_{j,m}(\theta) = \sqrt{(j+m)(j-m+1)}\psi_{j,m-1}(\theta). \tag{5.36}$$

为了求 $\psi_{jm}(\theta)$ 的具体形式, 我们首先取 $|j,-j\rangle$ 态, 于是由

$$\hat{J}_-|j,-j\rangle = 0,$$

可以推导出

$$\frac{d}{d\theta}\psi_{j,-j}(\theta) - j\cot\theta\psi_{j,-j}(\theta) = 0.$$

以上微分方程的通解为

$$\psi_{j,-j}(\theta) = a(\sin\theta)^j,$$

其中 a 是待定系数. 将上式代入式 (5.35) 的递推关系中, 可得

$$\psi_{j,-j+1}(\theta) = \frac{a}{\sqrt{2j}} j(1 + \cos\theta)(\sin\theta)^{j-1}.$$

类似地, 从 $\psi_{j,-j}$ 做 $j+m$ 次递推, 可得 $\psi_{j,m}$ 的一般表达式为

$$\psi_{j,m}(\theta) = (-1)^{j+m} a\sqrt{\frac{(j-m)!}{(2j)!(j+m)!}}(\sin\theta)^m \left(\frac{\mathrm{d}}{\mathrm{d}\cos\theta}\right)^{j+m}(\sin\theta)^{2j}.$$

由归一化条件可确定待定系数

$$a = \frac{1}{2^j j!}\sqrt{\frac{2j+1}{4\pi}},$$

最后整理得到 $\hat{J}_z$ 的本征态 $|j,m\rangle$ 在球坐标中的具体表示为

$$|j,m\rangle = \frac{(-1)^{j+m}}{2^j j!}\sqrt{\frac{(2j+1)(j-m)!}{4\pi(j+m)!}}(\sin\theta)^m \left(\frac{\mathrm{d}}{\mathrm{d}\cos\theta}\right)^{j+m}\mathrm{e}^{im\phi}. \tag{5.37}$$

这就是球对称系统拉普拉斯方程的解. 式 (5.37) 实际上就是球谐函数 (一种特殊函数), 我们在 6.4 节将再次遇到它. 从广义来讲, 所谓的特殊函数, 其实是某种对称性的一组正交归一完全集. 因此找到相应的对称性, 对于理解特殊函数的意义至关重要.

5.4 两个角动量的耦合与 CG 系数

本章的最后我们来讨论两个角动量的耦合. 设存在两个独立的角动量算符 $\hat{J}_1$ 和 $\hat{J}_2$, 定义总角动量算符为

$$\hat{J} = \hat{J}_1 + \hat{J}_2,$$

显然有

$$\hat{J}_i = \hat{J}_{1i} + \hat{J}_{2i}.$$

而由于

$$[\hat{J}_{1i},\ \hat{J}_{1j}] = \mathrm{i}\epsilon_{ijk}\hat{J}_{1k}, \quad [\hat{J}_{2i},\ \hat{J}_{2j}] = \mathrm{i}\epsilon_{ijk}\hat{J}_{2k}, \quad [\hat{J}_{1i},\ \hat{J}_{2j}] = 0,$$

于是可以证明 $\hat{J}$ 也满足同样的对易关系

$$[\hat{J}_i,\ \hat{J}_j] = \mathrm{i}\epsilon_{ijk}\hat{J}_k, \tag{5.38}$$

这验证了定义的新算符 $\hat{J}$ 确实是角动量算符. 从上面的对易关系很容易证明

$$\hat{J}_1^2, \quad \hat{J}_{1z}, \quad \hat{J}_2^2, \quad \hat{J}_{2z}$$

是四个两两对易的算符, 因此它们具有共同本征态, 且共同本征态构成希尔伯特空间的一组正交基. 分别定义 $\hat{J}_1$ 和 $\hat{J}_2$ 的本征态为 $|j_1, m_1\rangle_1$ 和 $|j_2, m_2\rangle_2$, 则有

$$
\begin{aligned}
\hat{J}_1^2 |j_1, m_1\rangle_1 &= j_1(j_1 + 1) |j_1, m_1\rangle_1, \\
\hat{J}_{1z} |j_1, m_1\rangle_1 &= m_1 |j_1, m_1\rangle_1, \\
\hat{J}_2^2 |j_2, m_2\rangle_2 &= j_2(j_2 + 1) |j_2, m_2\rangle_2, \\
\hat{J}_{2z} |j_2, m_2\rangle_2 &= m_2 |j_2, m_2\rangle_2.
\end{aligned}
\tag{5.39}
$$

如果构造直积态

$$|j_1, m_1\rangle_1 \otimes |j_2, m_2\rangle_2 = |j_1, m_1\rangle_1 |j_2, m_2\rangle_2,$$

则由于 $\hat{J}_2$ 只作用在态 $|j_2, m_2\rangle_2$ 上, 对于态 $|j_1, m_1\rangle_1$ 它相当于一个常数, 可以任意与之交换位置, $\hat{J}_1$ 也同理, 于是

$$
\begin{aligned}
\hat{J}_{2z} |j_1, m_1\rangle_1 \otimes |j_2, m_2\rangle_2 &= |j_1, m_1\rangle_1 (\hat{J}_{2z} |j_2, m_2\rangle_2) \\
&= m_2 |j_1, m_1\rangle_1 |j_2, m_2\rangle_2 \\
&= m_2 |j_1, m_1\rangle_1 \otimes |j_2, m_2\rangle_2.
\end{aligned}
$$

同理也可验证 $\hat{J}_{1z}$、$\hat{J}_1^2$ 和 $\hat{J}_2^2$ 的情况. 因此, $|j_1, m_1\rangle_1 \otimes |j_2, m_2\rangle_2$ 确实是 $\hat{J}_1^2$、$\hat{J}_{1z}$、$\hat{J}_2^2$、$\hat{J}_{2z}$ 这四个算符的共同本征态, 它们张成一个 $(2j_1 + 1) \times (2j_2 + 1)$ 维的希尔伯特空间. 由于这个空间是由两组独立基矢的直积构成的, 因此也被称为直积空间. 在表象理论中这组直积基矢

$$|j_1, m_1\rangle_1 \otimes |j_2, m_2\rangle_2$$

被称为非耦合表象, 顾名思义它表示了两个角动量 $\hat{J}_1$ 和 $\hat{J}_2$ 的独立性. 例如, 将 $\hat{J}_z$ 和作用于上式, 有

$$
\begin{aligned}
\hat{J}_z |j_1, m_1\rangle_1 \otimes |j_2, m_2\rangle_2 &= (\hat{J}_{1z} + \hat{J}_{2z}) |j_1, m_1\rangle_1 \otimes |j_2, m_2\rangle_2 \\
&= (m_1 + m_2) |j_1, m_1\rangle_1 \otimes |j_2, m_2\rangle_2.
\end{aligned}
$$

另外, 可以证明对算符

$$\hat{J}^2 = \hat{J}_1^2 + \hat{J}_2^2 + 2\hat{J}_1 \cdot \hat{J}_2,$$

有

$$[\hat{J}_1^2, \ \hat{J}^2] = 0, \quad [\hat{J}_2^2, \ \hat{J}^2] = 0,$$
$$[\hat{J}^2, \ \hat{J}_z] = [\hat{J}_1^2, \ \hat{J}_z] = [\hat{J}_2^2, \ \hat{J}_z] = 0.$$

因此

$$\hat{J}^2, \ \hat{J}_1^2, \ \hat{J}_2^2, \ \hat{J}_z$$

也是四个两两对易的算符, 它们也有共同本征态. 设其共同本征态为 $|j,m\rangle$, 则有

$$
\begin{aligned}
\hat{J}_1^2 |j,m\rangle &= j_1(j_1 + 1) |j,m\rangle, \\
\hat{J}_2^2 |j,m\rangle &= j_2(j_2 + 1) |j,m\rangle, \\
\hat{J}^2 |j,m\rangle &= j(j + 1) |j,m\rangle, \\
\hat{J}_z |j,m\rangle &= m |j,m\rangle.
\end{aligned}
\tag{5.40}
$$

如果我们以这一组 $|j,m\rangle$ 为基矢来张成希尔伯特空间, 则这组基矢称为耦合表象, 它表现的是合成的总角动量 J^2 的性质.

对耦合表象, 我们需要确定新量子数 j, m 的取值, 以及两种基矢之间的变换关系. 因为两种基矢张成都是由 $\hat{J}_1$ 和 $\hat{J}_2$ 两个角动量构成的希尔伯特空间, 显然它们本质上是等价的, 只是表象不同, 这类似于欧氏空间中直角坐标与球坐标的区别, 所以我们可以把耦合表象的基矢 $|j,m\rangle$ 按非耦合表象 (直积表示) 的基矢展开, 即

$$
\begin{aligned}
|j,m\rangle &= \sum_{m_1,m_2} \left(|j_1,m_1\rangle_1 \otimes |j_2,m_2\rangle_2 \right) \left(\langle j_2,m_2|_2 \otimes \langle j_1,m_1|_1 \right) |j,m\rangle \\
&= \sum_{m_1,m_2} |j_1,m_1\rangle_1 \otimes |j_2,m_2\rangle_2 \, C_{m_1,m_2},
\end{aligned}
\tag{5.41}
$$

其中展开系数 C_{m_1,m_2} 称为 Clebsch-Gordan 系数, 简称 CG 系数. 考虑到

$$
\begin{aligned}
\hat{J}_z |j,m\rangle &= m |j,m\rangle \\
&= m \sum_{m_1,m_2} |j_1,m_1\rangle_1 \otimes |j_2,m_2\rangle_2 \, C_{m_1,m_2} \\
&= \sum_{m_1,m_2} (m_1 + m_2) |j_1,m_1\rangle_1 \otimes |j_2,m_2\rangle_2 \, C_{m1,m2},
\end{aligned}
$$

所以
$$\sum_{m_1,m_2} (m - m_1 - m_2) C_{m_1,m_2} |j_1, m_1\rangle_1 \otimes |j_2, m_2\rangle_2 = 0.$$

因为直积空间中有 $(2j_1 + 1) \times (2j_2 + 1)$ 个线性无关的正交基矢量, 所以当且仅当上式中所有系数均为零时等式才成立, 于是有

$$(m - m_1 - m_2) C_{m_1,m_2} = 0.$$

因此仅当

$$m = m_1 + m_2$$

时, 我们才可能有非零的 CG 系数. 因此, m、m_1、m_2 的最大值 $j_{\max}$、j_1、j_2 满足如下关系:

$$j_{\max} = j_1 + j_2. \tag{5.42}$$

最后考虑到同一个希尔伯特空间的所有基矢个数相等, 我们有

$$\sum_{j=j_{\min}}^{j_{\max}} (2j + 1) = (2j_1 + 1)(2j_2 + 1),$$

等式左边是一个等差级数, 显然

$$\sum_{j_{\min}}^{j_{\max}} (2j + 1) = (j_{\max} + 1)^2 - j_{\min}^2.$$

联立以上两式, 得到

$$j_{\min}^2 = (j_1 - j_2)^2 \Rightarrow j_{\min} = |j_1 - j_2|.$$

由此我们就得到 j 的取值范围

$$j = j_1 + j_2, j_1 + j_2 - 1, \cdots, |j_1 - j_2|. \tag{5.43}$$

最后, 我们以几个例子来讨论 CG 系数的计算.

(1) $j_1 = 1/2, j_2 = 1/2$：这时非耦合表示 (直积表示) 有四个正交基, 分别为

$$\left|\frac{1}{2}, \frac{1}{2}\right\rangle_1 \otimes \left|\frac{1}{2}, \frac{1}{2}\right\rangle_2, \quad \left|\frac{1}{2}, -\frac{1}{2}\right\rangle_1 \otimes \left|\frac{1}{2}, \frac{1}{2}\right\rangle_2,$$

$$\left|\frac{1}{2}, \frac{1}{2}\right\rangle_1 \otimes \left|\frac{1}{2}, -\frac{1}{2}\right\rangle_2, \quad \left|\frac{1}{2}, -\frac{1}{2}\right\rangle_1 \otimes \left|\frac{1}{2}, -\frac{1}{2}\right\rangle_2.$$

鉴于 j 的取值只能为 0 或者 1, 耦合表示的四个正交基为

$$|1,1\rangle, \quad |1,0\rangle, \quad |1,-1\rangle, \quad |0,0\rangle.$$

因为 $m = m_1 + m_2$, 所以对于最大的 $m = 1$ 有

$$|1,1\rangle = \left|\frac{1}{2}, \frac{1}{2}\right\rangle_1 \otimes \left|\frac{1}{2}, \frac{1}{2}\right\rangle_2.$$

将 $\hat{J}_- = \hat{J}_{1-} + \hat{J}_{2-}$ 作用于上式两边, 我们有

$$\hat{J}_- |1,1\rangle = \sqrt{2}\,|1,0\rangle$$
$$= (\hat{J}_{1-} + \hat{J}_{2-}) \left|\frac{1}{2}, \frac{1}{2}\right\rangle_1 \otimes \left|\frac{1}{2}, \frac{1}{2}\right\rangle_2$$
$$= \left|\frac{1}{2}, -\frac{1}{2}\right\rangle_1 \otimes \left|\frac{1}{2}, \frac{1}{2}\right\rangle_2 + \left|\frac{1}{2}, \frac{1}{2}\right\rangle_1 \otimes \left|\frac{1}{2}, -\frac{1}{2}\right\rangle_2,$$

因此

$$|1,0\rangle = \frac{1}{\sqrt{2}} \left(\left|\frac{1}{2}, -\frac{1}{2}\right\rangle_1 \otimes \left|\frac{1}{2}, \frac{1}{2}\right\rangle_2 + \left|\frac{1}{2}, \frac{1}{2}\right\rangle_1 \otimes \left|\frac{1}{2}, -\frac{1}{2}\right\rangle_2 \right).$$

对上式再作用一次 $\hat{J}_-$, 整理后得到

$$|1,-1\rangle = \left|\frac{1}{2}, -\frac{1}{2}\right\rangle_1 \otimes \left|\frac{1}{2}, -\frac{1}{2}\right\rangle_2.$$

利用正交性条件

$$\langle j,m \mid j,m' \rangle = \delta_{mm'}, \quad \langle j',m \mid j,m \rangle = \delta_{j'j},$$

可以求出

$$|0,0\rangle = \frac{1}{\sqrt{2}} \left(\left|\frac{1}{2}, -\frac{1}{2}\right\rangle_1 \otimes \left|\frac{1}{2}, \frac{1}{2}\right\rangle_2 - \left|\frac{1}{2}, \frac{1}{2}\right\rangle_1 \otimes \left|\frac{1}{2}, -\frac{1}{2}\right\rangle_2 \right).$$

可见对 $m = m_1 + m_2 = 0$ 的情况, 即 $|1,0\rangle$ 和 $|0,0\rangle$, 结果是两种态的线性叠加, 一种是对称组合, 另一种是反对称组合.

(2) $j_1 = 1, j_2 = 1$：利用同样的方法, 不难得到

$$|2,2\rangle = |1,1\rangle_1 \otimes |1,1\rangle_2,$$

$$|2,1\rangle = \frac{1}{\sqrt{2}}(|1,1\rangle_1 \otimes |1,0\rangle_2 + |1,0\rangle_1 \otimes |1,1\rangle_2),$$

$$|2,0\rangle = \frac{1}{\sqrt{6}}(|1,-1\rangle_1 \otimes |1,1\rangle_2 + |1,1\rangle_1 \otimes |1,-1\rangle_2 + 2|1,0\rangle_1 \otimes |1,0\rangle_2),$$

$$|2,-1\rangle = \frac{1}{\sqrt{2}}(|1,-1\rangle_1 \otimes |1,0\rangle_2 + |1,0\rangle_1 \otimes |1,-1\rangle_2),$$

$$|2,-2\rangle = |1,-1\rangle_1 \otimes |1,-1\rangle_2,$$

$$|1,1\rangle = \frac{1}{\sqrt{2}}(|1,0\rangle_1 \otimes |1,1\rangle_2 - |1,1\rangle_1 \otimes |1,0\rangle_2),$$

$$|1,0\rangle = \frac{1}{\sqrt{2}}(|1,-1\rangle_1 \otimes |1,1\rangle_2 - |1,1\rangle_1 \otimes |1,-1\rangle_2),$$

$$|1,-1\rangle = \frac{1}{\sqrt{2}}(|1,-1\rangle_1 \otimes |1,0\rangle_2 - |1,0\rangle_1 \otimes |1,-1\rangle_2),$$

$$|0,0\rangle = \frac{1}{\sqrt{3}}(|1,-1\rangle_1 \otimes |1,1\rangle_2 + |1,1\rangle_1 \otimes |1,-1\rangle_2 - |1,0\rangle_1 \otimes |1,0\rangle_2).$$

具体的计算留作习题.

(3) j_1 任意, $j_2 = 1/2$：首先, 我们有

$$m = m_1 + m_2, \quad m_2 = \pm\frac{1}{2} \Rightarrow m_1 = m \mp \frac{1}{2},$$

因此

$$|j,m\rangle = C_+ \left|j_1, m - \frac{1}{2}\right\rangle_1 \otimes \left|\frac{1}{2}, \frac{1}{2}\right\rangle_2 + C_- \left|j_1, m + \frac{1}{2}\right\rangle_1 \otimes \left|\frac{1}{2}, -\frac{1}{2}\right\rangle_2. \quad (5.44)$$

可以证明, 对 $j = j_1 + 1/2$, 有

$$C_+ = \sqrt{\frac{j_1 + m + \frac{1}{2}}{2j_1 + 1}}, \quad C_- = \sqrt{\frac{j_1 - m + \frac{1}{2}}{2j_1 + 1}}. \quad (5.45)$$

对 $j = j_1 - 1/2$, 则有

$$C_+ = -\sqrt{\frac{j_1 - m + \frac{1}{2}}{2j_1 + 1}}, \quad C_- = \sqrt{\frac{j_1 + m + \frac{1}{2}}{2j_1 + 1}}. \quad (5.46)$$

证明也留作习题. 由此可以找到两种情况下 C_+ 和 C_- 之间的关系

$$C_+ \left[j(j+1) - j_1(j_1+1) - m - \frac{1}{4} \right] = C_- \sqrt{\left(j_1 + m + \frac{1}{2} \right) \left(j_1 - m + \frac{1}{2} \right)},$$

和

$$C_- \left[j(j+1) - j_1(j_1+1) + m - \frac{1}{4} \right] = C_+ \sqrt{\left(j_1 + m + \frac{1}{2} \right) \left(j_1 - m + \frac{1}{2} \right)}.$$

最后利用

$$|C_+|^2 + |C_-|^2 = 1,$$

就可以求解不同 j 时的 $C_\pm$ 系数. 这个计算和自旋轨道耦合有关, 8.3 节中将会用到.

通过类似的方法, 我们还能求出 CG 系数的一般表达式. 不过常用的 CG 系数通常可以通过查图 5.2[1]获得, 因此这里不再深入探讨.

❧ 第 5 章习题 ❧

1. 利用从三维直角坐标到球坐标的变换,
(1) 计算给出角动量算符 $\hat{J}_x$、$\hat{J}_y$、$\hat{J}_z$、$\hat{J}^2$ 在球坐标下的具体形式.
(2) 计算给出算符 $\hat{J}_\pm = J_x \pm \mathrm{i}J_y$ 的具体形式.
(3) 证明

$$\sum_i x_i \frac{\partial}{\partial x_i} = r \frac{\partial}{\partial r},$$

给出计算中必要的步骤.

2. 对升、降算符 $J_\pm = J_x \pm \mathrm{i}J_y$, 计算

$$[J^2, J_\pm], [J_z, J_\pm], [J_+, J_-].$$

3. 证明当 $j = 1$, 且三个基矢分别取作

$$|1,1\rangle = \begin{pmatrix} 1 \\ 0 \\ 0 \end{pmatrix}, \quad |1,0\rangle = \begin{pmatrix} 0 \\ 1 \\ 0 \end{pmatrix}, \quad |1,-1\rangle = \begin{pmatrix} 0 \\ 0 \\ 1 \end{pmatrix} \tag{5.47}$$

时, 角动量算符 $\hat{J}_x$、$\hat{J}_y$ 和 $\hat{J}_z$ 的矩阵表示确实是式 (5.24).

---

[1] Workman R L, et al (Particle Data Group). Prog. Theor. Exp. Phys., 2022, 083C01.

4. 求 $j_1 = 1$, $j_2 = 1$ 的 CG 系数.

5. 从图 5.2 中读出相应的 CG 系数, 并与上题结果比较 (特别注意图 5.2 中有关根号省略的约定).

6. 证明式 (5.45) 和式 (5.46), 提示：利用

$$\hat{J}^2 = (\hat{J}_1 + \hat{J}_2)^2 = \hat{J}_1^2 + \hat{J}_2^2 + 2\hat{J}_1 \cdot \hat{J}_2$$
$$= \hat{J}_1^2 + \hat{J}_2^2 + \hat{J}_{1+}\hat{J}_{2-} + \hat{J}_{1-}\hat{J}_{2+} + 2\hat{J}_{1z}\hat{J}_{2z}.$$

7. 对于 J^2 和 J_z 共同本征态 $|\lambda, m\rangle$, 有

$$J^2 |\lambda, m\rangle = \lambda |\lambda, m\rangle, \quad J_z |\lambda, m\rangle = m |\lambda, m\rangle,$$

对于给定 λ, 证明 $m^2 \leqslant \lambda$ (要完整证明, 包括证明 $\langle J_x^2 \rangle \geqslant 0$).

8. 假设第 7 题式中 m 的最大取值为 m_+, 最小值为 m_-,

$$J_+ |\lambda, m_+\rangle = 0, \quad J_- |\lambda, m_-\rangle = 0,$$

证明 $m_+ = -m_-$.

9. 假设上题中 $m_+ = j$, 求下式中的系数 λ 和 $c_\pm$:

$$J^2 |j, m\rangle = \lambda |j, m\rangle, \quad J_\pm |j, m\rangle = c_\pm |j, m \pm 1\rangle.$$

10. 设 $|j, m\rangle = \psi_{jm}(\theta)e^{im\phi}$, 分别计算给出 J_z 和 $J_\pm$ 三个算符作用于 $|j, m\rangle$ 的结果, 并给出 $\psi_{jm}(\theta)$ 的递推关系方程.

11. 根据

$$J^2 = \sum_i J_i J_i = - \sum_{ijk\ell m} \epsilon_{ijk}\epsilon_{i\ell m} x_j \frac{\partial}{\partial x_k} x_\ell \frac{\partial}{\partial x_m},$$

证明

$$J^2 = -\left(r^2 \Delta - \frac{\partial}{\partial r} r^2 \frac{\partial}{\partial r} \right),$$

其中 $\Delta = \sum_i (\partial^2 / \partial x_i^2)$.

12. 两个角动量 J_1、J_2 对易 ($[J_{1i}, J_{2j}] = 0$), 设

$$J = J_1 + J_2, \quad J^2 = J_1^2 + J_2^2 + 2J_1 \cdot J_2, \quad J_z = J_{1z} + J_{2z}.$$

(1) 证明 J 是角动量而 $K = J_1 - J_2$ 不是.
(2) 证明 $[J_z, J^2] = [J_z, J_1^2] = [J_z, J_2^2] = 0$.
(3) 证明 $[J^2, J_1^2] = [J^2, J_2^2] = 0$.

第 6 章

氢原子的动力学对称性

> What we observe is not nature itself, but nature exposed to our method of questioning.
>
> ——Werner Heisenberg

氢原子是一个最简单的两体模型，即一个电子在含单个质子的原子核形成的库仑势场中运动. 由于质子的质量约是电子质量的 1840 倍，因而该系统的质心几乎和质子质心重合，于是我们完全可以将其看成质子不动、电子在质子的质心系中运动，这就成为一个典型的库仑势场问题.

在量子力学中，研究氢原子问题的一般方法自然是求解薛定谔方程，但即使对这样一个最简单的模型，薛定谔方程的直接求解也并不容易. 因此，本章将从对称性的视角出发，通过寻找和研究守恒量得到其本征态的形式，再根据守恒量与哈密顿量对易的性质将得到的本征态代回薛定谔方程求解，这将大大简化求解的过程，并揭示出氢原子问题中更深刻的物理内涵. 最后，我们还会从理论和实验两个角度介绍氢原子能级的简并，并发现其与对称性破缺的关联. 另外，作为参考，第 6.4 节和 6.5 节也将展示薛定谔方程一般性的求解方法，这是标准量子力学的内容，但不属于本书的主线逻辑，读者可以根据需要自行选择阅读或跳过.

不过，氢原子仅仅是最简单的原子系统. 对其他更复杂的原子或类原子模型，本章讨论的模型将不再有效. 例如从氦原子开始，由于核外电子数增加，我们需要用到很多额外的近似；另外，在电子偶素（一个由正电子和电子通过库仑相互作用组成的系统）、μ 氢原子（质量约为电子 200 倍的 μ 子和原子核组成的原子）等例子中，系统中两个粒子的质量相接近，因而我们不再能将系统的质心近似为其中某个粒子的质心.

6.1 对称性与薛定谔方程

按照量子力学的基础理论，要理解氢原子中电子的行为，最直接的途径就是求解氢原子系统的薛定谔方程

$$\hat{H}\left|E\right\rangle = \left[-\frac{1}{2m_{\mathrm{e}}}\Delta + U(\boldsymbol{x})\right]\left|E\right\rangle = E\left|E\right\rangle, \tag{6.1}$$

其中，势能项 $U(\boldsymbol{x}) = -\alpha/r$（其中 $\alpha = \dfrac{e^2}{4\pi\epsilon_0} \approx 1/137$）描述了电子所在的原子核势场，而由此求得的本征值 E 就是氢原子的能级.

4.3 节展示了对一维定态问题的求解，但一般情况下，薛定谔方程是一个三维的二阶偏微分方程，直接求解并不容易. 不过，我们知道量子系统的一个守恒量必然与哈密顿量对易，因而二者具有共同本征态，于是，如果我们先通过研究守恒量的本征方程得到本征态的形式，再将其代回薛定谔方程中求解，问题就可能得到简化.

一个最简单的例子是自由粒子. 由于系统的哈密顿量为

$$\hat{H} = \frac{\hat{p}^2}{2m_0},$$

其中 m_0 为粒子质量，所以显然有 $[\hat{H}, \hat{p}] = 0$，动量 $\hat{p}$ 是一个守恒量. 要求解波函数，可以直接求解薛定谔方程

$$-\frac{1}{2m_0}\Delta\left|E\right\rangle = E\left|E\right\rangle, \tag{6.2}$$

也可以先求解动量算符 $\hat{p}$ 的本征方程

$$\hat{p}\left|E\right\rangle = -\mathrm{i}\frac{\mathrm{d}}{\mathrm{d}x}\left|E\right\rangle = k\left|E\right\rangle,$$

得到平面波解

$$\left|E\right\rangle = \mathrm{e}^{\mathrm{i}kx},$$

再代入式 (6.2)，就得到本征值 k 与能量 E 的关系

$$k = \sqrt{2m_0E}.$$

由此可见，对具有对称性的量子系统，通过寻找系统的对称性，确认守恒量，进而利用守恒量算符的性质求出本征态的形式，往往就能对薛定谔方程起到降阶的效果，从而简化求解的过程.

另一个例子来自 5.1 节对角动量本征值和本征态的研究. 我们利用角动量李代数的性质

$$[\hat{J}_i, \hat{J}_j] = i\epsilon_{ijk}\hat{J}_k,$$

绕开了求解二阶偏微分方程

$$-\left(\frac{1}{\sin\theta}\frac{\partial}{\partial\theta}\sin\theta\frac{\partial}{\partial\theta} + \frac{1}{\sin^2\theta}\frac{\partial^2}{\partial\phi^2}\cdot\right)|j,m\rangle = \lambda|j,m\rangle$$

来寻找本征值 λ 的过程，通过简单的代数计算就得到了

$$\hat{J}_z|j,m\rangle = m|j,m\rangle \tag{5.15}$$

和

$$\hat{J}^2|j,m\rangle = j(j+1)|j,m\rangle. \tag{5.16}$$

极大地简化了求解过程.

下面我们将沿用这一思路，尝试以代数方法求解氢原子中电子的能级.

6.2　平方反比力系统的守恒量

如 6.1 节所述，用代数方法求解氢原子问题的核心是找到氢原子系统的守恒量. 显然，氢原子是一个有心力场系统，因而具有三维转动对称性（即 $SO(3)$ 对称性），对应地就有三个方向的角动量作为守恒量. 然而除此之外，系统是否还具有其他的对称性呢？

历史上，1926 年，泡利将平方反比力势场中的另一个守恒量即龙格–楞次矢量引入氢原子问题中，极大地简化了氢原子能级的推导过程；1935 年，福克首次提出氢原子的能级简并度问题可以被一个 4 维转动（$O(4)$）对称性解释；1936 年，巴格曼将两个问题联系起来，提出角动量和龙格–楞次矢量构成了氢原子问题中 $O(4)$ 群的六个生成元[①].

为了深入理解龙格–楞次矢量，接下来我们将首先以经典力学的视角处理氢原子问题，构造其中的龙格–楞次矢量，再将其过渡到量子力学的形式.

首先考虑径向速度

$$\dot{r} = \frac{d}{dt}\sqrt{\boldsymbol{r}\cdot\boldsymbol{r}} = \frac{1}{r}\cdot\frac{1}{2}(\boldsymbol{r}\cdot\dot{\boldsymbol{r}} + \dot{\boldsymbol{r}}\cdot\boldsymbol{r}) = \frac{1}{r}(\boldsymbol{r}\cdot\dot{\boldsymbol{r}}).$$

① Pauli W. Z. Physik, 1926, 36: 336; Fock V. Z. Physik, 1935, 98: 145; Bargmann V. Z. Physik, 1936, 99: 576.

对径向单位向量 $\hat{\boldsymbol{r}} = \dfrac{\boldsymbol{r}}{r}$ 求时间导数，得到

$$\begin{aligned}\frac{\mathrm{d}\hat{\boldsymbol{r}}}{\mathrm{d}t} = \frac{\mathrm{d}}{\mathrm{d}t}\left(\frac{\boldsymbol{r}}{r}\right) &= \frac{1}{r}\dot{\boldsymbol{r}} - \frac{\boldsymbol{r}}{r^2}\dot{r} \\ &= \frac{1}{r}\dot{\boldsymbol{r}} - \frac{\boldsymbol{r}}{r^3}\left(\boldsymbol{r}\cdot\dot{\boldsymbol{r}}\right) \\ &= \frac{1}{r^3}\left[\dot{\boldsymbol{r}}\left(\boldsymbol{r}\cdot\boldsymbol{r}\right) - \boldsymbol{r}\left(\boldsymbol{r}\cdot\dot{\boldsymbol{r}}\right)\right].\end{aligned} \tag{6.3}$$

作为球对称系统，氢原子系统的势能 U 只是径向距离 r 的函数，因此

$$\frac{\mathrm{d}}{\mathrm{d}t}\boldsymbol{p} = \boldsymbol{F} = -\nabla U = \frac{\mathrm{d}U(r)}{\mathrm{d}r}\hat{\boldsymbol{r}}.$$

对 $\boldsymbol{J}\times\boldsymbol{p}$ 求时间导数，并将上式代入，可得

$$\begin{aligned}\frac{\mathrm{d}}{\mathrm{d}t}\left(\boldsymbol{J}\times\boldsymbol{p}\right) &= \frac{\mathrm{d}\boldsymbol{J}}{\mathrm{d}t}\times\boldsymbol{p} + \boldsymbol{J}\times\frac{\mathrm{d}\boldsymbol{p}}{\mathrm{d}t} \\ &= \boldsymbol{r}\times\boldsymbol{p}\times\frac{\mathrm{d}\boldsymbol{p}}{\mathrm{d}t} \\ &= -\boldsymbol{r}\times m_{\mathrm{e}}\dot{\boldsymbol{r}}\times\frac{\mathrm{d}U(r)}{\mathrm{d}t}\frac{\boldsymbol{r}}{r} \\ &= -\frac{m_{\mathrm{e}}}{r}\frac{\mathrm{d}U(r)}{\mathrm{d}r}\boldsymbol{r}\times\dot{\boldsymbol{r}}\times\boldsymbol{r},\end{aligned}$$

其中利用了动量 $\boldsymbol{p} = m_{\mathrm{e}}\dot{\boldsymbol{r}}$，角动量 $\boldsymbol{J} = \boldsymbol{r}\times\boldsymbol{p}$ 和角动量守恒条件 $\dfrac{\mathrm{d}\boldsymbol{J}}{\mathrm{d}t} = 0$, m_{e} 是氢原子中核外电子的质量（取原子核质量 $M \gg m_{\mathrm{e}}$）. 利用

$$\boldsymbol{a}\times\boldsymbol{b}\times\boldsymbol{c} = \left(\boldsymbol{a}\cdot\boldsymbol{c}\right)\boldsymbol{b} - \left(\boldsymbol{a}\cdot\boldsymbol{b}\right)\boldsymbol{c}$$

和式 (6.3) 可得

$$\boldsymbol{r}\times\dot{\boldsymbol{r}}\times\boldsymbol{r} = \left(\boldsymbol{r}\cdot\boldsymbol{r}\right)\dot{\boldsymbol{r}} - \left(\boldsymbol{r}\cdot\dot{\boldsymbol{r}}\right)\boldsymbol{r} = r^3\frac{\mathrm{d}\hat{\boldsymbol{r}}}{\mathrm{d}t},$$

从而有

$$\frac{\mathrm{d}}{\mathrm{d}t}\left(\boldsymbol{J}\times\boldsymbol{p}\right) = -m_{\mathrm{e}}r^2\cdot\frac{\mathrm{d}U(r)}{\mathrm{d}r}\cdot\frac{\mathrm{d}\hat{\boldsymbol{r}}}{\mathrm{d}t},$$

整理后得到

$$\frac{\mathrm{d}}{\mathrm{d}t}\left[\frac{1}{m_{\mathrm{e}}}\boldsymbol{J}\times\boldsymbol{p} + r^2\frac{\mathrm{d}U(r)}{\mathrm{d}r}\hat{\boldsymbol{r}}\right] = \frac{\mathrm{d}}{\mathrm{d}t}\left[r^2\frac{\mathrm{d}U(r)}{\mathrm{d}r}\right]\hat{\boldsymbol{r}}. \tag{6.4}$$

当有心力符合平方反比定律，即 $U(r) = -\alpha \cdot r^{-1}$ 时，其中 α 是常数，我们有

$$\frac{\mathrm{d}}{\mathrm{d}t}\left[\frac{1}{m_{\mathrm{e}}}\boldsymbol{J} \times \boldsymbol{p} + r^2\frac{\mathrm{d}U(r)}{\mathrm{d}r}\hat{\boldsymbol{r}}\right] = \frac{\mathrm{d}}{\mathrm{d}t}\left(\frac{1}{m_{\mathrm{e}}}\boldsymbol{J} \times \boldsymbol{p} + \alpha\hat{\boldsymbol{r}}\right)$$
$$= \frac{\mathrm{d}\alpha}{\mathrm{d}t}\hat{\boldsymbol{r}} = 0.$$

定义

$$\boldsymbol{R} = \frac{1}{m_{\mathrm{e}}}\boldsymbol{p} \times \boldsymbol{J} - \alpha\hat{\boldsymbol{r}}, \tag{6.5}$$

这就是拉普拉斯–龙格–楞次矢量（Laplace-Runge-Lenz vector），也称为龙格–楞次矢量或 LRL 矢量. 容易证明对该矢量有

$$\frac{\mathrm{d}}{\mathrm{d}t}\boldsymbol{R} = 0, \quad \boldsymbol{R} \cdot \boldsymbol{J} = 0,$$

即 LRL 矢量是一个除能量和角动量外新的守恒量. LRL 矢量最早在研究开普勒行星运动中起到过重要作用. 对引力势能

$$U(r) = -\frac{GMm_0}{r},$$

如果计算 $\boldsymbol{r} \cdot \boldsymbol{R}$，有

$$\boldsymbol{r} \cdot \boldsymbol{R} = \frac{J^2}{m_0} - GMm_0r.$$

定义 $\boldsymbol{R}$ 与 $\boldsymbol{r}$ 的夹角为 θ，就有

$$r = \frac{p}{1 + \epsilon\cos\theta}.$$

显然，这是圆锥曲线的参数方程. 其中

$$\begin{cases} p = \dfrac{J^2}{GMm_0^2}, \\ \epsilon = \dfrac{|\boldsymbol{R}|}{GMm_0}, \end{cases}$$

而当 $\epsilon < 1$ 时，行星运动曲线为椭圆.

下面我们将 LRL 矢量过渡到量子力学中. 根据量子力学的基本假设，LRL 算符应该是一个厄米算符. 而如果直接将经典 LRL 矢量写成量子力学算符的形式

$$\hat{R} = \frac{1}{2}\hat{p} \times \hat{J} - \alpha\hat{r},$$

其中 $\hat{r}$ 是厄米的, 但 $\hat{p} \times \hat{J}$ 并不是厄米的, 于是 $\hat{R}$ 将不再具有厄米性. 因此, 我们需要对 LRL 矢量量子算符的形式作一些修改.

注意到对厄米算符 $\hat{A}$ 和 $\hat{B}$ 有

$$(\hat{A} \times \hat{B})_i^\dagger = (\epsilon_{ijk}\hat{A}_j\hat{B}_k)^\dagger = \epsilon_{ijk}^\dagger(\hat{A}_j\hat{B}_k)^\dagger = \epsilon_{ikj}\hat{B}_k^\dagger\hat{A}_j^\dagger$$

$$= -\epsilon_{ijk}\hat{B}_k^\dagger\hat{A}_j^\dagger = -(\hat{B}^\dagger \times \hat{A}^\dagger)_i = -(\hat{B} \times \hat{A})_i,$$

由此容易发现算符 $\hat{A} \times \hat{B} - \hat{B} \times \hat{A}$ 具有厄米性. 因此, 我们可以定义 LRL 矢量的量子算符为

$$\hat{R} = \frac{1}{2m_e}(\hat{p} \times \hat{J} - \hat{J} \times \hat{p}) - \alpha\hat{r}. \tag{6.6}$$

利用坐标算符 $\hat{r}$、动量算符 $\hat{p}$ 和角动量算符 $\hat{J}$ 之间的对易关系, 经过计算可以得到[①]

$$[\hat{R}_i, \hat{H}] = 0, \tag{6.7}$$

$$[\hat{R}_i, \hat{J}_j] = \mathrm{i}\epsilon_{ijk}\hat{R}_k, \tag{6.8}$$

$$[\hat{R}_i, \hat{R}_j] = -\mathrm{i}\frac{2\hat{H}}{m_e}\epsilon_{ijk}\hat{J}_k, \tag{6.9}$$

以及

$$\hat{J} \cdot \hat{R} = 0, \tag{6.10}$$

$$\hat{R}^2 = \frac{2\hat{H}}{m_e}(\hat{J}^2 + 1) + \alpha^2. \tag{6.11}$$

式 (6.7) 表明 $\hat{R}$ 确实是一个守恒量. 注意到式 (6.8) 具有与角动量对易子相同的形式, 鉴于 $\hat{R}_i$ 和 $\hat{J}_i$ 都与 $\hat{H}$ 对易, 对于特定能量 E 的状态, 可以把算符 $\hat{H}$ 换成 E, 重新定义

$$\hat{R}' = \sqrt{\frac{-m_e}{2E}}\hat{R}, \tag{6.12}$$

这样, 式 (6.9) 就也具有了角动量对易子的形式, 进而有

$$[\hat{J}_i, \hat{J}_j] = \mathrm{i}\epsilon_{ijk}\hat{J}_k,$$

$$[\hat{R}_i', \hat{J}_j] = \mathrm{i}\epsilon_{ijk}\hat{R}_k',$$

$$[\hat{R}_i', \hat{R}_j'] = \mathrm{i}\epsilon_{ijk}\hat{J}_k.$$

可以看到, $\hat{R}_i'$ 和 $\hat{J}_i(i = 1, 2, 3)$ 这 6 个算符构成了一组封闭的李代数, 因此它们应该是同一个李群的生成元. 6.3 节将会证明, 这个李群就是四维特殊正交群 $SO(4)$.

---

① 对这种较繁冗的符号计算, 有时可以用符号计算软件 (如 FORM 等) 代替手算.

6.3 $SO(4)$ 对称性与氢原子能级

第 3 章中我们已经知道, 三维欧氏实空间 E_3 中距离的转动不变性对应了三维特殊正交群 $SO(3)$. 类似地, 四维欧氏实空间 E_4 中距离的转动不变性就对应着四维特殊正交群 $SO(4)$. 矢量 $\boldsymbol{v} = (v_1, v_2, v_3, v_4)$ 在 E_4 中的距离 $|\boldsymbol{v}|$ 定义为

$$|\boldsymbol{v}|^2 = \boldsymbol{v} \cdot \boldsymbol{v} = g_{ij} v_i v_j,$$

其中 $g = I_4$ 是 E_4 中的度规张量. 和第 3 章中讨论一样, 如果认为 $SO(4)$ 的变换为 Λ, 距离 $|\boldsymbol{v}|$ 的不变性要求

$$\Lambda^{\mathrm{T}} \Lambda = I_4.$$

设无穷小变换 $\Lambda = I + \epsilon$, 代入上式可得

$$\epsilon^{\mathrm{T}} = -\epsilon.$$

对 $SO(4)$ 变换来说, ϵ 是一个 4×4 的反对称矩阵, 它有 6 个独立参数. 取

$$\epsilon = \sum_{k=1}^{6} \delta_k X_k = \begin{pmatrix} 0 & \delta_3 & -\delta_2 & \delta_4 \\ -\delta_3 & 0 & \delta_1 & \delta_5 \\ \delta_2 & -\delta_1 & 0 & \delta_6 \\ -\delta_4 & -\delta_5 & -\delta_6 & 0 \end{pmatrix},$$

其中

$$X_1 = \begin{pmatrix} 0 & 0 & 0 & 0 \\ 0 & 0 & 1 & 0 \\ 0 & -1 & 0 & 0 \\ 0 & 0 & 0 & 0 \end{pmatrix}, \quad X_2 = \begin{pmatrix} 0 & 0 & -1 & 0 \\ 0 & 0 & 0 & 0 \\ 1 & 0 & 0 & 0 \\ 0 & 0 & 0 & 0 \end{pmatrix},$$

$$X_3 = \begin{pmatrix} 0 & 1 & 0 & 0 \\ -1 & 0 & 0 & 0 \\ 0 & 0 & 0 & 0 \\ 0 & 0 & 0 & 0 \end{pmatrix}, \quad X_4 = \begin{pmatrix} 0 & 0 & 0 & 1 \\ 0 & 0 & 0 & 0 \\ 0 & 0 & 0 & 0 \\ -1 & 0 & 0 & 0 \end{pmatrix},$$

$$X_5 = \begin{pmatrix} 0 & 0 & 0 & 0 \\ 0 & 0 & 0 & 1 \\ 0 & 0 & 0 & 0 \\ 0 & -1 & 0 & 0 \end{pmatrix}, \quad X_6 = \begin{pmatrix} 0 & 0 & 0 & 0 \\ 0 & 0 & 0 & 0 \\ 0 & 0 & 0 & 1 \\ 0 & 0 & -1 & 0 \end{pmatrix}.$$

若令 $A_1 = X_1$，$A_2 = X_2$，$A_3 = X_3$，$B_1 = X_4$，$B_2 = X_5$，$B_3 = X_6$，就有

$$[A_i, A_j] = -\epsilon_{ijk} A_k,$$
$$[B_i, B_j] = -\epsilon_{ijk} A_k,$$
$$[A_i, B_j] = -\epsilon_{ijk} B_k,$$

即 A_i 和 B_i $(i = 1, 2, 3)$ 就是 $SO(4)$ 的 6 个生成元. 而如果令

$$A_i = -\mathrm{i}\hat{J}_i, \quad B_i = -\mathrm{i}\hat{R}'_i,$$

则 $SO(4)$ 群生成元与角动量算符 $\hat{J}$ 和 LRL 矢量算符 $\hat{R}'$ 一一对应，且满足相同的李代数. 由此，算符 $\hat{R}'_i$ 和 $\hat{J}_i$ 生成的李群正是四维特殊正交群 $SO(4)$.

注意到生成元 A_i 满足与 $SO(3)$ 群生成元相同的代数关系，这并不是巧合，因为事实上 A_i 可以写成

$$A_i = \left(\begin{array}{ccc|c} & & & 0 \\ & \epsilon_{ijk} & & 0 \\ & & & 0 \\ \hline 0 & 0 & 0 & 0 \end{array} \right) = \left(\begin{array}{ccc|c} & & & 0 \\ & X_i & & 0 \\ & & & 0 \\ \hline 0 & 0 & 0 & 0 \end{array} \right),$$

其中 X_i 正是 $SO(3)$ 的 3 个 3×3 矩阵生成元. 事实上，如果将 A_i 和 B_i 做线性组合

$$P_i = \frac{1}{2}(A_i + B_i), \quad Q_i = \frac{1}{2}(A_i - B_i),$$

重新计算 P_i 和 Q_i 之间的对易关系

$$[P_i, P_j] = -\epsilon_{ijk} P_k,$$
$$[Q_i, Q_j] = -\epsilon_{ijk} Q_k,$$
$$[P_i, Q_j] = 0.$$

可见 P_i 和 Q_i 各自满足 $SO(3)$ 群的李代数，且它们之间对易. 这样 $SO(4)$ 群的代数关系就以两组对易的 $SO(3)$ 生成元表示出来. 由此，$SO(4)$ 群的李代数由两个 $SO(3)$ 群的李代数直和而成，即 $SO(4)$ 群代数和两个 $SO(3)$ 群代数的直积同构，记作[①]

$$so(4) \cong so(3) \otimes so(3).$$

---

① 这里我们以大写字母 $SO(n)$、$SU(n)$ 等表示群，而以小写字母 $so(n)$、$su(n)$ 等表示代数.

其中小写字母表示对应李群的李代数. 3.5 节我们曾发现 $SU(2)$ 与 $SO(3)$ 存在代数同构, 而更多李群和李代数的关系和性质是群论的内容, 有兴趣的同学可以查阅有关书籍, 这里我们不再深入讨论.

至此我们发现, 库仑相互作用的平方反比律为氢原子带来了动力学层次的新对称性, 由此, 氢原子系统的对称群不再是 $SO(3)$, 而是 $SO(4)$. 定义新算符

$$\hat{N}_+ = \frac{1}{2}(\hat{J} + \hat{R}'), \quad \hat{N}_- = \frac{1}{2}(\hat{J} - \hat{R}'), \tag{6.13}$$

容易证明

$$[\hat{N}_{+i}, \hat{H}] = 0, \quad [\hat{N}_{-i}, \hat{H}] = 0.$$

即算符 $\hat{N}_\pm$ 也是守恒量. 又知其满足对易关系

$$[\hat{N}_{+i}, \hat{N}_{+j}] = i\epsilon_{ijk}\hat{N}_{+k}, \quad [\hat{N}_{-i}, \hat{N}_{-j}] = i\epsilon_{ijk}\hat{N}_{-k}.$$

因此 $\hat{N}_\pm$ 也可以看成是一种 "角动量算符", 并且我们可以计算

$$\hat{N}_+^2 = \frac{1}{4}(\hat{J} + \hat{R}')^2, \quad \hat{N}_-^2 = \frac{1}{4}(\hat{J} - \hat{R}')^2. \tag{6.14}$$

因为 $\hat{J} \cdot \hat{R} = \hat{R} \cdot \hat{J} = 0$, 于是

$$\hat{N}_+^2 = \hat{N}_-^2 = \frac{1}{4}[\hat{J}^2 + (\hat{R}')^2] = \frac{1}{4}\left[\hat{J}^2 - \left(\frac{m_e}{2E}\right)\hat{R}^2\right],$$

结合式 (6.11), 可得

$$\hat{N}_\pm^2 = \frac{1}{4}\left[\hat{J}^2 - (\hat{J}^2 + 1) - \left(\frac{m_e}{2E}\right)\alpha^2\right] = \left(-\frac{m_e}{8E}\right)\alpha^2 - \frac{1}{4}.$$

设 $\hat{N}_\pm^2$ 对应的本征值和本征态为 n_+ 和 $|n_+\rangle$, 据式 (5.16) 就有 $\hat{N}_\pm^2 |n_+\rangle = n_+(n_+ + 1)|n_+\rangle$, 所以

$$n_+(n_+ + 1)|n_+\rangle = \left[\left(-\frac{m_e}{8E}\right)\alpha^2 - \frac{1}{4}\right]|n_+\rangle. \tag{6.15}$$

上式两边同时对 $\langle n_+|$ 取内积, 整理可得

$$-\frac{m_e\alpha^2}{8E} = \frac{1}{4}(2n_+ + 1)^2,$$

即

$$E = -\frac{m_e\alpha^2}{2(2n_+ + 1)^2} = -\frac{m_e\alpha^2}{2n^2}, \tag{6.16}$$

其中 $n = 2n_+ + 1$. 另外, 据 $\hat{N}_\pm$ 的定义, 我们有

$$\hat{J} = \hat{N}_+ + \hat{N}_-.$$

前面已经证明 $\hat{N}_\pm$ 是角动量算符, 所以上式可以看成是两个角动量的求和. 5.4 节我们已经讨论了两个角动量的耦合, 于是可知 $\hat{J}$ 的本征值 j 取值范围为

$$n_+ + n_+, n_+ + n_+ - 1, \cdots, | n_+ - n_+ |,$$

即

$$j = n-1, n-2, \cdots, 1, 0, \tag{6.17}$$

共 n 个. 在下面两节中我们将看到, 事实上 n、j 和 m 的取值共同决定了氢原子的波函数 ψ_{njm}, 其中 n 和 j 决定了波函数的径向部分, 而 j 和 m 决定了波函数的角度部分①. 例如, 当 $n=1$, $j=m=0$ 时, ψ_{100} 就是氢原子基态的波函数. 图 6.1 展示了电子角分布的几种简单情况, 从中可以看出, 对基态 ψ_{100} 来说, 电子具有球对称的分布.

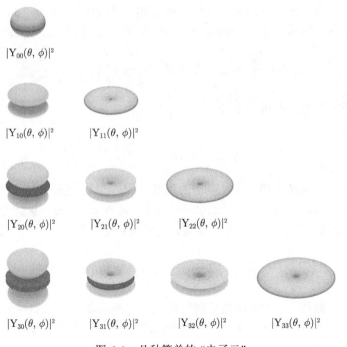

图 6.1 几种简单的 "电子云"

---

① 我们通常分别称 n、j 和 m 为主量子数、角量子数、磁量子数, 出于习惯, 角量子数常用字母 l 表示.

至此，我们导出了氢原子的能级公式

$$E_n = -\frac{m_e \alpha^2}{2n^2},\tag{6.16}$$

由此可以解释氢原子的光谱. 显然，氢原子从能级 E_i 跃迁至 E_f 所释放的光子具有能量

$$\Delta E = E_i - E_f = \frac{m_e \alpha^2}{2}\left(\frac{1}{n_f^2} - \frac{1}{n_i^2}\right) = R_H\left(\frac{1}{n_f^2} - \frac{1}{n_i^2}\right),\tag{6.18}$$

这便是著名的氢原子光谱的里德伯（Rydberg）公式，其中

$$R_H = \frac{m_e \alpha^2}{2} = 0.511 \text{ MeV} \times \frac{1}{2}\left(\frac{1}{137}\right)^2 \sim 13.6 \text{ eV} \sim 1.09677 \times 10^7 \text{ m}^{-1}$$

就是氢原子的里德伯常数. 这里我们使用了自然单位制. 同理，氢原子的基态能量就为

$$E_1 = -R_H = -13.6 \text{ eV}.$$

或者从另一个角度说，基态氢原子核外电子的电离能就是 $R_H = 13.6$ eV.

同时，按照氢原子的半经典模型（即玻尔模型），利用位力定理[①]有

$$m_e v^2 = \frac{\alpha}{r} \Rightarrow E = U + T = \frac{1}{2}m_e v^2 - \frac{\alpha}{r} = -\frac{\alpha}{2r}.$$

由此估算基态氢原子的玻尔半径

$$a_B = -\frac{\alpha}{2E_1} = \frac{1}{m_e \alpha} \sim 5.29 \times 10^{-11} \text{ m}.\tag{6.19}$$

玻尔半径在一定意义上描述了氢原子的尺度，即 0.5 Å. 另外，注意到 a_B 与核外电子质量成反比，所以如果电子质量 $m_e \to 0$，就有 $a_B \to \infty$. 这就是说，零质量的"电子"会脱离原子核的束缚，因此不能形成稳定的原子.

6.4 ＊薛定谔方程的求解：有心力场

历史上，泡利在 1926 年最早利用氢原子完整的动力学对称性导出了氢原子的能级，而几乎同时，薛定谔通过直接求解薛定谔方程的方法得到了同样的结果. 为了讨论的完整性，本节和 6.5 节中我们将展示氢原子薛定谔方程的求解，这是标准的量子力学教材的内容，但与其他讨论并无直接关系，因此可以在阅读时略去.

---

① 见第 4 章习题 7.

有心力场中势能 U 只是径向距离 r 的函数，因而系统具有三维转动不变性，或称球对称性. 5.3 节我们已经证明，球对称系统的角动量分量与哈密顿量对易，即角动量分量守恒.

已知三维球坐标系中的拉普拉斯算符

$$\Delta = \frac{1}{r^2}\frac{\partial}{\partial r}r^2\frac{\partial}{\partial r} - \frac{\hat{J}^2}{r^2}, \tag{5.31}$$

其中

$$\hat{J}^2 = -\left[\frac{1}{\sin\theta}\frac{\partial}{\partial\theta}\left(\sin\theta\frac{\partial}{\partial\theta}\right) + \frac{1}{\sin^2\theta}\frac{\partial^2}{\partial\phi^2}\right]. \tag{5.29}$$

式中，r 是矢径长度，θ 是向量与 z 轴的极角，ϕ 是向量投影与 x 轴的方位角. 于是有心力场的定态薛定谔方程

$$-\frac{1}{2m_\mathrm{e}}\Delta\psi + U(r)\psi = E\psi,$$

可写为

$$-\frac{1}{2m_\mathrm{e}}\left[\frac{1}{r^2}\frac{\partial}{\partial r}\left(r^2\frac{\partial}{\partial r}\right) - \frac{\hat{J}^2}{r^2}\right]\psi + U(r)\psi = E\psi, \tag{6.20}$$

其中只有含 $\hat{J}^2$ 的项与 θ 和 ϕ 有关. 采用分离变量法，设

$$\psi(r,\theta,\phi) = R(r)Y(\theta,\phi), \tag{6.21}$$

代入方程并化简可得

$$\frac{1}{R}\frac{\mathrm{d}}{\mathrm{d}r}\left(r^2\frac{\mathrm{d}R}{\mathrm{d}r}\right) - 2m_\mathrm{e}r^2\left[U(r) - E\right] = \frac{1}{Y}\hat{J}^2Y.$$

上式等号左边为坐标 r 的函数，右边为 θ 和 ϕ 的函数，因而当且仅当方程两边都等于同一个常数时方程成立. 设该常数为 c，即

$$\frac{\mathrm{d}}{\mathrm{d}r}\left(r^2\frac{\mathrm{d}R}{\mathrm{d}r}\right) - 2m_\mathrm{e}r^2\left[U(r) - E\right]R = cR, \tag{6.22}$$

$$\hat{J}^2Y(\theta,\phi) = cY(\theta,\phi). \tag{6.23}$$

式 (6.23) 表明角度部分的波函数 $Y(\theta,\phi)$ 是 $\hat{J}^2$ 的一个本征态. 在希尔伯特空间中设其本征态为 $|\ell,m\rangle$，则有

$$\hat{J}^2\left|\ell,m\right\rangle = \ell(\ell+1)\left|\ell,m\right\rangle.$$

对照式 (6.23)，立即有

$$c = \ell(\ell+1).$$

而波函数 $Y(\theta, \phi)$ 实际上就是本征态 $|\ell, m\rangle$ 在三维球坐标下的表示. 代回式 (6.22) 和式 (6.23)，就得到

$$\frac{\mathrm{d}}{\mathrm{d}r}\left(r^2\frac{\mathrm{d}R}{\mathrm{d}r}\right) - 2m_\mathrm{e}r^2\left[U(r) - E\right]R = \ell(\ell+1)R, \tag{6.24}$$

$$\frac{1}{\sin\theta}\frac{\partial}{\partial\theta}\left(\sin\theta\frac{\partial Y}{\partial\theta}\right) + \frac{1}{\sin^2\theta}\frac{\partial^2 Y}{\partial\phi^2} = \ell(\ell+1)Y. \tag{6.25}$$

可以看到，角度部分的薛定谔方程与势能 $U(r)$ 无关，是任何旋转对称系统的共有方程. 接下来我们讨论其解 $Y(\theta, \phi)$ 在三维球坐标表象中的具体形式. 而径向方程则依赖势能 $U(r)$ 的具体形式，我们将在 6.5 节进一步讨论.

考虑到 $\hat{J}_z$ 和 $\hat{J}^2$ 对易，因此 $Y(\theta, \phi)$ 也是 $\hat{J}_z$ 的本征态，即

$$\hat{J}_z|\ell, m\rangle = m|\ell, m\rangle,$$

代入球坐标系下的角动量算符 (5.28)，就有

$$-\mathrm{i}\frac{\partial}{\partial\phi}Y(\theta, \phi) = mY(\theta, \phi),$$

解得

$$Y(\theta, \phi) = \psi_{\ell m}(\theta)\mathrm{e}^{\mathrm{i}m\phi},$$

其中 $\psi_{\ell m}(\theta)$ 只是 θ 的函数，但与本征值 ℓ 和 m 有关. 已知球坐标系下的升、降算符分别为

$$\begin{aligned}
\hat{J}_+ &= \hat{J}_x + \mathrm{i}\hat{J}_y = \mathrm{e}^{\mathrm{i}\phi}\left(\frac{\partial}{\partial\theta} + \mathrm{i}\cot\theta\frac{\partial}{\partial\phi}\right), \\
\hat{J}_- &= \hat{J}_x - \mathrm{i}\hat{J}_y = \mathrm{e}^{-\mathrm{i}\phi}\left(-\frac{\partial}{\partial\theta} + \mathrm{i}\cot\theta\frac{\partial}{\partial\phi}\right).
\end{aligned} \tag{5.34}$$

对降算符 $\hat{J}_-$ 有

$$\hat{J}_-|\ell, -\ell\rangle = \hat{J}_-\psi_{\ell,-\ell}\mathrm{e}^{\mathrm{i}(-\ell)\phi} = 0,$$

代入 $\hat{J}_-$ 的具体表达式可得

$$\left[-\frac{\partial}{\partial\theta}\psi_{\ell,-\ell}(\theta) + \ell\cot\theta\psi_{\ell,-\ell}(\theta)\right]\mathrm{e}^{-\mathrm{i}(\ell+1)\phi} = 0,$$

整理得到

$$\frac{1}{\psi_{\ell,-\ell}(\theta)}\frac{\partial}{\partial\theta}\psi_{\ell,-\ell}(\theta) = \ell\frac{\cos\theta}{\sin\theta},$$

即

$$\frac{1}{\psi_{\ell,-\ell}(\theta)}\mathrm{d}\psi_{\ell,-\ell}(\theta) = \ell\frac{\cos\theta}{\sin\theta}\mathrm{d}\theta = \ell\frac{1}{\sin\theta}\mathrm{d}\sin\theta,$$

两边同时对 θ 积分，得

$$\ln\psi_{\ell,-\ell}(\theta) = \ell\ln\sin\theta + c,$$

其中 c 为积分常数. 令 $c = \ln a$，化简得

$$\psi_{\ell,-\ell}(\theta) = a(\sin\theta)^{\ell}. \tag{6.26}$$

而对升算符 $\hat{J}_+$，由

$$\hat{J}_+|\ell,m\rangle = \sqrt{(\ell-m)(\ell+m+1)}\,|\ell,m+1\rangle,$$

代入 $\hat{J}_+$ 的具体表达式，得

$$\mathrm{e}^{\mathrm{i}\phi}\left(\frac{\partial}{\partial\theta} + \mathrm{i}\cot\theta\frac{\partial}{\partial\phi}\right)\psi_{\ell m}\mathrm{e}^{\mathrm{i}m\phi} = \sqrt{(\ell-m)(\ell+m+1)}\psi_{\ell,m+1}\mathrm{e}^{\mathrm{i}(m+1)\phi},$$

化简后可得递推关系

$$\psi_{\ell,m+1}(\theta) = \frac{\left(\dfrac{\mathrm{d}}{\mathrm{d}\theta} - m\cot\theta\right)\psi_{\ell m}(\theta)}{\sqrt{(\ell-m)(\ell+m+1)}}, \tag{6.27}$$

将式 (6.26) 代入，可得

$$\psi_{\ell,-\ell+1}(\theta) = 2\ell\sqrt{2\ell}\,a(\sin\theta)^{\ell-1}\cos\theta.$$

反复利用递推关系 (6.27)，即得通项

$$\psi_{\ell m}(\theta) = (-1)^{\ell+m}a\sqrt{\frac{(\ell-m)!}{(2\ell)!(\ell+m)!}}(\sin\theta)^m\left(\frac{\mathrm{d}}{\mathrm{d}\cos\theta}\right)^{\ell+m}(\sin\theta)^{2\ell}.$$

再对式 (6.26) 归一化

$$2\pi a^2\int_0^\pi(\sin\theta)^{2\ell+1}\mathrm{d}\theta = 1,$$

得到

$$a = \frac{1}{2^\ell \ell!} \sqrt{\frac{(2\ell+1)!}{4\pi}}.$$

于是有

$$Y_{\ell m}(\theta, \phi) = \frac{(-1)^{\ell+m}}{2^\ell \ell!} \sqrt{\frac{(2\ell+1)(\ell-m)!}{4\pi(\ell+m)!}} (\sin\theta)^m \left(\frac{\mathrm{d}}{\mathrm{d}\cos\theta} \right)^{\ell+m} (\sin\theta)^{2\ell} \mathrm{e}^{\mathrm{i}m\phi}.$$

(6.28)

以上求解过程与 5.3 节其实是一样的, 式 (6.28) 也就是式 (5.37). 一般地, 我们称 $Y_{\ell m}$ 为球谐函数.

进一步, 如果利用特殊函数, 我们有连带勒让德函数

$$P_\ell^m(x) = \frac{1}{2^\ell \ell!} (1-x^2)^{|m|/2} \left(\frac{\mathrm{d}}{\mathrm{d}x} \right)^{\ell+|m|} (x^2-1)^\ell.$$

(6.29)

代入式 (6.28) 就有

$$Y_{\ell m}(\theta, \phi) = (-1)^m \sqrt{\frac{(2\ell+1)(\ell-m)!}{4\pi(\ell+m)!}} P_\ell^m(\cos\theta) \mathrm{e}^{\mathrm{i}m\phi}.$$

(6.30)

其实, 如果仔细观察式 (6.25), 不难发现对 θ 和 ϕ 的求导算符是互相分离的. 因此, 我们也可以直接利用分离变量法求解这个二阶偏微分方程. 设

$$Y(\theta, \phi) = Y_{\ell m}(\theta, \phi) = \Theta(\theta)\Phi(\phi),$$

(6.31)

代入原方程 (6.25), 化简可得

$$\left\{ \frac{1}{\Theta} \left[\sin\theta \frac{\mathrm{d}}{\mathrm{d}\theta} \left(\sin\theta \frac{\mathrm{d}\Theta}{\mathrm{d}\theta} \right) \right] + \ell(\ell+1) \sin^2\theta \right\} = -\frac{1}{\Phi} \frac{\partial^2 \Phi}{\partial \phi^2}.$$

(6.32)

与前面类似, 上式等号左边仅为极角 θ 的函数, 右边仅为方位角 ϕ 的函数, 于是当且仅当两边等于同一常数时方程成立, 我们设该常数为 m^2 $(m \in \mathbb{C})$, 从而有

$$\frac{1}{\Theta} \left[\sin\theta \frac{\mathrm{d}}{\mathrm{d}\theta} \left(\sin\theta \frac{\mathrm{d}\Theta}{\mathrm{d}\theta} \right) \right] + \left[\ell(\ell+1) \sin^2\theta \right] \Theta = m^2,$$

(6.33)

$$\frac{1}{\Phi} \frac{\partial^2 \Phi}{\partial \phi^2} = -m^2.$$

(6.34)

很容易求出方程 (6.34) 的解[1]

$$\Phi(\phi) = \mathrm{e}^{im\phi}. \tag{6.35}$$

显然波函数都是单值函数，因此有周期性条件

$$\Phi(\phi + 2\pi) = \Phi(\phi). \tag{6.36}$$

代入解 (6.35) 可得 $\mathrm{e}^{2\pi im} = 1$，故 m 只能取整数，即

$$m = 0, \pm 1, \pm 2, \pm 3, \cdots .$$

而对方程 (6.33)，记 $x = \cos\theta$，方程化为

$$(1 - x^2)\frac{\mathrm{d}^2\Theta}{\mathrm{d}x^2} - 2x\frac{\mathrm{d}\Theta}{\mathrm{d}x} + \left[\ell(\ell+1) - \frac{m^2}{1-x^2}\right]\Theta = 0. \tag{6.37}$$

这称为连带勒让德方程. 在自然边界条件，即要求解在 $x = \pm 1$（即 $\theta = 0, \pi$）处有限的条件下，ℓ 只能取零或正整数[2]. 于是方程的解为

$$\Theta(\theta) = A\mathrm{P}_\ell^m(x) = A\mathrm{P}_\ell^m(\cos\theta), \tag{6.38}$$

其中 A 为常数，$\mathrm{P}_\ell^m(x)$ 就是上面提到的连带勒让德函数

$$\mathrm{P}_\ell^m(x) = (1 - x^2)^{|m|/2}\left(\frac{\mathrm{d}}{\mathrm{d}x}\right)^{|m|}\mathrm{P}_\ell(x), \tag{6.39}$$

其中 $\mathrm{P}_\ell(x)$ 是 ℓ 阶勒让德多项式

$$\mathrm{P}_\ell(x) = \frac{1}{2^\ell \ell!}\left(\frac{\mathrm{d}}{\mathrm{d}x}\right)^\ell (x^2 - 1)^\ell. \tag{6.40}$$

注意式 (6.40) 是一个 ℓ 次多项式，求导超过 ℓ 次就为零. 所以为了得到非零的波函数，必须要求 $|m| \leqslant \ell$. 将式 (6.35) 和式 (6.38) 代回 (6.31)，得到方程 (6.25) 的解为

$$\mathrm{Y}_{\ell m}(\theta, \phi) = (-1)^m\sqrt{\frac{(2\ell+1)(\ell-m)!}{4\pi(\ell+m)!}}\mathrm{P}_\ell^m(\cos\theta)\mathrm{e}^{im\phi}.$$

这与我们此前求得的解 (6.30) 一致.

---

[1] 事实上方程 (6.34) 的解为 $\mathrm{e}^{im\phi}$ 和 $\mathrm{e}^{-im\phi}$ 的线性组合. 但对于 $\mathrm{e}^{-im\phi}$，我们可认为其对应于 m 取 $-m$ 的情况；而对于常数系数，我们可将其合并入 Θ，从而在这里直接取 1.

[2] 详细的求解过程将在数学物理方法课程中学习，这里我们只引用结果.

球谐函数 $Y_{\ell m}(\theta, \phi)$ 的具体形式通常可以通过查表 5.1 得到，这里列举了几个简单的情况，分别是 ℓ、m 取 0、1、2 时的解

$$Y_{00}(\theta, \phi) = \frac{1}{2}\sqrt{\frac{1}{\pi}},$$

$$Y_{1,-1}(\theta, \phi) = \frac{1}{2}\sqrt{\frac{3}{\pi}}e^{-i\phi}\sin\theta,$$

$$Y_{10}(\theta, \phi) = \frac{1}{2}\sqrt{\frac{3}{\pi}}\cos\theta,$$

$$Y_{11}(\theta, \phi) = -\frac{1}{2}\sqrt{\frac{3}{\pi}}e^{i\phi}\sin\theta,$$

$$Y_{2,-2}(\theta, \phi) = \frac{1}{4}\sqrt{\frac{15}{2\pi}}e^{-2i\phi}\sin^2\theta,$$

$$Y_{2,-1}(\theta, \phi) = \frac{1}{2}\sqrt{\frac{15}{2\pi}}e^{-i\phi}\sin\theta\cos\theta,$$

$$Y_{20}(\theta, \phi) = \frac{1}{4}\sqrt{\frac{5}{2\pi}}(3\cos^2\theta - 1),$$

$$Y_{21}(\theta, \phi) = -\frac{1}{2}\sqrt{\frac{15}{2\pi}}e^{i\phi}\sin\theta\cos\theta,$$

$$Y_{22}(\theta, \phi) = \frac{1}{4}\sqrt{\frac{15}{2\pi}}\sin^2\theta e^{2i\phi}.$$

根据球谐函数的一般形式，也可以推导一些基本性质，例如

$$Y_{\ell,-m}(\theta, \phi) = (-1)^m Y_{\ell m}^*(\theta, \phi).$$

根据波函数的统计解释，对本节求得的球谐函数平方积分，即可得到有心力场中粒子的角分布，也就是我们通常所说的"电子云". 几种简单的"电子云"如图 6.1 所示.

6.5 * 薛定谔方程的求解：径向方程

6.4 节中我们求解了氢原子薛定谔方程的角度部分，由于该部分与势能 $U(r)$ 无关，因而适用于任何球对称系统. 因而，对具体的物理问题，我们通常只需求解径向方程即可.

现在我们回到氢原子的径向方程

$$\frac{\mathrm{d}}{\mathrm{d}r}\left(r^2\frac{\mathrm{d}R}{\mathrm{d}r}\right) - 2m_{\mathrm{e}}r^2\left[U(r) - E\right]R = \ell(\ell+1)R. \tag{6.24}$$

记 $u(r) = rR(r)$ 并代入库仑势 $U(r) = -\dfrac{\alpha}{r}$，则方程化为

$$-\frac{1}{2m_{\mathrm{e}}}\frac{\mathrm{d}^2u}{\mathrm{d}r^2} + \left[-\frac{\alpha}{r} + \frac{1}{2m_{\mathrm{e}}}\frac{\ell(\ell+1)}{r^2}\right]u = Eu. \tag{6.41}$$

令

$$\kappa = \sqrt{-2m_{\mathrm{e}}E},$$

得到

$$\frac{1}{\kappa^2}\frac{\mathrm{d}^2u}{\mathrm{d}r^2} - \left[1 + \frac{\alpha\kappa}{E}\frac{1}{(\kappa r)} + \frac{\ell(\ell+1)}{(\kappa r)^2}\right]u = 0.$$

定义无量纲量

$$\rho = \kappa r, \tag{6.42}$$

并令

$$\rho_0 = \frac{\alpha\kappa}{E}, \tag{6.43}$$

原方程化为

$$\frac{\mathrm{d}^2u}{\mathrm{d}\rho^2} - \left[1 + \frac{\rho_0}{\rho} + \frac{\ell(\ell+1)}{\rho^2}\right]u = 0. \tag{6.44}$$

考察该方程在 $\rho \to +\infty$ 时的渐近行为[①]，该极限下方程变为

$$\frac{\mathrm{d}^2u}{\mathrm{d}\rho^2} = u,$$

有通解

$$u(\rho) = Ae^{-\rho} + Be^{\rho},$$

其中 A、B 为待定系数. 对波函数来说，显然有 $\lim\limits_{\rho\to+\infty} u(\rho) \to 0$，于是立即得 $B = 0$，此时的渐近解为 $Ae^{-\rho}$. 再考虑方程在 $\rho \to 0$ 时的渐近行为，此时方程变为

$$\frac{\mathrm{d}^2u}{\mathrm{d}\rho^2} = \frac{\ell(\ell+1)}{\rho^2}u.$$

---

① 这里我们讨论两个极限情况以简化计算. 事实上，如果在 $\rho \to +\infty$ 的讨论后不讨论 $\rho \to 0$ 的渐近行为，而是将 u 写成 $u(\rho) = e^{-\rho}f(\rho)$ 的形式代入式 (6.44) 中，亦可用正则奇点的级数解法解出方程，对此感兴趣的同学可以自行验算；再或者，不讨论渐近行为，直接解方程 (6.44)，也能计算出最终的正确结果.

这是个欧拉方程, 其通解为

$$u(\rho) = C\rho^{\ell+1} + D\rho^{-\ell}.$$

由于当 $\rho \to 0$ 时, $\rho^{-\ell} \to +\infty$, 故波函数的条件要求 $D = 0$, 此时的渐近解为 $C\rho^{\ell+1}$.

根据以上的渐近解, 可设 u 的形式为

$$u(\rho) = \rho^{\ell+1}\mathrm{e}^{-\rho}v(\rho), \tag{6.45}$$

其中 $v(\rho)$ 为待求函数. 容易证明式 (6.45) 在 $\rho^{-\ell} \to 0$ 和 $\rho^{-\ell} \to +\infty$ 两个极限下退化为对应的渐近解. 代入方程 (6.44), 整理得

$$\rho\frac{\mathrm{d}^2v}{\mathrm{d}\rho^2} + 2(\ell+1-\rho)\frac{\mathrm{d}v}{\mathrm{d}\rho} + [\rho_0 - 2(\ell+1)]\,v = 0. \tag{6.46}$$

采用级数法求解, 设[①]

$$v(\rho) = \sum_{j=0}^{+\infty} c_j\rho^j, \tag{6.47}$$

代入式 (6.46), 经过一系列代数计算, 可得到如下系数递推关系:

$$c_{j+1} = \frac{2(j+\ell+1) - \rho_0}{(j+1)(j+2\ell+2)}c_j. \tag{6.48}$$

分析以上递推式, 注意到, 若存在一个非负整数 $j_{\max}$ 使

$$2(j_{\max}+\ell+1) - \rho_0 = 0,$$

则 $j_{\max}$ 就是使 $c_j \neq 0$ 成立的 j 的最大取值, 也即 $v(\rho)$ 将退化为 $j_{\max}$ 次多项式. 于是我们定义主量子数

$$n = j_{\max}+\ell+1, \quad n \in \mathbb{N}^+,$$

则

$$\rho_0 = 2n. \tag{6.49}$$

从式 (6.42) 和式 (6.43) 可知, 能量 E 由 ρ_0 所确定, 即

$$4n^2 = \frac{\alpha^2\kappa^2}{E^2} = -\frac{2m_\mathrm{e}\alpha^2}{E},$$

---

① 值得注意的是, $v(\rho)$ 的级数展开是从 $j = 0$ 开始的, 这是因为前面讨论的 $\rho \to 0$ 渐进解 $\rho \sim C\rho^{\ell+1}$ 保证了 $v(\rho)$ 可以有常数项.

也即

$$E_n = -\frac{m_e \alpha^2}{2n^2}, \quad n = 1, 2, 3, \cdots$$

这与式 (6.16) 一致.

回到径向方程的解, 由式 (6.42) 和式 (6.45) 得到

$$R_{n\ell}(r) = \frac{1}{r}u(r) = \kappa^{\ell+1} r^\ell e^{-\kappa r} v(\kappa r), \tag{6.50}$$

其中 $\kappa = m\alpha/n$. 或可写成

$$R_{n\ell}(r) = N_{n\ell} \frac{1}{a_n r} e^{-\frac{1}{2}a_n r} L_{n+\ell}^{2\ell+1}(a_n r), $$

其中 $N_{n\ell}$ 为归一化系数, $a_n = \sqrt{8m \mid E_n \mid}$, 而

$$L_{q-p}^p(x) = (-1)^p \left(\frac{\mathrm{d}}{\mathrm{d}x}\right)^p L_q(x), \tag{6.51}$$

$$L_q(x) = e^x \left(\frac{\mathrm{d}}{\mathrm{d}x}\right)^q (e^{-x}x^q) \tag{6.52}$$

分别为关联拉盖尔 (Laguerre) 多项式和拉盖尔多项式.

至此, 我们求解薛定谔方程的方法得到了氢原子的能级

$$E_n = -\frac{m_e \alpha}{2n^2}, \quad n = 1, 2, 3, \cdots \tag{6.16}$$

和波函数

$$\psi_{n\ell m}(r, \theta, \phi) = R_{n\ell}(r) Y_{\ell m}(\theta, \phi), \tag{6.53}$$

其中

$$R_{n\ell}(r) = \frac{1}{r}u(r) = \kappa^{\ell+1} r^\ell e^{-\kappa r} v(\kappa r), \quad \kappa = \frac{m_e \alpha}{n}, \tag{6.50}$$

$$Y_{\ell m}(\theta, \phi) = (-1)^m \sqrt{\frac{(2\ell+1)(\ell-m)!}{4\pi(\ell+m)!}} P_\ell^m(\cos\theta) e^{\mathrm{i}m\phi}. \tag{6.30}$$

6.6 原子磁偶极矩

在经典的原子模型中, 电子绕核转动会产生磁效应. 考虑一个质量为 m_q、电荷为 q 的带电粒子在半径为 r 的圆周上以速率 v 运动. 该粒子可以产生一个环形

的有效电流, 有

$$I = \frac{1}{2\pi r \mathrm{d}s} qv \, \mathrm{d}s = \frac{qv}{2\pi r},$$

其中 $\mathrm{d}s$ 为垂直于带电粒子运动方向的横截面面元. 这种环形电流会产生磁偶极矩

$$\boldsymbol{M} = \frac{1}{2} \oint \boldsymbol{r} \times I \mathrm{d}\boldsymbol{l} = \frac{q}{4\pi r} \oint \boldsymbol{r} \times v \mathrm{d}\boldsymbol{l} = \frac{1}{2} q \boldsymbol{r} \times \boldsymbol{v}, \qquad (6.54)$$

简称磁矩, 或可写成

$$\boldsymbol{M} = \frac{1}{2} \oint \boldsymbol{r} \times I \mathrm{d}\boldsymbol{l} = I A \boldsymbol{e_z}, \qquad (6.55)$$

其中, A 为环形电流围成的面积, $\boldsymbol{e_z}$ 为垂直于该平面的单位矢量.

而由带电粒子的角动量

$$\boldsymbol{J} = \boldsymbol{r} \times m_q \boldsymbol{v},$$

对照式 (6.54) 易知磁矩可写成如下形式:

$$\boldsymbol{M} = \gamma \boldsymbol{J}, \quad \gamma = \frac{q}{2m_q}, \qquad (6.56)$$

其中 γ 称为旋磁比.

现在我们考虑量子力学的情况. 以氢原子为例, 核外电子以波函数

$$\psi_{n\ell m}(r, \theta, \phi) = R_{n\ell}(r) \mathrm{Y}_{\ell m}(\theta, \phi) \qquad (6.53)$$

来描述. 容易理解, 在波函数的概率解释下, 电子运动形成的电流密度与式 (4.25) 定义的概率流密度有如下关系:

$$\boldsymbol{J}_{\mathrm{e}} = -e\boldsymbol{J} = -\frac{\mathrm{i}e}{2m_{\mathrm{e}}} \left(\psi_{n\ell m} \nabla \psi_{n\ell m}^* - \psi_{n\ell m}^* \nabla \psi_{n\ell m} \right), \qquad (6.57)$$

或写成分量形式

$$J_r = -\frac{\mathrm{i}e}{2m_{\mathrm{e}}} \left(\psi_{n\ell m} \frac{\partial}{\partial r} \psi_{n\ell m}^* - \psi_{n\ell m}^* \frac{\partial}{\partial r} \psi_{n\ell m} \right), \qquad (6.58)$$

$$J_\theta = -\frac{\mathrm{i}e}{2m_{\mathrm{e}}} \frac{1}{r} \left(\psi_{n\ell m} \frac{\partial}{\partial \theta} \psi_{n\ell m}^* - \psi_{n\ell m}^* \frac{\partial}{\partial \theta} \psi_{n\ell m} \right), \qquad (6.59)$$

$$J_\phi = -\frac{\mathrm{i}e}{2m_{\mathrm{e}} r \sin\theta} \left(\psi_{n\ell m} \frac{\partial}{\partial \phi} \psi_{n\ell m}^* - \psi_{n\ell m}^* \frac{\partial}{\partial \phi} \psi_{n\ell m} \right). \qquad (6.60)$$

注意到 $\psi_{n\ell m}(r,\theta,\phi)$ 是关于 r 和 θ 的实函数, 因此式 (6.58) 和式 (6.59) 中共轭项的存在直接使 $J_r = J_\theta \equiv 0$, 即电流只存在于与 z 轴垂直的平面里; 又注意到

$$\Phi(\phi) = e^{im\phi}, \tag{6.35}$$

因而容易验证式 (6.60) 中 $\psi_{n\ell m}$ 与 $\psi_{n\ell m}^*$ 中的 $e^{\pm im\phi}$ 项将相消, 于是电流大小与 ϕ 无关, 只是 r 和 θ 的函数. 代回 6.5 节末得到的 $\psi_{n\ell m}$ 的完整表达式, 我们有[①]

$$J_e = J_\phi = -\frac{em}{m_e r \sin\theta} R_{n\ell}^2(r) P_\ell^m(\cos\theta)^2 = -\frac{em}{m_e r \sin\theta}|\psi_{n\ell m}|^2. \tag{6.61}$$

我们借用半经典的图像来理解, 如图 6.2 所示, 在 (r,θ,ϕ) 处取垂直于电子运动方向的面元 ds, 则电流强度为

$$dI = J_e ds.$$

由该电流产生的磁矩, 与电流平面垂直, 沿 z 方向, 其形式为

$$dM_z = AdI = \pi r^2 \sin^2\theta J_e ds,$$

其中 A 为电流包围的面积. 积分后得到

$$M_z = -\frac{e}{2m_e}m\int |\psi_{n\ell m}|^2 d\tau = -\frac{e}{2m_e}m = -\mu_B m, \tag{6.62}$$

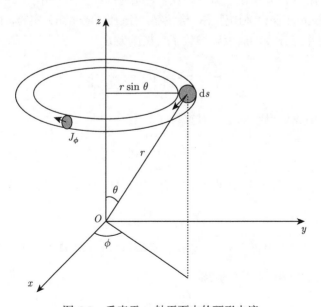

图 6.2 垂直于 z 轴平面内的环形电流

[①] 注意区分这里的 m_e 与 m, 后者是角动量 $\hat{J}_z$ 的本征值.

其中 $\mathrm{d}\tau = 2\pi r \sin\theta \mathrm{d}s$，$\mu_\mathrm{B}$ 称为玻尔磁子[①]

$$\mu_\mathrm{B} = \frac{e\hbar}{2m_\mathrm{e}} = \frac{\sqrt{\alpha}}{2m_\mathrm{e}} \sim 5.79 \times 10^{-11} \ \mathrm{MeV/T}. \tag{6.63}$$

因为 m 是算符 $\hat{J}_z$ 的本征值，

$$\hat{J}_z |n\ell m\rangle = m |n\ell m\rangle, \quad m = 0, \pm 1, \pm 2, \pm 3, \cdots,$$

所以式 (6.62) 表明氢原子磁矩 M_z 和轨道角动量 z 方向分量 J_z 一样具有分立的取值，但方向相反，关系如下[②]：

$$\frac{M_z}{J_z} = -\mu_\mathrm{B} = -\frac{e\hbar}{2m_\mathrm{e}}. \tag{6.64}$$

在自然单位制下 $\hbar = 1$，并且对电子来说 $q = -e$，于是式 (6.64) 就回到了式 (6.56) 中的经典旋磁比. 也就是说，我们可以定义氢原子中的磁矩算符

$$\hat{M}_z = \gamma \hat{J}_z, \quad \gamma = -e/(2m_\mathrm{e}) = -\mu_\mathrm{B}. \tag{6.65}$$

原子磁矩的存在使中性原子在磁场中显现出新的物理现象，由此带来了重要的物理发现. 在 6.7 节和 7.1 节中，我们将介绍与之有关的两个经典实验——塞曼效应（Zeeman effect）和施特恩–格拉赫（Stern-Gerlach）实验，前者关系着对称性破缺和简并态分裂，后者则导致了自旋的发现.

6.7　对称性与简并

在 4.7 节中我们已经知道，对算符 $\hat{F}$，若

$$[\hat{H}, \hat{F}] = 0,$$

则 $\hat{F}$ 对应一个守恒量. 设 $\hat{H}$ 的本征态为 $|E\rangle$，即

$$\hat{H}|E\rangle = E|E\rangle,$$

---

① 上面推导中使用的是自然单位制 ($\hbar = c = 1$)，现在为了得到 μ_B 的值，在下式中我们转换回标准单位制.

② 一般地，我们定义磁矩和角动量的关系

$$\frac{M_z}{J_z} = -g\mu_\mathrm{B},$$

g 称为朗德因子（Landé factor）. 在这里 $g = 1$，但并不是所有情况下 g 都等于 1，例如在 7.6 节我们就会看到对自旋来说 $g = 2$.

容易有

$$\hat{H}\hat{F}|E\rangle = \hat{F}\hat{H}|E\rangle = E\hat{F}|E\rangle,$$

即 $\hat{F}|E\rangle$ 也是 $\hat{H}$ 的本征态. 这时有两种可能性, 一种是 $\hat{F}|E\rangle = c|E\rangle \ (c \neq 0)$, 即二者是同一个本征态; 另一种是 $\hat{F}|E\rangle$ 与 $|E\rangle$ 线性无关但对应同一个本征值 E, 此时根据 4.5 节的讨论, 这两个态为简并态.

下面我们简单讨论如何判断简并态是否存在. 假设系统存在两个守恒量算符 $\hat{F}$ 和 $\hat{G}$, 即

$$[\hat{H}, \hat{F}] = [\hat{H}, \hat{G}] = 0,$$

且满足

$$[\hat{F}, \hat{G}] \neq 0,$$

令 $\hat{H}$ 和 $\hat{F}$ 的共同本征态为 $|f\rangle$, 则有

$$\hat{H}|f\rangle = E|f\rangle, \quad \hat{F}|f\rangle = f|f\rangle,$$

可以证明

$$\hat{H}\hat{G}|f\rangle = \hat{G}\hat{H}|f\rangle = E\hat{G}|f\rangle,$$

因此 $\hat{G}|f\rangle$ 也是 $\hat{H}$ 的一个本征态. 但由于

$$\hat{F}\hat{G}|f\rangle \neq \hat{G}\hat{F}|f\rangle = f\hat{G}|f\rangle,$$

所以 $\hat{G}|f\rangle$ 不是算符 $\hat{F}$ 对应本征值为 f 的本征态, 于是 $\hat{G}|f\rangle \neq c|f\rangle$. 因此, $|f\rangle$ 和 $\hat{G}|f\rangle$ 作为 $\hat{H}$ 的本征态就构成了二重简并. 一般地, 如果我们能找到两个不对易的守恒量算符, 就能找到至少二重的简并.

我们以一个球对称系统来看简并存在的例子. 根据 6.6 节可知, 球对称系统的哈密顿量可以写成

$$\hat{H} = \frac{\hat{p}_r^2}{2m_0} + \frac{\hat{J}^2}{2m_0 r^2} + U(r).$$

因为球对称系统势能不显含角度, 所以

$$[\hat{J}_i, U(r)] = 0,$$

因此

$$[\hat{J}_i, \hat{H}] = 0, \quad [U(r), \hat{H}] = 0.$$

这时角动量的各分量均为守恒量, 且系统在转动变换下不变, 故系统有 $SO(3)$ 对称性. 但是我们知道角动量各分量之间不对易, 即

$$[\hat{J}_i, \hat{J}_j] = \mathrm{i}\epsilon_{ijk}\hat{J}_k,$$

所以对 $\hat{J}^2$ 和 $\hat{J}_z$ 的共同本征态 $|j,m\rangle$，有

$$\hat{J}^2|j,m\rangle = j(j+1)|j,m\rangle, \quad \hat{J}^2\hat{J}_x|j,m\rangle = j(j+1)\hat{J}_x|j,m\rangle,$$

但是

$$\hat{J}_z\hat{J}_x|j,m\rangle \neq \hat{J}_x\hat{J}_z|j,m\rangle = m\hat{J}_x|j,m\rangle.$$

因此，虽然 $\hat{J}_x|j,m\rangle$ 和 $|j,m\rangle$ 同为 $\hat{J}^2$ 的本征态，对应同样的本征值，但却是两个不同的态，即简并态. 从另一个角度来看，我们知道 $\hat{J}^2$ 的本征值 $j(j+1)$ 显然不含 m，然而却有

$$m = -j, -j+1, \cdots, j-1, j$$

共 $2j+1$ 个本征态 $|j,m\rangle$ 对应同样的 $\hat{J}^2$ 本征值. 因此，一个有 $SO(3)$ 转动对称性的系统对应有 $2j+1$ 的简并度.

　　回到氢原子，由于平方反比力（即 $1/r$ 势）引入了新的守恒量，即龙格–楞次矢量 $\hat{R}_i$，且

$$[\hat{J}_i, \hat{J}_j] \neq 0, \quad [\hat{J}_i, \hat{R}_j] \neq 0, \quad [\hat{R}_i, \hat{R}_j] \neq 0,$$

这样，系统就有六个不对易的守恒量. 因此，氢原子系统具有了更高的 $SO(4)$ 对称性，也就具有比一般有心力场的 $SO(3)$ 对称系统更高的简并度. 6.3 节我们已经知道，氢原子能级 E_n 为

$$E_n = -\frac{m\alpha^2}{2n^2}, \tag{6.16}$$

只与 n 有关，而对给定 n 有

$$j = n-1, n-2, \cdots, 1, 0. \tag{6.17}$$

由此得到氢原子能级的简并度为

$$\sum_{j=0}^{n-1}(2j+1) = n^2.$$

此外，第 7 章我们将看到，自旋会带来额外的二重简并，这样氢原子系统就具有 $2n^2$ 的简并度.

　　回到 6.6 节讨论过的原子磁矩. 在恒定磁场

$$\boldsymbol{B} = B_0\boldsymbol{e}_z$$

中，磁矩会给氢原子的哈密顿量带来修正，新的哈密顿量为

$$H_1 = H_0 - \boldsymbol{M}_z \cdot \boldsymbol{B} = H_0 - \gamma B_0 J_z,$$

写成算符的形式即

$$\hat{H}_1 = \hat{H}_0 - \gamma B_0 \hat{J}_z, \tag{6.66}$$

其中 $\hat{H}_0$ 是原来氢原子的哈密顿量. 鉴于 $\hat{J}_z$ 是守恒量，满足 $[\hat{J}_z, \hat{H}_0] = 0$. 利用算符的性质容易得到

$$[\hat{H}_1, \hat{H}_0] = 0,$$

所以 $\hat{H}_1$ 和 $\hat{H}_0$ 两个算符有共同的本征态，即 $|n\ell m\rangle$ 也是 $\hat{H}_1$ 的本征态.

在 6.2 节和 6.3 节中，我们讨论了无外加磁场的氢原子系统的守恒量. 我们发现该系统中有 $\hat{J}_i$ 和 $\hat{R}_i$ 共六个守恒量算符，满足

$$[\hat{R}_i, \hat{H}_0] = 0, \quad [\hat{J}_i, \hat{H}_0] = 0.$$

由此系统具有 $SO(4)$ 对称性. 但对于有外加磁场的新系统，由于

$$[\hat{R}_i, \hat{J}_j] = i\epsilon_{ijk}\hat{R}_k,$$

所以有

$$[\hat{R}_i, H_1] \neq 0,$$

$$[\hat{J}_i, H_1] \neq 0, \quad i = x, y,$$

$$[\hat{J}_z, H_1] = 0.$$

因而系统只剩下 $\hat{J}_z$ 一个守恒量，相应地对称性也从原本的 $SO(4)$ 对称破缺到 $SO(2)$ 对称[①]，这是一个典型的对称性破缺效应.

考虑本征态 $|n\ell m\rangle$，设其在新哈密顿量下的本征值为 E，即

$$\hat{H}_1 |n\ell m\rangle = (\hat{H}_0 - \gamma B_0 \hat{J}_z) |n\ell m\rangle = E |n\ell m\rangle.$$

而在未加磁场的哈密顿量下

$$\hat{H}_0 |n\ell m\rangle = E_0 |n\ell m\rangle,$$

因此

$$\Delta E = E - E_0 = -\left\langle n\ell m | \gamma B_0 \hat{J}_z | n\ell m \right\rangle = \mu_{\text{B}} B_0 m,$$

其中利用了氢原子中旋磁比 $\gamma = -\mu_{\text{B}}$. 我们看到，外加的磁场使得原来 m 简并的能级发生了分裂. 例如，当电子从 $\ell = 1$ 跃迁到 $\ell = 0$ 态时，原本单一的光谱

---

① 请回顾我们在 3.2 节讨论的 $SO(2)$ 变换.

会因为外加磁场分裂为三条谱线，分别对应 $m = -1, 0, +1$. 这种现象首先被荷兰物理学家塞曼在研究钠光源在磁场中的行为时发现，因此被称为塞曼效应[①].

至此，我们看到了对称性与简并态的对应关系，如表 6.1 所示. 在 7.6 节和第 8 章中我们还将看到，氢原子的 $SO(4)$ 对称性会因为相对论修正和自旋轨道耦合等被破缺为 $SO(3)$ 对称性.

表 6.1　对称性与简并度

势能	有心力场	$1/r$ 势	塞曼效应
对称性	$SO(3)$	$SO(4)$	$SO(2)$
简并度	$2j+1$	$\sum\limits_{j=0}^{n-1}(2j+1)$	无简并

∽ 第 6 章习题 ∽

1. 在经典力学系统，对于有心力场 $U(r) = k/r$，其中 $r = \sqrt{\boldsymbol{r} \cdot \boldsymbol{r}}$，其 LRL 矢量 $\boldsymbol{R}$ 可以写成（注意保证第二项的正负号自洽）

$$\boldsymbol{R} = \frac{1}{m}\boldsymbol{p} \times \boldsymbol{L} + k\frac{\boldsymbol{r}}{r},$$

证明 $\boldsymbol{R}$ 是守恒量，即

$$\frac{\mathrm{d}\boldsymbol{R}}{\mathrm{d}t} = 0 ,$$

并证明

$$\boldsymbol{R} \cdot \boldsymbol{L} = 0 .$$

2. 对于

$$H = \frac{p_i{}^2}{2m} - \frac{\alpha}{r},$$

量子力学中的 $\boldsymbol{R}$ 为

$$\boldsymbol{R} = \frac{1}{2m}(\boldsymbol{p} \times \boldsymbol{L} - \boldsymbol{L} \times \boldsymbol{p}) - \alpha\hat{r}$$

证明其厄米性 $R^\dagger = R$，并利用第 4 章习题 17 的结果，证明 $[R, H] = 0$.

3. 计算上题中的 R^2，并根据 $N_\pm = (J \pm R')/2$ 计算 N_+^2 和 N_-^2.

4. 设 N_+^2 的本征值为 n_+，令 $n = 2n_+ + 1$，给出能级的形式，对给定 n，角动量 J^2 本征值 j 的取值范围及简并度（不考虑自旋）.

5. 从氢原子能级形式，在自然单位制下，计算氢原子光谱的里德伯常数和基态氢原子（即 $n = 1$ 时）的半径.

[①] 事实上，因为电子自旋的存在，在部分情况下谱线会发生进一步的分裂，但历史上塞曼刚开始发现塞曼效应时并没有观察到这种分裂. 后来，人们把无自旋的塞曼效应称为正常塞曼效应，而把有自旋的塞曼效应称为反常塞曼效应. 有关反常塞曼效应的内容我们将在 8.4 节讨论.

第 7 章

自　旋

> What makes the theory of relativity so acceptable to physicists in spite of its going against the principle of simplicity is its great mathematical beauty. This is a quality which cannot be defined, any more than beauty in art can be defined, but which people who study mathematics usually have no difficulty in appreciating.
>
> ——Paul Dirac

前面我们已经完成了对氢原子能级的讨论，然而，新的实验事实表明氢原子的能级还存在上述理论无法解释的简并. 为了解释这一现象，1925 年，乌伦贝克（G. E. Uhlenbeck）和古兹米特（S. A. Goudsmit）率先提出了自旋角动量的假设. 在非相对论量子力学框架下，通过引入两分量旋量的泡利方程可以描述自旋，但并不能理解自旋的起源. 另外，从场论观点出发，所有在时空中传播的粒子必然是时空对称群的某种表示，自旋作为一种内禀性质与此密切相关. 电子的自旋正是作为四维闵可夫斯基时空的旋量表示被理解. 因此，本章我们将延续使用前面章节的群论工具，聚焦于相对论量子力学的讨论. 为此，本章首先将介绍一种简单直接推导相对论性波动方程的方法，即通过相对论能动量关系导出克莱恩–戈尔登方程. 我们将逐步介绍洛伦兹群及其旋量表示，并最终导出能完美解释自旋的狄拉克方程. 最后，我们会在非相对论极限的视角下讨论狄拉克方程，这将回到非相对论量子力学对自旋的描述，同时也进一步确认了电子自旋源于狄拉克方程. 然而克莱因–戈尔登方程并不使人满意，其中存在的负能态的问题迫使我们从更深刻的视角上发现相对论量子力学其实并非一个自洽的理论，需要从量子场论来理解，这将在 9.3 节中详细介绍.

7.1 自旋的发现

容易知道, 一个磁矩 M 在外加磁场中具有势能

$$U = -\boldsymbol{M} \cdot \boldsymbol{B},$$

由此, 在非均匀磁场中磁矩将受到外力

$$\boldsymbol{F} = -\nabla U = \nabla \left(\boldsymbol{M} \cdot \boldsymbol{B} \right).$$

而回到 6.6 节得到的原子磁矩

$$\hat{M}_z = \gamma \hat{J}_z, \quad \gamma = -e/2m_{\mathrm{e}} = -\mu_{\mathrm{B}}. \tag{6.65}$$

因而, 如果磁场仅沿 z 方向不均匀, 就有

$$F_z = M_z \frac{\partial B_z}{\partial z}.$$

这说明, 当磁矩不为零的原子垂直匀速进入非均匀磁场时, 会在磁场梯度方向受力而产生偏移. 因此, 我们可以通过测量粒子路径的偏移来研究磁矩. 历史上, 施特恩和格拉赫就是利用这种思想来研究原子性质的, 这一实验称为施特恩–格拉赫实验. 实验的具体设计是通过控制加热炉的温度得到特定速率分布的中性粒子, 并让粒子垂直进入磁场区域, 穿过非均匀磁场后射在真空室内的屏上, 如图 7.1 所示.

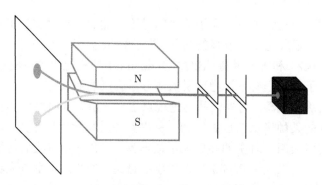

图 7.1 施特恩–格拉赫实验装置示意图

这样, 通过测量屏上斑纹的距离, 就可以算出原子磁矩. 施特恩和格拉赫起初使用银原子作为入射粒子[①], 在屏上看到了分立的斑纹, 这成为角动量量子化的

---

① 有趣的是, 据施特恩回忆, 他常常在实验时抽雪茄, 但时任玻恩助理的他收入微薄, 只能购买质量较差、含有大量硫的雪茄. 当他无意中将含硫的烟吐在实验用的屏上时, 沉积的银原子与硫结合形成了灰黑色的硫化银, 从而在屏上显现出来. 这成为该实验现象的最早发现. 参见 Friedrich B, Herschbach D. Stern and Gerlach: How a bad cigar helped reorient atomic physics. Physics Today, 2016, 56: 12.

有力证据. 然而与预期不符的是，实验中斑纹的数量始终是偶数个，这与角动量理论预言的 $2j+1$ 个不符. 后来，人们用基态氢原子重复施特恩–格拉赫实验，看到斑纹分裂为两条，这仍然与理论预言不符[①].

回到 5.2 节的讨论，我们知道 $j=\dfrac{1}{2}$ 的情况对应于二重态

$$\left|\frac{1}{2},\frac{1}{2}\right\rangle,\quad \left|\frac{1}{2},-\frac{1}{2}\right\rangle, \tag{5.22}$$

这与基态氢原子的施特恩–格拉赫实验结果正好相符. 因此，我们可以大胆猜测氢原子中的电子具有一个值为 $\dfrac{1}{2}$ 的内禀角动量. 1925 年，受到包括施特恩–格拉赫实验在内一系列实验的启发，乌伦贝克和古兹米特首先提出了这一内禀角动量的假设，并将其称为电子的自旋. 鉴于这是一个二重态系统，有时我们也将自旋二重态简写成

$$|\chi\rangle = |+\rangle,\ |-\rangle \quad \text{或}\quad |\chi\rangle = |\uparrow\rangle,\ |\downarrow\rangle, \tag{7.1}$$

其中 $|\chi\rangle$ 称为自旋态波函数. 一般地，自旋角动量为

$$\hat{S}_i = \frac{1}{2}\sigma_i, \tag{7.2}$$

其中 σ_i 是泡利矩阵.

通过类似的实验，我们也能证实质子存在 $1/2$ 的自旋[②]. 最早用于施特恩–格拉赫实验的银原子由一个原子核和 47 个核外电子构成，其价电子排布为 $4d^{10}5s^1$，由于泡利不相容原理[③]，银原子中 46 个内层电子以自旋两两相反的状态填满了内壳层，于是它们总的自旋磁矩贡献为零，则银原子的磁矩仅由 5s 电子和原子核贡献. 又因为磁矩与质量成反比，显然在银原子磁矩中占主导地位的是 5s 电子的贡献，因此银原子的施特恩–格拉赫实验显示出的主要是电子的自旋磁矩. 要使用类似的实验探究质子自旋，首先想到的就是利用以单个质子为原子核的氢原子，但显然氢原子的磁矩也由电子主导，所以必须设法消除电子自旋磁矩的贡献. 考虑到泡利不相容原理要求处于同一能级的两个电子自旋相反，当两个氢原子通过共价键形成氢分子 H_2 时，共价键中的两个电子自旋必然相反，因而总的磁矩贡献为零，这样在氢分子 H_2 中就消除了电子自旋磁矩的贡献. 而对氢分子中的两

---

① 显然，基态氢原子 $j=0$，$m=0$，理论上不应存在磁矩，因而斑纹不应分裂. 详细的实验内容见 Phipps T E, Taylor J B. The magnetic moment of the hydrogen atom. Phys. Rev., 1927, 29: 309.

② 中子的自旋也可以通过施特恩–格拉赫实验确认：通过中子磁镜（中子与铁磁材料作用的全反射）的临界波长筛选出的极化中子在非均匀磁场中给出了显著的二重态分布证据，这说明中子也存在 $1/2$ 的自旋. 详见 Sherwood J, Stephenson T, Bernstein S. Stern-Gerlarch experiment on polarized neutrons. Phys. Rev., 1954, 96: 1546.

③ 有关价电子和泡利不相容原理的详细讨论见 9.2 和 9.3 节.

个质子来说，其自旋有同向和反向两种情况，分别对应正氢/仲氢（orthohydrogen/parahydrogen）两种自旋异构体，可以通过物理化学方法进行纯化分离. 仲氢的总核自旋显然为 0；而若质子自旋为 1/2，正氢的核自旋则应为 1. 历史上，施特恩与合作者正是利用氢分子束通过施特恩–格拉赫实验中的非均匀磁场测量出了质子的磁矩 [①]，他们在实验中观测到了三重态分布，容易理解这对应于

$$|1,1\rangle, \quad |1,0\rangle, \quad |1,-1\rangle,$$

即自旋角动量为 1 的情况，这也就意味着每个质子的自旋是 1/2.

　　尽管自旋的概念在提出时借用了"自转"的经典图像，但必须指出的是，自旋是粒子的内禀量子数，是一个没有经典对应的物理量. 从更深层次的物理来讲，所有在时空传播的粒子都属于其对应时空群的某种表示，所以所有在四维闵可夫斯基时空传播的粒子都属于洛伦兹群的某个表示. 自旋为 1/2 的粒子属于洛伦兹群的旋量表示，其运动方程遵循狄拉克方程. 不过要注意的是自然界中并没有任何依据一定要求自旋为 1/2 的粒子存在，只是说洛伦兹群的旋量表示可以自洽地描述自旋为 1/2 粒子 [②]. 下面的讨论仅聚焦在相对论量子力学.

7.2　克莱因–戈尔登方程

　　将相对论引入量子力学的一个最简单直接的方法是从相对论的能动量关系出发，利用力学量与算符的对应关系将其量子化（即 4.7 节提到的正则量子化）. 根据狭义相对论的结果，自然单位制下的能动量关系为

$$E^2 = m^2 + p^2, \tag{7.3}$$

其中，m 是物体的静质量，E 是总能量，p 是动量. 而根据量子力学，能动量与算符具有对应关系

$$E \sim \mathrm{i}\frac{\partial}{\partial t}, \quad \boldsymbol{p} \sim -\mathrm{i}\nabla, \tag{7.4}$$

将其代入式 (7.3)，就得到

$$\frac{\partial^2}{\partial t^2}\phi = \nabla^2\phi - m^2\phi. \tag{7.5}$$

这就是相对论性的波动方程,即克莱因–戈尔登方程（Klein-Gordon equation，K-G 方程）. 该方程的解为平面波

　　[①] Estermann I, Simpson O, Stern O. The Magnetic moment of the proton. Phys. Rev., 1937, 52: 535. 施特恩等还利用氢–氘等组成的分子态进行了进一步测量，得到质子的旋磁比中朗德因子 $g_{\mathrm{p}} \approx 5.586$. 对比 7.6 节的讨论可以看出，这与狄拉克方程的预言有显著差异，这事实上也是质子并非基本粒子的证据之一.

　　[②] 这和自旋为 1 的情况是不同的，一个自洽的自旋为 1 的量子场论理论和规范对称性是紧密相连的，这是在量子场论或者粒子物理中讨论的问题.

$$\phi = N_0 \mathrm{e}^{\mathrm{i}px - \mathrm{i}Et}, \tag{7.6}$$

其中 N_0 为待定实常数. 很容易发现平面波解 ϕ 的共轭 ϕ^* 也是克莱因–戈尔登方程的一个解, 即有

$$\frac{\partial^2}{\partial t^2}\phi^* = \nabla^2\phi^* - m^2\phi^*. \tag{7.7}$$

将式 (7.5) 左乘 ϕ^*, 式 (7.7) 左乘 ϕ, 两式相减后可得

$$\phi^*\frac{\partial^2}{\partial t^2}\phi - \phi\frac{\partial^2}{\partial t^2}\phi^* = \phi^*\nabla^2\phi - \phi\nabla^2\phi^*, \tag{7.8}$$

整理后得到

$$\frac{\partial}{\partial t}\left(\phi^*\frac{\partial}{\partial t}\phi - \phi\frac{\partial}{\partial t}\phi^*\right) = \nabla\cdot(\phi^*\nabla\phi - \phi\nabla\phi^*). \tag{7.9}$$

对照式 (4.26) 可以看出, 这是一个流守恒方程, 其中概率密度 ρ 和概率流密度 $\boldsymbol{j}$ 分别为

$$\rho = \mathrm{i}\left(\phi^*\frac{\partial}{\partial t}\phi - \phi\frac{\partial}{\partial t}\phi^*\right), \tag{7.10}$$

$$\boldsymbol{j} = -\mathrm{i}\left(\phi^*\nabla\phi - \phi\nabla\phi^*\right), \tag{7.11}$$

其中的虚数 i 是为了保证 ρ 和 $\boldsymbol{j}$ 都是实的. 由于是在相对论下讨论, 我们将其写成四维概率流矢量的形式

$$J^\mu = (\rho, \boldsymbol{j}) = \mathrm{i}(\phi^*\partial^\mu\phi - \phi\partial^\mu\phi^*), \tag{7.12}$$

其中

$$\partial^\mu = \left(\frac{\partial}{\partial t}, \ -\nabla\right), \tag{7.13}$$

称为四维逆变求导算符, 区别于四维协变求导算符[①]

[①] 对矢量或张量, 根据坐标变换的不同, 有逆变 (contravariant, 通常写作上指标) 和协变 (covariant, 通常写作下指标) 的区别. 其中逆变矢量 $\boldsymbol{v}$ 的变换是我们熟悉的, 即在坐标变换 $x \to x'$ 下有

$$\boldsymbol{v} \to \boldsymbol{v}': \ v'^\nu = \frac{\partial x'^\nu}{\partial x^\mu}v^\mu,$$

而协变矢量则刚好相反, 即

$$\boldsymbol{\omega} \to \boldsymbol{\omega}': \ \omega'_\nu = \frac{\partial x^\mu}{\partial x'^\nu}\omega_\mu.$$

这样我们就能比较方便地定义如式 (7.22) 的内积, 使其在坐标变换下保持不变. 协变矢量 $\boldsymbol{\omega}$ 实际上可以看作是线性空间 $V(v \in V)$ 上的对偶矢量 (dual vector), 它代表一个 $V \to \mathbb{R}$ 的线性映射 (通常我们将对矢量的讨论限定在实数域上), 对此有兴趣的同学可参考微分几何、微分流形等教材.

$$\partial_\mu = \left(\frac{\partial}{\partial t}, \nabla\right). \tag{7.14}$$

这样，流守恒方程 (7.9) 就可写成

$$\partial_\mu J^\mu = 0.$$

对于平面波解 (7.6)，概率密度和概率流密度分别为

$$\rho = J^0 = 2|N_0|^2 E, \tag{7.15}$$

$$\boldsymbol{j} = 2|N_0|^2 \boldsymbol{p}. \tag{7.16}$$

由式 (7.15) 可见，相对论情况下的概率密度 ρ 与 E 成正比，这事实上是相对论尺缩效应的结果：设一个束缚在边长为 a、体积 $V = a^3$ 的三维无限深方势阱中的粒子，根据概率守恒有

$$\iiint_V \rho \mathrm{d}x\mathrm{d}y\mathrm{d}z = 1. \tag{7.17}$$

如果该立方体空间沿 x 轴做高速运动，沿 y、z 方向不动，则其 x 轴方向的边长会洛伦兹收缩为[①]

$$\frac{a}{\gamma} = a\frac{m}{E},$$

因而归一化条件 (7.17) 中的积分体积变为

$$V \to V' = \frac{V}{\gamma} = V\frac{m}{E}.$$

为了保证该归一化条件仍成立，概率密度 ρ 必须与 E 成正比.

另外我们注意到，由相对论的能动量关系可得

$$E = \pm\sqrt{p^2 + m^2}.$$

在经典力学中，$E < 0$ 的态没有任何物理意义，可以直接排除. 然而在量子力学中，粒子由波函数描述，E 只表示粒子处在 $\mathrm{e}^{-\mathrm{i}Et}$ 的状态下. 为了保证量子态的完备性，$E < 0$ 的情况并不能直接排除. 而如果我们直接求解克莱因–戈尔登方程，由于这是一个二阶方程，存在 $E < 0$ 的解也是不可避免的. 在非相对论量子力学

---

① 这里仍然使用自然单位制，因而相对论因子 γ 可以写成较为简洁的形式

$$\gamma = \frac{E}{m}.$$

中，由于 $\rho = |\psi|^2 \geqslant 0$，$E$ 的正负取值并不影响概率密度的半正定性. 然而在相对论量子力学中，$E < 0$ 将直接导致概率密度

$$\rho = 2E < 0.$$

这显然不符合物理规律. 历史上，正是克莱因–戈尔登方程中出现的负能量态促使狄拉克提出了空穴理论，该理论认为真空是被电子占满的带正电的空穴，符合泡利不相容原理. 由此他预言了正电子的存在并被实验证实，这成为人们对反物质的初步认识. 其实自洽地理解上述理论要求引入量子场论的概念，从此描述微观世界的理论从量子力学过渡到了量子场论. 我们将在 9.3 节详细讨论这个问题.

7.3 洛 伦 兹 群

7.2 节中我们看到，作为一种"直接"的相对论量子力学理论，克莱因–戈尔登方程不可避免地存在负能量解的问题，进而将导致与物理事实不符的负概率密度. 事实上负能量解的问题最终导致了量子场论的诞生，但在该问题被彻底解决之前，通过引入狄拉克方程的方法，负概率密度问题可以被独立解决，同时电子自旋磁矩等现象也将在这一理论中获得解释. 本节开始我们将介绍狄拉克方程的理论.

在牛顿力学里，时间作为空间坐标的参数进入到每个物体的运动方程之中，这意味着时间和空间并不处在等价的地位. 爱因斯坦在狭义相对论中首次将时间和空间进行了统一，提出了时空的概念. 在相对论框架下，现实中的每一个物体都处在时空中，由一维时间坐标和三维空间坐标来描述其运动状态，这种平直的时空称为四维闵可夫斯基时空，简记为 M_4，对应几何则是四维闵可夫斯基几何.

在牛顿力学中，惯性参考系之间的坐标变换为伽利略变换（Galilean transformation）. 在伽利略变换下空间距离 r 保持不变，其中

$$r^2 = x^2 + y^2 + z^2.$$

而在狭义相对论中，惯性参考系之间的坐标变换为洛伦兹变换. 在洛伦兹变换下，对应的不变量则是时空间隔 s，定义为

$$s^2 = c^2 t^2 - (x^2 + y^2 + z^2). \tag{7.18}$$

考虑到四维闵可夫斯基时空中，时间和空间坐标具有等价的地位，因此我们可以将其写成一个四维矢量. 在自然单位制下，定义四维协变矢量和四维逆变矢量分别为

$$x_\mu = (x_0, x_1, x_2, x_3) = (t, -x, -y, -z), \tag{7.19}$$

$$x^\mu = (x^0, x^1, x^2, x^3) = (t, x, y, z). \tag{7.20}$$

3.2 节例题 3.2 中我们讨论了二维闵可夫斯基空间 M_2，我们定义 M_4 中的度规 g 为

$$g = g_{\mu\nu} = g^{\mu\nu} = \begin{pmatrix} 1 & 0 & 0 & 0 \\ 0 & -1 & 0 & 0 \\ 0 & 0 & -1 & 0 \\ 0 & 0 & 0 & -1 \end{pmatrix}, \tag{7.21}$$

则

$$x_\mu = g_{\mu\nu} x_\nu.$$

因此时空间隔 s 可以写成两个四维矢量的内积

$$s^2 = x^\mu x_\mu = g_{\mu\nu} x^\mu x^\nu = g^{\mu\nu} x_\mu x_\nu = t^2 - x^2 - y^2 - z^2. \tag{7.22}$$

第 3 章中我们讨论过几何与变换群之间的关系，发现 E_2、E_3 和 M_2 空间中保持内积不变的变换分别对应着 $SO(2)$、$SO(3)$ 和 $SO(1,1)$ 群. 按照同样的思路，我们再来讨论 M_4 空间中保持时空间隔 $\mathrm{d}s$ 不变的洛伦兹变换. 设在变换

$$\Lambda : x^\beta \to x'^\alpha = \Lambda_\beta^\alpha x^\beta$$

下时空间隔 s 不变，即

$$s^2 = g_{\mu\nu} x^\mu x^\nu = g_{\alpha\beta} x'^\alpha x'^\beta = g_{\alpha\beta} \Lambda_\mu^\alpha x^\mu \Lambda_\nu^\beta x^\nu = s'^2,$$

整理后得到

$$g_{\mu\nu} = g_{\alpha\beta} \Lambda_\mu^\alpha \Lambda_\nu^\beta, \tag{7.23}$$

或写成矩阵形式

$$\Lambda^{\mathrm{T}} g \Lambda = g.$$

设 Λ 的无穷小变换为

$$\Lambda_\nu^\mu = I_\nu^\mu + \epsilon_\nu^\mu,$$

代入式 (7.23) 可得

$$g_{\alpha\nu} \epsilon_\mu^\alpha = -g_{\mu\beta} \epsilon_\nu^\beta,$$

写成矩阵形式为

$$g\epsilon = -\epsilon^{\mathrm{T}}g.$$

考虑到 $g^2 = g^{\mu\nu}g_{\mu\nu} = 1$，于是

$$g\epsilon g = -\epsilon^{\mathrm{T}}. \tag{7.24}$$

为了确定矩阵 ϵ 中独立参数个数，设

$$\epsilon = \begin{pmatrix} \delta_{11} & \delta_{12} & \delta_{13} & \delta_{14} \\ \delta_{21} & \delta_{22} & \delta_{23} & \delta_{24} \\ \delta_{31} & \delta_{32} & \delta_{33} & \delta_{34} \\ \delta_{41} & \delta_{42} & \delta_{43} & \delta_{44} \end{pmatrix},$$

其中 δ_{ij} 均为实数. 代入式 (7.24) 可得

$$\begin{pmatrix} \delta_{11} & -\delta_{12} & -\delta_{13} & -\delta_{14} \\ -\delta_{21} & \delta_{22} & \delta_{23} & \delta_{24} \\ -\delta_{31} & \delta_{32} & \delta_{33} & \delta_{34} \\ -\delta_{41} & \delta_{42} & \delta_{43} & \delta_{44} \end{pmatrix} = -\begin{pmatrix} \delta_{11} & \delta_{21} & \delta_{31} & \delta_{41} \\ \delta_{12} & \delta_{22} & \delta_{32} & \delta_{42} \\ \delta_{13} & \delta_{23} & \delta_{33} & \delta_{43} \\ \delta_{14} & \delta_{24} & \delta_{34} & \delta_{44} \end{pmatrix}.$$

观察可知

$$\delta_{ii} = 0, \quad i = 1, 2, 3, 4;$$

$$\delta_{1j} = \delta_{j1}, \quad j = 2, 3, 4;$$

$$\delta_{kl} = -\delta_{lk}, \quad k, l = 2, 3, 4 且 k \neq l.$$

这说明 ϵ 中只有 6 个独立参数. 若设

$$\delta_1 = \delta_{12}, \quad \delta_2 = \delta_{13}, \quad \delta_3 = \delta_{14},$$

$$\delta_4 = \delta_{34}, \quad \delta_5 = \delta_{42}, \quad \delta_6 = \delta_{23},$$

则可以不失一般性地将 ϵ 写成

$$\epsilon = \sum_{i=1}^{6} \delta_i X_i = \begin{pmatrix} 0 & \delta_1 & \delta_2 & \delta_3 \\ \delta_1 & 0 & \delta_6 & -\delta_5 \\ \delta_2 & -\delta_6 & 0 & \delta_4 \\ \delta_3 & \delta_5 & -\delta_4 & 0 \end{pmatrix},$$

其中 δ_i 和 X_i 分别是洛伦兹变换的 6 个独立参数和 6 个生成元，其中

$$X_1 = \begin{pmatrix} 0 & 1 & 0 & 0 \\ 1 & 0 & 0 & 0 \\ 0 & 0 & 0 & 0 \\ 0 & 0 & 0 & 0 \end{pmatrix}, \quad X_2 = \begin{pmatrix} 0 & 0 & 1 & 0 \\ 0 & 0 & 0 & 0 \\ 1 & 0 & 0 & 0 \\ 0 & 0 & 0 & 0 \end{pmatrix},$$

$$X_3 = \begin{pmatrix} 0 & 0 & 0 & 1 \\ 0 & 0 & 0 & 0 \\ 0 & 0 & 0 & 0 \\ 1 & 0 & 0 & 0 \end{pmatrix}, \quad X_4 = \begin{pmatrix} 0 & 0 & 0 & 0 \\ 0 & 0 & 0 & 0 \\ 0 & 0 & 0 & 1 \\ 0 & 0 & -1 & 0 \end{pmatrix},$$

$$X_5 = \begin{pmatrix} 0 & 0 & 0 & 0 \\ 0 & 0 & 0 & -1 \\ 0 & 0 & 0 & 0 \\ 0 & 1 & 0 & 0 \end{pmatrix}, \quad X_6 = \begin{pmatrix} 0 & 0 & 0 & 0 \\ 0 & 0 & 1 & 0 \\ 0 & -1 & 0 & 0 \\ 0 & 0 & 0 & 0 \end{pmatrix}.$$

与第 3 章的方法类似, 可以导出有限参数变换 $\Lambda(\varphi_i)$ 和 $\Lambda(\theta_i)$, 其中

$$\varphi_i = N\delta_i, \quad \theta_i = N\delta_{i+3}, \quad i = 1, 2, 3.$$

以 $i = 1$ 为例, 因为 $\forall n \in \mathbb{Z}^+$, 有

$$X_1^{2n} = I, \quad X_1^{2n+1} = X_1;$$
$$X_4^{2n} = (-1)^n I, \quad X_4^{2n+1} = (-1)^n X_4.$$

于是

$$\Lambda(\varphi_1) = \lim_{N \to +\infty} \left(I + \frac{\varphi_1}{N} X_1 \right)^N = e^{\varphi_1 X_1}$$
$$= \begin{pmatrix} \cosh\varphi_1 & \sinh\varphi_1 & 0 & 0 \\ \sinh\varphi_1 & \cosh\varphi_1 & 0 & 0 \\ 0 & 0 & 1 & 0 \\ 0 & 0 & 0 & 1 \end{pmatrix},$$

$$\Lambda(\theta_1) = \lim_{N \to +\infty} \left(I + \frac{\theta_1}{N} X_4 \right)^N = e^{\theta_1 X_4}$$
$$= \begin{pmatrix} 1 & 0 & 0 & 0 \\ 0 & 1 & 0 & 0 \\ 0 & 0 & \cos\theta_1 & \sin\theta_1 \\ 0 & 0 & -\sin\theta_1 & \cos\theta_1 \end{pmatrix}.$$

容易发现，如果只看一维时间和一维空间，则 $\Lambda(\varphi_1)$ 就回到式 (3.10)，即 M_2 空间中保持内积不变的变换；而如果只看三个空间维，$\Lambda(\theta_1)$ 就回到式 (3.20)，即 E_3 中绕 x 轴的转动变换. 类似地，我们算出剩余独立参数对应的有限变换

$$\Lambda(\varphi_2) = \begin{pmatrix} \cosh\varphi_2 & 0 & \sinh\varphi_2 & 0 \\ 0 & 1 & 0 & 0 \\ \sinh\varphi_2 & 0 & \cosh\varphi_2 & 0 \\ 0 & 0 & 0 & 1 \end{pmatrix}, \quad \Lambda(\varphi_3) = \begin{pmatrix} \cosh\varphi_3 & 0 & 0 & \sinh\varphi_3 \\ 0 & 1 & 0 & 0 \\ 0 & 0 & 1 & 0 \\ \sinh\varphi_3 & 0 & 0 & \cosh\varphi_3 \end{pmatrix}.$$

$$\Lambda(\theta_2) = \begin{pmatrix} 1 & 0 & 0 & 0 \\ 0 & \cos\theta_2 & 0 & -\sin\theta_2 \\ 0 & 0 & 1 & 0 \\ 0 & \sin\theta_2 & 0 & \cos\theta_2 \end{pmatrix}, \quad \Lambda(\theta_3) = \begin{pmatrix} 1 & 0 & 0 & 0 \\ 0 & \cos\theta_3 & \sin\theta_3 & 0 \\ 0 & -\sin\theta_3 & \cos\theta_3 & 0 \\ 0 & 0 & 0 & 1 \end{pmatrix}.$$

从中我们发现，$\Lambda(\theta_i)$ 都只与三维空间分量有关，事实上它们就是 M_4 中的空间转动变换；而每个 $\Lambda(\varphi_i)$ 都将时间维度和一个空间维度联系起来，这是闵可夫斯基空间中一种特殊的变换，我们称之为 "洛伦兹 boost"，简称 boost. 而 $\Lambda(\varphi_1)$、$\Lambda(\varphi_2)$ 和 $\Lambda(\varphi_3)$ 就分别称为沿 x 轴、y 轴和 z 轴的 boost. 如果令

$$B_i = \Lambda(\varphi_i), \quad R_i = \Lambda(\theta_i),$$

则有

$$K_i = -\mathrm{i}\frac{\partial B_i}{\partial \varphi_i}\bigg|_{\varphi_i=0} = -\mathrm{i}X_i,$$

$$J_i = -\mathrm{i}\frac{\partial R_i}{\partial \theta_i}\bigg|_{\theta_i=0} = -\mathrm{i}X_{i+3},$$

其中 $i = 1, 2, 3$. 因此，我们可将任意的洛伦兹变换 $\Lambda(\boldsymbol{\theta}, \boldsymbol{\varphi})$ 写成

$$\Lambda(\boldsymbol{\theta}, \boldsymbol{\varphi}) = \mathrm{e}^{\sum\limits_{i=1}^{3}(\theta_i X_{i+3} + \varphi_i X_i)} = \mathrm{e}^{\mathrm{i}(\boldsymbol{\theta}\cdot\boldsymbol{J} + \boldsymbol{\varphi}\cdot\boldsymbol{K})}. \tag{7.25}$$

容易证明这 6 个生成元满足

$$[K_i, K_j] = -\mathrm{i}\epsilon_{ijk}J_k,$$

$$[J_i, K_j] = \mathrm{i}\epsilon_{ijk}K_k, \tag{7.26}$$

$$[J_i, J_j] = \mathrm{i}\epsilon_{ijk}J_k.$$

因此它们构成一个封闭的代数结构, 这就是 $so(3,1)$ 李代数, 而由这 6 个生成元生成的群就是 $SO(3,1)$ 群, 也称为洛伦兹群. 值得注意的是, 其中的角动量算符 J_i 构成了封闭的 $so(3)$ 代数[①], 但 boost 算符 K_i 却不能构成封闭的代数结构, 也就是说 M_4 空间中单纯的 boost 变换不成群, 这和 M_2 的情况是完全不同的.

如果定义

$$N_i^{\pm} = \frac{1}{2}(J_i \pm \mathrm{i}K_i), \tag{7.27}$$

容易验证 $N_i^{\pm}$ 满足

$$\begin{aligned}
[N_i^-, N_j^-] &= \mathrm{i}\epsilon_{ijk}N_k^-, \\
[N_i^+, N_j^+] &= \mathrm{i}\epsilon_{ijk}N_k^+, \\
[N_i^+, N_j^-] &= 0.
\end{aligned} \tag{7.28}$$

因此它们构成了两个 $su(2)$ 代数, 这说明洛伦兹群的代数与两个 $SU(2)$ 群代数的直积同构, 即

$$so(3,1) \cong su(2) \otimes su(2).$$

这类似我们在 6.3 节讨论过的 $SO(4)$ 群与 $SO(3)$ 群的关系. 同时也说明了洛伦兹群的表示可以通过 $SU(2)$ 的表示来构造, 我们将在 7.4 节进一步探讨这一问题.

有了以上洛伦兹群有限变换的形式, 我们就可以将狭义相对论中的洛伦兹变换改写成双曲函数的形式. 以沿 x 轴的 boost 为例, 设坐标系运动速度为 v, 则相对论因子

$$\gamma = \frac{1}{\sqrt{1 - v^2/c^2}}, \quad \beta = \frac{v}{c}.$$

对应的洛伦兹变换为

$$\begin{aligned}
t' &= \gamma(t + \beta x), \\
x' &= \gamma(x + \beta t), \\
y' &= y, \\
z' &= z,
\end{aligned}$$

---

① 这也就是说 $SO(3)$ 是 $SO(3,1)$ 的一个子群.

写成矩阵形式即

$$
\begin{pmatrix} t' \\ x' \\ y' \\ z' \end{pmatrix} = \begin{pmatrix} \gamma & \gamma\beta & 0 & 0 \\ \gamma\beta & \gamma & 0 & 0 \\ 0 & 0 & 1 & 0 \\ 0 & 0 & 0 & 1 \end{pmatrix} \begin{pmatrix} t \\ x \\ y \\ z \end{pmatrix}.
$$

由于

$$
\gamma^2 - \beta^2\gamma^2 = 1, \tag{7.29}
$$

所以可定义

$$
\gamma = \cosh\varphi, \quad \gamma\beta = \sinh\varphi, \tag{7.30}
$$

其中 φ 满足

$$
\varphi = \frac{1}{2}\ln\frac{1+\beta}{1-\beta}. \tag{7.31}
$$

于是洛伦兹变换矩阵就成为

$$
\begin{pmatrix} \gamma & \gamma\beta & 0 & 0 \\ \gamma\beta & \gamma & 0 & 0 \\ 0 & 0 & 1 & 0 \\ 0 & 0 & 0 & 1 \end{pmatrix} = \begin{pmatrix} \cosh\varphi & \sinh\varphi & 0 & 0 \\ \sinh\varphi & \cosh\varphi & 0 & 0 \\ 0 & 0 & 1 & 0 \\ 0 & 0 & 0 & 1 \end{pmatrix}.
$$

类似地，我们还可以定义除时空坐标外其他的四维协变、逆变矢量，例如四维动量[1]

$$
p_\mu = (E, -\boldsymbol{p}), \quad p^\mu = (E, \boldsymbol{p}). \tag{7.32}
$$

于是相对论能动量关系 (7.3) 就写成

$$
m^2 = p_\mu p^\mu = g_{\mu\nu} p^\mu p^\nu,
$$

相应地在洛伦兹 boost 下也有 (仍以 x 轴变换为例)

$$
\begin{pmatrix} E' \\ p'_x \\ p'_y \\ p'_z \end{pmatrix} = \begin{pmatrix} \gamma & \gamma\beta & 0 & 0 \\ \gamma\beta & \gamma & 0 & 0 \\ 0 & 0 & 1 & 0 \\ 0 & 0 & 0 & 1 \end{pmatrix} \begin{pmatrix} E \\ p_x \\ p_y \\ p_z \end{pmatrix}.
$$

[1] 我们仍然采用自然单位制.

如果假设物体初始为静止状态 $\boldsymbol{p} = 0$，则其四维动量为

$$p_\mu = p^\mu = (m, 0, 0, 0).$$

将物体沿 x 轴方向进行洛伦兹 boost 变换，让它获得动量 $|\boldsymbol{p}| = p_x$，即

$$\begin{pmatrix} E \\ p_x \\ 0 \\ 0 \end{pmatrix} = \begin{pmatrix} \gamma & \gamma\beta & 0 & 0 \\ \gamma\beta & \gamma & 0 & 0 \\ 0 & 0 & 1 & 0 \\ 0 & 0 & 0 & 1 \end{pmatrix} \begin{pmatrix} m \\ 0 \\ 0 \\ 0 \end{pmatrix}. \tag{7.33}$$

于是有

$$\gamma = \frac{E}{m} = \cosh\varphi,$$

$$\beta\gamma = \frac{p_x}{m} = \sqrt{\frac{E^2}{m^2} - 1} = \sinh\varphi.$$

这样我们就从洛伦兹 boost 的角度导出了相对论因子 γ 与物体总能量 E 和静质量 m 的关系.

7.4 $SU(2)$ 与旋量

从 3.5 节的讨论我们已经知道，$SU(2)$ 与 $SO(3)$ 的李代数同构，本节我们将进一步探讨 $SU(2)$ 与 $SO(3)$ 群之间的关系. 由此引入的旋量概念将在 7.5 节的狄拉克方程中有重要应用.

考虑到 $SU(2)$ 的群元为二维复空间中的特殊幺正变换 U，设其为

$$U = \begin{pmatrix} a & b \\ c & d \end{pmatrix}.$$

U 必然满足 $SU(2)$ 变换的基本性质，即

$$U^\dagger U = I, \quad \det U = 1.$$

于是我们发现 U 事实上仅有两个独立参数，且有

$$U = \begin{pmatrix} a & b \\ -b^* & a^* \end{pmatrix}, \qquad |a|^2 + |b|^2 = 1. \tag{7.34}$$

定义实矩阵 $S^* = S$,

$$S = \begin{pmatrix} 0 & -1 \\ 1 & 0 \end{pmatrix},$$

可以证明

$$U = SU^*S^{-1}.$$

对二维复空间中任意矢量

$$\boldsymbol{\xi} = \begin{pmatrix} \xi_1 \\ \xi_2 \end{pmatrix},$$

可以构造另一矢量

$$\boldsymbol{\chi} = S\boldsymbol{\xi}^* = \begin{pmatrix} -\xi_2^* \\ \xi_1^* \end{pmatrix},$$

在幺正变换 U 下有

$$\boldsymbol{\chi} \to \boldsymbol{\chi}' = SU^*S^{-1}S\boldsymbol{\xi}^* = US\boldsymbol{\xi}^* = U\boldsymbol{\chi}.$$

这说明 $\boldsymbol{\chi}$ 和 $\boldsymbol{\xi}$ 在 $SU(2)$ 下的变换具有相同的形式. 如果定义

$$h = \boldsymbol{\xi}\boldsymbol{\chi}^\dagger = \begin{pmatrix} -\xi_1\xi_2 & \xi_1^2 \\ -\xi_2^2 & \xi_1\xi_2 \end{pmatrix}, \tag{7.35}$$

考虑到在变换 U 下

$$\boldsymbol{\xi} \to U\boldsymbol{\xi}, \quad \boldsymbol{\chi}^\dagger \to \boldsymbol{\chi}^\dagger U^\dagger,$$

易得在该变换下有

$$h \to UhU^\dagger.$$

容易验证

$$\mathrm{Tr}(h) = 0,$$
$$\det(UhU^\dagger) = \det h.$$

另外，我们可以利用三维实空间中的矢量 $\boldsymbol{r} = (x, y, z)$ 构造一个矩阵 H, 使之满足以上两条性质. 并且考虑到 $\det h$ 是一个变换 U 下的不变量，我们自然地想到三维实空间中的转动不变量 r（或 r^2）. 参照式 (3.30)，容易构造出

$$H = \boldsymbol{\sigma} \cdot \boldsymbol{r} = \begin{pmatrix} z & x - \mathrm{i}y \\ x + \mathrm{i}y & -z \end{pmatrix}. \tag{7.36}$$

显然该 H 满足

$$\mathrm{Tr}(H) = 0,$$
$$\det(UHU^\dagger) = \det(H) = x^2 + y^2 + z^2 = r^2,$$

其中 $\boldsymbol{\sigma}$ 为 $SU(2)$ 的生成元, 即泡利矩阵

$$\sigma_x = \begin{pmatrix} 0 & 1 \\ 1 & 0 \end{pmatrix}, \quad \sigma_y = \begin{pmatrix} 0 & -\mathrm{i} \\ \mathrm{i} & 0 \end{pmatrix}, \quad \sigma_z = \begin{pmatrix} 1 & 0 \\ 0 & -1 \end{pmatrix}. \tag{3.31}$$

对照式 (7.35) 和式 (7.36), 我们可以构造映射 $(\xi_1, \xi_2) \mapsto (x, y, z)$ 如下:

$$\begin{aligned} x &= \frac{1}{2}(\xi_1^2 - \xi_2^2), \\ y &= \frac{\mathrm{i}}{2}(\xi_1^2 + \xi_2^2), \\ z &= -\xi_1\xi_2. \end{aligned} \tag{7.37}$$

反解可得

$$\begin{aligned} \xi_1 &= \pm\sqrt{x - \mathrm{i}y}, \\ \xi_2 &= \pm\sqrt{-x - \mathrm{i}y}. \end{aligned} \tag{7.38}$$

一般地, 我们称二维复矢量 $(\xi_1, \xi_2)^{\mathrm{T}}$ 为旋量.

注意到在二维特殊幺正变换 U 下保持 $\det(H) = x^2 + y^2 + z^2$, 即三维实空间中的矢量距离不变. 这说明二维特殊幺正变换 U 与三维正交变换 R 之间也存在某种映射关系. 为了找出这种关系, 我们设

$$\boldsymbol{\xi}' = U\boldsymbol{\xi}, \quad \text{即} \quad \begin{pmatrix} \xi_1' \\ \xi_2' \end{pmatrix} = \begin{pmatrix} a & b \\ -b^* & a^* \end{pmatrix} \begin{pmatrix} \xi_1 \\ \xi_2 \end{pmatrix},$$

结合式 (7.38), 代入式 (7.37) 可得

$$x' = \frac{1}{2}(a^2 + a^{*2} - b^2 - b^{*2})x - \frac{\mathrm{i}}{2}(a^2 - a^{*2} + b^2 - b^{*2})y - (a^*b^* + ab)z,$$
$$y' = \frac{\mathrm{i}}{2}(a^2 - a^{*2} - b^2 + b^{*2})x + \frac{1}{2}(a^2 + a^{*2} + b^2 + b^{*2})y + \mathrm{i}(a^*b^* - ab)z,$$
$$z' = (ab^* + ba^*)x + \mathrm{i}(ba^* - ab^*)y + (|a|^2 - |b|^2)z,$$

写成矩阵形式即

$$\begin{pmatrix} x' \\ y' \\ z' \end{pmatrix} = R \begin{pmatrix} x \\ y \\ z \end{pmatrix},$$

其中

$$R = \begin{pmatrix} \frac{1}{2}(a^2 + a^{*2} - b^2 - b^{*2}) & -\frac{i}{2}(a^2 - a^{*2} + b^2 - b^{*2}) & -(a^*b^* + ab) \\ \frac{i}{2}(a^2 - a^{*2} - b^2 + b^{*2}) & \frac{1}{2}(a^2 + a^{*2} + b^2 + b^{*2}) & i(a^*b^* - ab) \\ ab^* + ba^* & i(ba^* - ab^*) & |a|^2 - |b|^2 \end{pmatrix}. \tag{7.39}$$

可以验证在 R 矩阵的变换下确实有 $x'^2 + y'^2 + z'^2 = x^2 + y^2 + z^2$, 它是一个三维正交变换. 鉴于 a、b 均为复数, 设 $a = A\mathrm{e}^{\mathrm{i}\frac{\alpha}{2}}$, $b = B\mathrm{e}^{\mathrm{i}\frac{\beta}{2}}$, 由式 (7.34) 有

$$A^2 + B^2 = 1.$$

代入式 (7.39), 可以证明 $\det R = 1$（证明过程留作习题）, 这说明 R 不仅是正交变换, 并且是特殊正交变换, 即 $R \in SO(3)$. 这样我们便找到了

$$SU(2) \mapsto SO(3)$$

的一个具体的映射关系. 即对每一组 a、b 值对应的变换 U、R 矩阵对应的具体形式也相应地给出. 例如:

(1) 取 $a = \mathrm{e}^{\mathrm{i}\frac{\alpha}{2}}$, $b = 0$, 有

$$U = \begin{pmatrix} \mathrm{e}^{\mathrm{i}\frac{\alpha}{2}} & 0 \\ 0 & \mathrm{e}^{-\mathrm{i}\frac{\alpha}{2}} \end{pmatrix} \leftrightarrow R = \begin{pmatrix} \cos\alpha & \sin\alpha & 0 \\ -\sin\alpha & \cos\alpha & 0 \\ 0 & 0 & 1 \end{pmatrix}.$$

回顾之前讨论过的 $SU(2)$ 和 $SO(3)$ 生成元, 上式等价于

$$U = \mathrm{e}^{\mathrm{i}\sigma_z\frac{\alpha}{2}} \leftrightarrow R = \mathrm{e}^{\mathrm{i}J_z\alpha}.$$

(2) 取 $a = \cos\frac{\beta}{2}$, $b = \sin\frac{\beta}{2}$, 有

$$U = \begin{pmatrix} \cos\frac{\beta}{2} & \sin\frac{\beta}{2} \\ -\sin\frac{\beta}{2} & \cos\frac{\beta}{2} \end{pmatrix} \leftrightarrow R = \begin{pmatrix} \cos\beta & 0 & -\sin\beta \\ 0 & 1 & 0 \\ \sin\alpha & 0 & \cos\beta \end{pmatrix},$$

即

$$U = \mathrm{e}^{\mathrm{i}\sigma_y \frac{\beta}{2}} \leftrightarrow R = \mathrm{e}^{\mathrm{i}J_y \beta}.$$

(3) 取 $a = \cos\frac{\gamma}{2}$, $b = \mathrm{i}\sin\frac{\gamma}{2}$, 有

$$U = \begin{pmatrix} \cos\frac{\gamma}{2} & \mathrm{i}\sin\frac{\gamma}{2} \\ \mathrm{i}\sin\frac{\gamma}{2} & \cos\frac{\gamma}{2} \end{pmatrix} \leftrightarrow R = \begin{pmatrix} 1 & 0 & 0 \\ 0 & \cos\gamma & \sin\gamma \\ 0 & -\sin\gamma & \cos\gamma \end{pmatrix},$$

即

$$U = \mathrm{e}^{\mathrm{i}\sigma_x \frac{\gamma}{2}} \leftrightarrow R = \mathrm{e}^{\mathrm{i}J_x \gamma}.$$

如上所述，我们找到了一个 $SU(2) \mapsto SO(3)$ 的对应关系. 然而对任意的 $SU(2)$ 变换 U，如果取

$$U' = \mathrm{e}^{\mathrm{i}\pi}U = -U,$$

根据式 (7.39) 易得 U' 与 U 对应同一个 R，即

$$\forall U \in SU(2), \quad U\,和-U \mapsto R.$$

或者从转动的角度理解，幺正矩阵 U 中任意一个转动角 θ 对应正交矩阵 R 中的转动角 2θ. 我们知道正交矩阵 R 转动 2π 相当于恒等变换，而这对应到幺正矩阵 U 却只转动了 π，刚好反号. 也就是说，每一个 $SO(3)$ 群元对应着两个 $SU(2)$ 群元，并且每个 $SU(2)$ 群元也都有 $SO(3)$ 群元与之对应，这种对应关系就称为同态.

7.5　狄拉克方程与自旋

7.3 节中我们找到了 $SO(3,1)$ 的 6 个生成元，并发现通过重新定义

$$N_i^{\pm} = \frac{1}{2}(J_i \pm \mathrm{i}K_i), \tag{7.27}$$

可使 N_i^+ 和 N_i^- 分别构成各自封闭的 $su(2)$ 代数，即

$$[N_i^-, N_j^-] = \mathrm{i}\epsilon_{ijk}N_k^-,$$
$$[N_i^+, N_j^+] = \mathrm{i}\epsilon_{ijk}N_k^+, \tag{7.28}$$
$$[N_i^+, N_j^-] = 0.$$

如果我们将 N^+ 看成是 $SU(2)_A$ 群的生成元, 将 N^- 看成是 $SU(2)_B$ 群的生成元, 则式 (7.28) 其实是 $su(2)_A \otimes su(2)_B$ 的李代数, 而由它们生成的群就是 $SU(2)_A \otimes SU(2)_B$ 群.

7.4 节中我们引入了在 $SU(2)$ 群下变换的二维复矢量——旋量. 设 ϕ_A、ϕ_B 分别是 $SU(2)_A$ 群和 $SU(2)_B$ 群的旋量, 按照定义, ϕ_A 在 $SU(2)_A$ 下变换, 但在 $SU(2)_B$ 下不变; 而 ϕ_B 在 $SU(2)_B$ 下变换, 但在 $SU(2)_A$ 下不变, 即

$$\phi_A \to \mathrm{e}^{\mathrm{i}\boldsymbol{\alpha}_A \cdot \boldsymbol{N}^+}\phi_A, \quad \phi_A \to \mathrm{e}^{\mathrm{i}\boldsymbol{\alpha}_B \cdot \boldsymbol{N}^-}\phi_A = \phi_A.$$
$$\phi_B \to \mathrm{e}^{\mathrm{i}\boldsymbol{\alpha}_A \cdot \boldsymbol{N}^+}\phi_B = \phi_B, \quad \phi_B \to \mathrm{e}^{\mathrm{i}\boldsymbol{\alpha}_B \cdot \boldsymbol{N}^-}\phi_B.$$

现在我们基于此来构造 $SU(2)_A \otimes SU(2)_B$ 群的旋量. 考虑

$$\mathrm{e}^{\mathrm{i}\boldsymbol{\alpha}_A \cdot \boldsymbol{N}^+}\phi_B = \sum_{n=0}^{\infty}\frac{1}{n!}(\mathrm{i}\boldsymbol{\alpha}_A \cdot \boldsymbol{N}^+)^n\phi_B = \phi_B,$$

$$\mathrm{e}^{\mathrm{i}\boldsymbol{\alpha}_B \cdot \boldsymbol{N}^-}\phi_A = \sum_{n=0}^{\infty}\frac{1}{n!}(\mathrm{i}\boldsymbol{\alpha}_B \cdot \boldsymbol{N}^-)^n\phi_A = \phi_A.$$

由于上式对任意参数都成立, 则必然要求

$$N_i^+\phi_B = 0 \Rightarrow J_i\phi_B = -\mathrm{i}K_i\phi_B,$$
$$N_i^-\phi_A = 0 \Rightarrow J_i\phi_B = \mathrm{i}K_i\phi_A.$$

由于 ϕ_A 和 ϕ_B 都是二维复空间中按照 $SU(2)$ 群变换的旋量, 又根据第 5 章中的讨论, J_i 作为转动变换生成元对应于角动量算符, 而二维角动量表示空间中角动量算符刚好就对应 $SU(2)$ 群的生成元 (泡利矩阵), 即

$$J_i = \frac{\sigma_i}{2}, \quad i = 1,2,3. \tag{5.23}$$

于是对 ϕ_A 有

$$K_i = -\mathrm{i}J_i = -\mathrm{i}\frac{\sigma_i}{2},$$

对 ϕ_B 有

$$K_i = \mathrm{i}J_i = \mathrm{i}\frac{\sigma_i}{2}.$$

将 $\boldsymbol{J}$ 和 $\boldsymbol{K}$ 的具体表示代入式 (7.25), 可以得到旋量 ϕ_A 和 ϕ_B 的洛伦兹变换形式

$$\phi_A \to \mathrm{e}^{\frac{\mathrm{i}}{2}\boldsymbol{\sigma}\cdot(\boldsymbol{\theta}-\mathrm{i}\boldsymbol{\varphi})}\phi_A,$$
$$\phi_A^\dagger \to \phi_A^\dagger \mathrm{e}^{-\frac{1}{2}\boldsymbol{\sigma}\cdot(\boldsymbol{\theta}+\mathrm{i}\boldsymbol{\varphi})}. \tag{7.40}$$

$$\phi_B \to \mathrm{e}^{\frac{1}{2}\boldsymbol{\sigma}\cdot(\boldsymbol{\theta}+\mathrm{i}\boldsymbol{\varphi})}\phi_B,$$

$$\phi_B^\dagger \to \phi_B^\dagger \mathrm{e}^{-\frac{1}{2}\boldsymbol{\sigma}\cdot(\boldsymbol{\theta}-\mathrm{i}\boldsymbol{\varphi})}. \qquad (7.41)$$

从式 (7.33) 我们看到，一个静止不动的物体可以通过洛伦兹 boost 变换为具有动量 p 的状态. 那么如果一个物体用旋量 ϕ_A 表示，其静止状态为 $\phi_A(0)$，具有动量 p 的状态为 $\phi_A(p)$，其中 p 表示动量大小，方向为 $\hat{\boldsymbol{p}}$，则对应的洛伦兹 boost 变换为

$$\phi_A(p) = \mathrm{e}^{\boldsymbol{\sigma}\cdot\frac{\boldsymbol{\varphi}}{2}}\phi_A(0),$$

其中 $\boldsymbol{\varphi}$ 沿 $\hat{\boldsymbol{p}}$ 方向，即 $\boldsymbol{\varphi} = \varphi\hat{\boldsymbol{p}}$. 利用式 (3.34) 有

$$(\boldsymbol{\sigma}\cdot\boldsymbol{\varphi})^2 = (\boldsymbol{\varphi}\cdot\boldsymbol{\varphi}) = |\boldsymbol{\varphi}|^2,$$

所以

$$\mathrm{e}^{\boldsymbol{\sigma}\cdot\frac{\boldsymbol{\varphi}}{2}} = \sum_{n=0}^{\infty}\frac{1}{(2n)!}\left(\boldsymbol{\sigma}\cdot\frac{\boldsymbol{\varphi}}{2}\right)^{2n} + \sum_{n=0}^{\infty}\frac{1}{(2n+1)!}\left(\boldsymbol{\sigma}\cdot\frac{\boldsymbol{\varphi}}{2}\right)^{2n+1}$$

$$= \sum_{n=0}^{\infty}\frac{1}{(2n)!}\left(\frac{\varphi}{2}\right)^{n} + \boldsymbol{\sigma}\cdot\hat{\boldsymbol{p}}\sum_{n=0}^{\infty}\frac{1}{(2n+1)!}\left(\frac{\varphi}{2}\right)^{2n+1}$$

$$= \cosh\frac{\varphi}{2} + \boldsymbol{\sigma}\cdot\hat{\boldsymbol{p}}\sinh\frac{\varphi}{2}.$$

利用双曲函数的性质

$$\cosh\left(\frac{\varphi}{2}\right) = \sqrt{\frac{\gamma+1}{2}},$$

$$\sinh\left(\frac{\varphi}{2}\right) = \sqrt{\frac{\gamma-1}{2}}. \qquad (7.42)$$

并代入

$$\gamma = \frac{E}{m},$$

$$\hat{\boldsymbol{p}} = \frac{\boldsymbol{p}}{|p|} = \frac{\boldsymbol{p}}{\sqrt{E^2-m^2}} = \frac{\boldsymbol{p}}{m\sqrt{\gamma^2-1}},$$

可得

$$\phi_A(p) = \left(\cosh\frac{\varphi}{2} + \boldsymbol{\sigma}\cdot\hat{\boldsymbol{p}}\sinh\frac{\varphi}{2}\right)\phi_A(0)$$

$$= \left(\sqrt{\frac{\gamma+1}{2}} + \frac{\boldsymbol{\sigma} \cdot \boldsymbol{p}}{m\sqrt{\gamma^2-1}} \sqrt{\frac{\gamma-1}{2}} \right) \phi_A(0)$$

$$= \frac{m(\gamma+1) + \boldsymbol{\sigma} \cdot \boldsymbol{p}}{\sqrt{2m^2(\gamma+1)}} \phi_A(0)$$

$$= \frac{E+m+\boldsymbol{\sigma} \cdot \boldsymbol{p}}{\sqrt{2m(E+m)}} \phi_A(0). \tag{7.43}$$

同理对于 ϕ_B，可得

$$\phi_B(p) = \frac{E+m-\boldsymbol{\sigma} \cdot \boldsymbol{p}}{\sqrt{2m(E+m)}} \phi_B(0). \tag{7.44}$$

考虑到静止状态下 $\boldsymbol{p}=0$，因而 $\boldsymbol{\varphi}=0$，回到式 (7.40) 和式 (7.41)，我们发现 ϕ_A 和 ϕ_B 满足相同的变换，这就意味着对静止的粒子，我们无法区分其到底由哪个旋量描述，也即

$$\phi_A(0) = \phi_B(0), \tag{7.45}$$

故联立式 (7.43) 和式 (7.44)，可得 ϕ_A 与 ϕ_B 的关系

$$\begin{aligned} \phi_A(p) &= \frac{E+m+\boldsymbol{\sigma} \cdot \boldsymbol{p}}{E+m-\boldsymbol{\sigma} \cdot \boldsymbol{p}} \phi_B(p) \\ &= \frac{(E+m+\boldsymbol{\sigma} \cdot \boldsymbol{p})^2}{(E+m)^2 - (\boldsymbol{\sigma} \cdot \boldsymbol{p})^2} \phi_B(p) \\ &= \frac{(E+m)^2 + p^2 + 2\boldsymbol{\sigma} \cdot \boldsymbol{p}(E+m)}{(E+m)^2 - p^2} \phi_B(p) \\ &= \frac{E+\boldsymbol{\sigma} \cdot \boldsymbol{p}}{m} \phi_B(p). \end{aligned} \tag{7.46}$$

同理

$$\phi_B(p) = \frac{E-\boldsymbol{\sigma} \cdot \boldsymbol{p}}{m} \phi_A(p). \tag{7.47}$$

联立以上两式，有

$$\begin{cases} (E-\boldsymbol{\sigma} \cdot \boldsymbol{p})\phi_A(p) - m\phi_B(p) = 0, \\ (E+\boldsymbol{\sigma} \cdot \boldsymbol{p})\phi_B(p) - m\phi_A(p) = 0. \end{cases} \tag{7.48}$$

写成矩阵的形式即

$$\begin{pmatrix} -m & E+\boldsymbol{\sigma} \cdot \boldsymbol{p} \\ E-\boldsymbol{\sigma} \cdot \boldsymbol{p} & -m \end{pmatrix} \begin{pmatrix} \phi_A(p) \\ \phi_B(p) \end{pmatrix} = 0. \tag{7.49}$$

由此我们可以定义一个四维旋量

$$\psi = \begin{pmatrix} \phi_A \\ \phi_B \end{pmatrix},$$

这称为狄拉克旋量. 并且我们定义 γ 矩阵

$$\gamma^0 = \begin{pmatrix} 0 & I \\ I & 0 \end{pmatrix}, \quad \gamma^i = \begin{pmatrix} 0 & -\sigma_i \\ \sigma_i & 0 \end{pmatrix}, \tag{7.50}$$

其中 σ_i 是泡利矩阵，$i = 1, 2, 3$. 则方程 (7.48) 可写为

$$(\gamma^0 E + \gamma^i p_i - m)\psi(p) = 0,$$

或直接写成四维形式

$$(\gamma^\mu p_\mu - m)\psi(p) = 0. \tag{7.51}$$

回到经典量子力学（E_3 空间）中能动量与算符的对应关系

$$E \sim i\frac{\partial}{\partial t}, \quad \boldsymbol{p} \sim -i\nabla, \tag{7.4}$$

而根据四维动量和四维协变、逆变求导算符的定义 (7.32)、(7.14)、(7.13)，容易看出在 M_4 空间中

$$p_\mu \to i\partial_\mu, \quad p^\mu \to i\partial^\mu,$$

因此方程 (7.51) 在量子力学中的表述为

$$(i\gamma^\mu \partial_\mu - m)\psi = 0, \tag{7.52}$$

这便是狄拉克方程.

　　注意到因为

$$\gamma_0^\dagger = \gamma^0, \quad \gamma_i^\dagger = -\gamma^i,$$

所以狄拉克方程 (7.52) 的厄米共轭形式为

$$\psi^\dagger(-i\gamma^0 \partial_0 + i\gamma^i \partial_i - m) = 0. \tag{7.53}$$

因为 $\gamma^i \gamma^0 = -\gamma^0 \gamma^i$，所以可定义

$$\overline{\psi} = \psi^\dagger \gamma^0. \tag{7.54}$$

则方程 (7.53) 可写为

$$\overline{\psi}(i\gamma^\mu \partial_\mu + m) = 0. \tag{7.55}$$

与式 (7.12) 类似，定义四维概率流矢量

$$J^\mu = (\rho, \boldsymbol{j}) = \overline{\psi}\gamma^\mu \psi,$$

容易证明

$$\partial_\mu J^\mu = 0, \tag{7.56}$$

且概率密度

$$\rho = J^0 = \psi^\dagger \psi \geqslant 0. \tag{7.57}$$

即狄拉克方程定义的概率密度半正定，这样就解决了克莱因–戈尔登方程中出现负概率密度的问题.

对 γ 矩阵 (7.50)，通过计算可得以下性质[①]

$$\{\gamma^\mu, \gamma^\nu\} = \gamma^\mu \gamma^\nu + \gamma^\nu \gamma^\mu = 2g^{\mu\nu}, \tag{7.58}$$

$$\gamma_0^2 = 1, \tag{7.59}$$

$$\gamma_i^2 = -1, \tag{7.60}$$

$$\gamma^\mu \gamma^\nu = -\gamma^\nu \gamma^\mu, \quad \mu \neq \nu. \tag{7.61}$$

如果将 $(i\gamma^\nu \partial_\nu)$ 作用于原狄拉克方程 (7.52)，

$$(i\gamma^\nu \partial_\nu)(i\gamma^\mu \partial_\mu - m)\psi = 0,$$

即

$$(\gamma^\nu \gamma^\mu \partial_\nu \partial_\mu + m^2)\psi = 0. \tag{7.62}$$

鉴于 $\partial_\nu \partial_\mu$ 对称，我们可以把方程 (7.62) 改写为

$$\begin{aligned}
(\gamma^\nu \gamma^\mu \partial_\nu \partial_\mu + m^2)\psi &= \frac{1}{2}\{\gamma^\mu, \gamma^\nu\}(\partial_\nu \partial_\mu + m^2)\psi \\
&= (g^{\mu\nu} \partial_\nu \partial_\mu + m^2)\psi \\
&= (\partial^\mu \partial_\mu + m^2)\psi = 0.
\end{aligned} \tag{7.63}$$

注意到

$$\partial^\mu \partial_\mu = \frac{\partial^2}{\partial t^2} - \nabla^2,$$

[①] 这里我们记 $\{A, B\} = AB + BA$，注意区别其与第 2 章中的泊松括号.

将其代入式 (7.63)，就得到了克莱因–戈尔登方程 (7.5).

由此我们可以从另一个角度理解 γ 矩阵的性质：为了保证一阶微分方程狄拉克方程在"平方"后能得到克莱因–戈尔登方程，而克莱因–戈尔登方程并没有交叉项，因此必然要求 γ 矩阵具有反对称性质

$$\{\gamma^\mu, \gamma^\nu\} = \gamma^\mu\gamma^\nu + \gamma^\nu\gamma^\mu = 2g^{\mu\nu}. \tag{7.58}$$

这样的反对称代数又称为克利福德代数（Clifford algebra），它与旋量的很多性质都紧密相连.

1. 自旋角动量

如果将狄拉克方程

$$(\mathrm{i}\gamma^\mu\partial_\mu - m)\psi = 0 \tag{7.52}$$

或

$$(\gamma^\mu p_\mu - m)\psi(p) = 0 \tag{7.51}$$

写成

$$\mathrm{i}\frac{\partial\psi}{\partial t} = \hat{H}\psi$$

的形式，则要求

$$\hat{H} = \boldsymbol{\alpha} \cdot \hat{\boldsymbol{p}} + \beta m,$$

其中 $\hat{\boldsymbol{p}} = -\mathrm{i}\nabla$ 是动量算符，而

$$\alpha_i = \gamma^0\gamma^i, \quad \beta = \gamma^0.$$

对角动量算符

$$\hat{L}_i = \epsilon_{ijk}x_j\hat{p}_k,$$

计算其与 $\hat{H}$ 的对易关系可得

$$[\hat{H}, \hat{L}_i] = -\mathrm{i}\epsilon_{ijk}\alpha_j\hat{p}_k,$$

即

$$[\hat{H}, \hat{\boldsymbol{L}}] = -\mathrm{i}\boldsymbol{\alpha} \times \hat{\boldsymbol{p}}.$$

如果定义一个新算符 $\hat{\boldsymbol{\Sigma}}$，它的矩阵表示为

$$\hat{\Sigma}_i = \Sigma_i = \begin{pmatrix} \sigma_i & 0 \\ 0 & \sigma_i \end{pmatrix},$$

则 $\hat{\Sigma}_i$ 满足

$$[\hat{\Sigma}_i, \beta] = 0,$$

$$[\hat{\Sigma}_i, \alpha_j] = 2\mathrm{i}\epsilon_{ijk}\alpha_k,$$

$$[\hat{\Sigma}_i, \hat{p}_j] = [\hat{\Sigma}_i, m] = 0.$$

利用以上性质可以计算 $\hat{\boldsymbol{\Sigma}}$ 与 $\hat{H}$ 的对易关系为

$$[\hat{H}, \hat{\Sigma}_i] = 2\mathrm{i}\epsilon_{ijk}\alpha_j\hat{p}_k,$$

即

$$[\hat{H}, \hat{\boldsymbol{\Sigma}}] = 2\mathrm{i}\boldsymbol{\alpha} \times \hat{\boldsymbol{p}}.$$

这说明

$$[\hat{H}, \hat{\boldsymbol{L}}] + \frac{1}{2}[\hat{H}, \hat{\boldsymbol{\Sigma}}] = 0.$$

由此我们可以构造新的守恒量

$$\hat{\boldsymbol{J}} = \hat{\boldsymbol{L}} + \frac{1}{2}\hat{\boldsymbol{\Sigma}},$$

其中，$\hat{\boldsymbol{L}}$ 为轨道角动量，$\hat{\boldsymbol{J}}$ 为总角动量. 不难证明剩下的 $\hat{\boldsymbol{\Sigma}}$ 算符满足

$$\left[\frac{\Sigma_i}{2}, \frac{\Sigma_j}{2}\right] = \mathrm{i}\epsilon_{ijk}\frac{\Sigma_k}{2}.$$

这满足角动量 $j = 1/2$ 的代数，可见狄拉克方程自动要求系统有额外的 $j = 1/2$ 的角动量 $\boldsymbol{\Sigma}$ 才能保证总角动量 $\boldsymbol{J}$ 守恒，这正是自旋角动量.

2. 螺旋度

如果我们考察角动量在动量方向的投影（鉴于轨道角动量与动量正交，所以只需要考虑自旋角动量在动量方向的投影），则得到

$$\hat{h} = \boldsymbol{J} \cdot \boldsymbol{p} = \frac{1}{2}\boldsymbol{\Sigma} \cdot \boldsymbol{p}.$$

算符 $\hat{h}$ 称为螺旋度（helicity）算符. 可以证明螺旋度算符与哈密顿量对易

$$[H, \hat{h}] = \left[H, \frac{1}{2}\boldsymbol{\Sigma} \cdot \boldsymbol{p}\right] = 0, \tag{7.64}$$

因而螺旋度算符与哈密顿量具有共同本征态，且对应一个守恒量.

回到狄拉克方程

$$\begin{pmatrix} -m & E + \boldsymbol{\sigma} \cdot \boldsymbol{p} \\ E - \boldsymbol{\sigma} \cdot \boldsymbol{p} & -m \end{pmatrix} \begin{pmatrix} \phi_A(p) \\ \phi_B(p) \end{pmatrix} = 0, \tag{7.49}$$

取零质量极限，则有

$$\begin{pmatrix} 0 & |\boldsymbol{p}| + \boldsymbol{\sigma} \cdot \boldsymbol{p} \\ |\boldsymbol{p}| - \boldsymbol{\sigma} \cdot \boldsymbol{p} & 0 \end{pmatrix} \begin{pmatrix} \phi_A(p) \\ \phi_B(p) \end{pmatrix} = 0.$$

也就是说在零质量极限下，ϕ_A 和 ϕ_B 变成了两个独立的二维旋量，这称为外尔（Weyl）旋量. 而狄拉克方程也变为

$$\begin{cases} \boldsymbol{\sigma} \cdot \hat{\boldsymbol{p}}\, \phi_A = +1\phi_A, \\ \boldsymbol{\sigma} \cdot \hat{\boldsymbol{p}}\, \phi_B = -1\phi_B. \end{cases}$$

这说明 ϕ_A 和 ϕ_B 是算符 $\boldsymbol{\sigma} \cdot \hat{\boldsymbol{p}}$ 的本征态，对应的本征值为 ± 1. 考虑到对应于二维旋量的自旋角动量为 $\boldsymbol{\sigma}/2$，所以 $\boldsymbol{\sigma} \cdot \hat{\boldsymbol{p}}$ 事实上可看成自旋在运动方向的投影算符，也称为螺旋度算符[①]，其本征值 ± 1 称为螺旋度. 而螺旋度为 $+1$ 的本征态 ϕ_A 通常称为右手态；螺旋度为 -1 的本征态 ϕ_B 称为左手态. ϕ_A 和 ϕ_B 统称手征旋量（chiral spinor）.

当然，由于螺旋度算符与哈密顿量对易的性质，即使不在零质量极限，螺旋度仍然是守恒量，我们仍然可以定义螺旋度本征态，这在各类问题计算中有着重要应用.

7.6　狄拉克方程的标准表示及非相对论极限

至此，我们对狄拉克方程的讨论都是基于其在手征旋量表示下的形式. 事实上狄拉克方程的形式并不唯一. 在给定度规 $g_{\mu\nu}$ 的情况下，它可以有不同的表示. 下面我们来看它的另一种表示形式，即 "标准表示".

在非相对论量子力学中，描述自旋态的泡利方程（见下文式 (7.77)）是一个二维旋量方程. 因此在非相对论极限下，狄拉克方程的四维狄拉克旋量解 ψ 应该退化为二维旋量. 但在手征旋量表示下，我们认为静止的物体无法区分其左右手态，即

$$\phi_A(0) = \phi_B(0). \tag{7.45}$$

---

① 不难区分，$\boldsymbol{\sigma} \cdot \hat{\boldsymbol{p}}$ 是一个二维算符，而前面同样称为螺旋度算符的 $\hat{h}$ 则是一个四维算符.

因此，手征表示下的四维狄拉克旋量不可能在非相对论极限下约化成二维旋量. 因此，我们需要引入一个变换，使变换后的狄拉克旋量满足非相对论极限的退化要求. 一个简单的变换是

$$S = \frac{1}{\sqrt{2}} \begin{pmatrix} 1 & 1 \\ 1 & -1 \end{pmatrix}.$$

定义

$$\begin{pmatrix} \chi_1 \\ \chi_2 \end{pmatrix} = S \begin{pmatrix} \phi_A \\ \phi_B \end{pmatrix} = \frac{1}{\sqrt{2}} \begin{pmatrix} \phi_A + \phi_B \\ \phi_A - \phi_B \end{pmatrix},$$

这样在 $\boldsymbol{p} = 0$ 时，很自然地就有 $\chi_2 = 0$，于是变换后的 $\psi = (\chi_1, \chi_2)^{\mathrm{T}}$ 就退化为一个二维旋量. 在变换 S 下，反解出

$$\phi_A = \frac{1}{\sqrt{2}}(\chi_1 + \chi_2),$$

$$\phi_B = \frac{1}{\sqrt{2}}(\chi_1 - \chi_2),$$

代回到手征表示下的狄拉克方程 (7.49)，可得

$$(E + \boldsymbol{\sigma} \cdot \boldsymbol{p} - m)\chi_1 - (E + \boldsymbol{\sigma} \cdot \boldsymbol{p} + m)\chi_2 = 0,$$
$$(E - \boldsymbol{\sigma} \cdot \boldsymbol{p} - m)\chi_1 + (E - \boldsymbol{\sigma} \cdot \boldsymbol{p} + m)\chi_2 = 0.$$

以上两式分别相加和相减，整理后得

$$(E - m)\chi_1 - \boldsymbol{\sigma} \cdot \boldsymbol{p}\chi_2 = 0, \tag{7.65}$$

$$-\boldsymbol{\sigma} \cdot \boldsymbol{p}\chi_1 + (E + m)\chi_2 = 0. \tag{7.66}$$

联立以上两式，便得到了新的标准表示下的狄拉克方程. 写成矩阵形式为

$$\begin{pmatrix} E - m & -\boldsymbol{\sigma} \cdot \boldsymbol{p} \\ -\boldsymbol{\sigma} \cdot \boldsymbol{p} & E + m \end{pmatrix} \begin{pmatrix} \chi_1 \\ \chi_2 \end{pmatrix} = 0. \tag{7.67}$$

容易证明

$$\chi_2 = \frac{\boldsymbol{\sigma} \cdot \boldsymbol{p}}{E + m}\chi_1.$$

在非相对论极限下，$|\boldsymbol{p}| \ll m$, $E \approx m$，于是

$$\frac{\boldsymbol{p}}{m} \to 0 \quad \Rightarrow \quad \chi_2 \approx \frac{|\boldsymbol{p}|}{2m}\boldsymbol{\sigma} \cdot \hat{\boldsymbol{p}}\chi_1 \to 0,$$

即 $(\chi_1, \chi_2)^{\mathrm{T}}$ 退化为二维旋量.

至此，我们讨论的都是在真空中运动的物体或粒子. 现在，我们考虑一个在电磁场中运动的带单位电荷 e 的粒子，于是其四维动量变为

$$p_\mu \to p_\mu - eA_\mu,$$

其中 A_μ 为四维协变电磁势

$$A_\mu = (\varphi, \ -\boldsymbol{A}), \tag{7.68}$$

其中，φ 表示标量电势，$\boldsymbol{A}$ 表示磁矢势，分别满足

$$\boldsymbol{E} = -\nabla\varphi, \quad \boldsymbol{B} = \nabla \times \boldsymbol{A}.$$

相应地也有四维逆变电磁势

$$A^\mu = (\varphi, \ \boldsymbol{A}).$$

带电粒子参加电磁相互作用的四维动量形式是第 2.3 节中关于广义动量 $\boldsymbol{p} - e\boldsymbol{A}$ 的直接推广，我们也可以通过电场磁场在规范变换下的不变性进一步阐述该形式的合理性. 鉴于动量具有了微分算符的属性，在量子力学框架下，规范不变性的表现形式相对于经典理论也要做出修改. 我们首先讨论非相对论量子力学框架下的电磁场中的带电粒子.

$$\mathrm{i}\frac{\partial}{\partial t}\psi = \hat{H}\psi = \left[\frac{(\boldsymbol{p} - e\boldsymbol{A})^2}{2m} + e\varphi\right]\psi$$

对磁矢势和电势的规范变换

$$\boldsymbol{A} \to \boldsymbol{A} + \nabla\lambda, \quad \varphi \to \varphi - \frac{\partial\lambda}{\partial t}$$

哈密顿量变换成

$$\hat{H} \to \frac{(\boldsymbol{p} - e\boldsymbol{A} - e\nabla\lambda)^2}{2m} + e\varphi - e\frac{\partial\lambda}{\partial t}$$

为了保证薛定谔方程的不变性，还需定义作用在波函数上的幺正变换

$$\psi \to \mathrm{e}^{\mathrm{i}e\lambda(\boldsymbol{x},t)}\psi = U(\boldsymbol{x}, t)\psi.$$

鉴于 U 变换是 $(\boldsymbol{x}, t)$ 的函数，U 变换与动量算符 $\boldsymbol{p}$ 不对易，

$$[\boldsymbol{p}, U(\boldsymbol{x}, t)] = e\nabla\lambda(\boldsymbol{x}, t)U(\boldsymbol{x}, t),$$

进而可以得到

$$U^{-1}\boldsymbol{p}U = \boldsymbol{p} + e\nabla\lambda, \tag{7.69}$$

所以容易证明电磁场中的带电粒子的非相对论量子力学薛定谔方程在规范变换

$$\begin{aligned}
\boldsymbol{A} &\rightarrow \boldsymbol{A}' = \boldsymbol{A} + \nabla\lambda \\
\varphi &\rightarrow \varphi' = \varphi - \frac{\partial\lambda}{\partial t} \\
\psi &\rightarrow \psi' = \mathrm{e}^{\mathrm{i}e\lambda(\boldsymbol{x},t)}\psi
\end{aligned}$$

下形式不变. 同样对于有电磁相互作用的狄拉克方程,

$$[\gamma^\mu(p_\mu - eA_\mu) - m]\psi = 0 \tag{7.70}$$

也在规范变换

$$\begin{aligned}
A_\mu &\rightarrow A'_\mu = A_\mu + \partial_\mu\lambda(x_\mu) \\
\psi &\rightarrow \psi' = \mathrm{e}^{ie\lambda(x_\mu)}\psi
\end{aligned}$$

下是不变的. 我们也通过规范变换不变性进一步阐明了 $p_\mu - eA_\mu$ 的耦合形式描述电磁相互作用的合理性. 事实上, 规范对称性在理解基本相互作用的性质中有决定性的作用. 因此在有标准表示下, 描述电磁场中带电粒子运动状态的狄拉克方程

$$\begin{cases}
(E - e\varphi - m)\chi_1 = \boldsymbol{\sigma}\cdot(\boldsymbol{p} - e\boldsymbol{A})\chi_2, \\
(E - e\varphi + m)\chi_2 = \boldsymbol{\sigma}\cdot(\boldsymbol{p} - e\boldsymbol{A})\chi_1.
\end{cases} \tag{7.71}$$

在非相对论极限下[①]

$$\chi_2 \approx \frac{\boldsymbol{\sigma}\cdot(\boldsymbol{p} - e\boldsymbol{A})}{2m}\chi_1, \tag{7.72}$$

代入上面第一个方程可得

$$[\boldsymbol{\sigma}\cdot(\boldsymbol{p} - e\boldsymbol{A})]^2\chi_1 = 2m(E - e\varphi - m)\chi_1. \tag{7.73}$$

有相互作用时, 总能量等于机械能 E_0 加静能 (静质量 m)

$$E = E_0 + m,$$

故对式 (7.73) 右边有

$$2m(E - e\varphi - m)\chi_1 = 2m(E_0 - e\varphi)\chi_1. \tag{7.74}$$

再看左边, 利用

$$(\boldsymbol{\sigma}\cdot\boldsymbol{A})(\boldsymbol{\sigma}\cdot\boldsymbol{B}) = \boldsymbol{A}\cdot\boldsymbol{B} + \mathrm{i}\boldsymbol{\sigma}\cdot(\boldsymbol{A}\times\boldsymbol{B}), \tag{3.34}$$

---

① 注意这里我们假设了 $e\varphi$ 是微扰, 因此在旋量中直接忽略了该项贡献. 事实上如果 φ 是坐标的函数, 和 $\boldsymbol{p}$ 并不对易, 因此该项会产生额外的修正, 我们将在本节的最后回到这个修正.

可得
$$[\boldsymbol{\sigma} \cdot (\boldsymbol{p} - e\boldsymbol{A})]^2 = (\boldsymbol{p} - e\boldsymbol{A})^2 + i\boldsymbol{\sigma} \cdot (\boldsymbol{p} - e\boldsymbol{A}) \times (\boldsymbol{p} - e\boldsymbol{A}).$$

其中第二项展开为
$$(\boldsymbol{p} - e\boldsymbol{A}) \times (\boldsymbol{p} - e\boldsymbol{A}) = -e(\boldsymbol{p} \times \boldsymbol{A} + \boldsymbol{A} \times \boldsymbol{p}),$$

另外
$$(\boldsymbol{p} \times \boldsymbol{A} + \boldsymbol{A} \times \boldsymbol{p})_k = \epsilon_{kij} p_i A_j + \epsilon_{kij} A_i p_j = \epsilon_{kij}(p_i A_j - A_j p_i),$$

由于 $\boldsymbol{p}$ 对应空间求导算符 $-i\nabla$, 因此

$$\begin{aligned}
[p_i, A_j] &= p_i A_j - A_j p_i \\
&= -i\partial_i A_j + iA_j \partial_i \\
&= -i(\partial_i A_j) - iA_j \partial_i + iA_j \partial_i \\
&= -i(\partial_i A_j),
\end{aligned}$$

所以有
$$(\boldsymbol{p} \times \boldsymbol{A} + \boldsymbol{A} \times \boldsymbol{p})_k = -i\epsilon_{kij}\partial_i A_j,$$

写成矢量形式为
$$(\boldsymbol{p} \times \boldsymbol{A} + \boldsymbol{A} \times \boldsymbol{p}) = -i\nabla \times \boldsymbol{A} = -i\boldsymbol{B},$$

故式 (7.73) 左边为
$$[\boldsymbol{\sigma} \cdot (\boldsymbol{p} - e\boldsymbol{A})]^2 = (\boldsymbol{p} - e\boldsymbol{A})^2 - e\boldsymbol{\sigma} \cdot \boldsymbol{B}. \tag{7.75}$$

于是方程 (7.73) 最终化为
$$[(\boldsymbol{p} - e\boldsymbol{A})^2 - e\sigma \cdot \boldsymbol{B} + 2me\varphi]\chi_1 = 2mE_0\chi_1, \tag{7.76}$$

写成定态薛定谔方程的形式即
$$\hat{H}\chi_1 = E_0\chi_1, \quad \hat{H} = \frac{1}{2m}(\boldsymbol{p} - e\boldsymbol{A})^2 + e\varphi - \frac{e}{2m}\boldsymbol{\sigma} \cdot \boldsymbol{B}. \tag{7.77}$$

这就是著名的泡利方程, 其中
$$\boldsymbol{\mu}_s = \frac{e}{2m}\boldsymbol{\sigma}, \tag{7.78}$$

称为自旋磁矩[①].

[①] 注意到这里自旋角动量为 $\dfrac{\boldsymbol{\sigma}}{2}$, 所以如果对自旋定义旋磁比, 就有 $\gamma = \dfrac{\mu_s}{\sigma/2} = \dfrac{e}{m} = -2\mu_B$, 即自旋的朗德因子 $g = 2$, 这与式 (6.65) 中轨道角动量的旋磁比不同. 事实上, 人们进一步研究发现电子自旋的朗德因子稍大于 2, 这正是我们在第 1 章中提到过的 "反常磁矩", 其中包含量子场论辐射修正的部分, 而反常磁矩也是现代粒子物理重要的研究课题之一.

回顾上述推导过程, 它一方面说明, 在非相对论极限下再次证明对狄拉克方程而言, 轨道角动量本身并不守恒, 必须和自旋角动量结合才构成守恒量; 另一方面通过非相对论极限, 我们从带电粒子在电磁场中运动的狄拉克方程出发, 回到了非相对论量子力学中的定态薛定谔方程, 得到了对应的哈密顿量, 并发现了自旋磁矩项, 这更进一步确认了电子自旋源于狄拉克方程.

现在我们回到氢原子模型, 在引入自旋的基础上再来讨论该模型中电子的运动. 我们知道, 原子核的存在引入了一个库仑势 $U = -\dfrac{\alpha}{r}$, 受到该库仑势的影响, 狄拉克方程中的总能量 E 要替换为 $E + U$, 因此标准表示的狄拉克方程变为

$$\begin{pmatrix} E - U - m & -\boldsymbol{\sigma} \cdot \boldsymbol{p} \\ -\boldsymbol{\sigma} \cdot \boldsymbol{p} & E - U + m \end{pmatrix} \begin{pmatrix} \chi_1 \\ \chi_2 \end{pmatrix} = 0. \tag{7.79}$$

可以证明

$$\chi_2 = \frac{\boldsymbol{\sigma} \cdot \boldsymbol{p}}{E - U + m} \chi_1.$$

与前面类似, 将其代入式 (7.79) 的第一个方程

$$(E - U - m)\chi_1 = \boldsymbol{\sigma} \cdot \boldsymbol{p}\chi_2,$$

得到

$$(E - U - m)\chi_1 = \boldsymbol{\sigma} \cdot \boldsymbol{p} \frac{1}{E - U + m} \boldsymbol{\sigma} \cdot \boldsymbol{p}\chi_1. \tag{7.80}$$

注意到这里 U 是坐标的函数, 而 $\boldsymbol{p}$ 对应空间求导算符 $-\mathrm{i}\nabla$, 因此 $\dfrac{1}{E - U + m}$ 与 $\boldsymbol{p}$ 并不对易, 这就是我们在式 (7.72) 中舍弃的修正项, 现在我们来详细计算它.

有相互作用时, 总能量 $E = E_0 + m$. 考虑非相对论极限下 $E_0 \ll m$, 即 $E \approx m$, 将 $\dfrac{1}{E - U + m}$ 展开至 E_0 的一阶项, 有

$$\frac{1}{E - U + m} = \frac{1}{2m + E_0 - U} = \frac{1}{2m}\left(1 + \frac{E_0 - U}{2m}\right)^{-1}$$

$$\approx \frac{1}{2m}\left(1 - \frac{E_0 - U}{2m}\right),$$

于是方程 (7.80) 化为

$$(E_0 - U)\chi_1 = \boldsymbol{\sigma} \cdot \boldsymbol{p} \frac{1}{2m}\left(1 - \frac{E_0 - U}{2m}\right)\boldsymbol{\sigma} \cdot \boldsymbol{p}\chi_1,$$

整理后得到

$$E_0\chi_1 = \left[\frac{(\boldsymbol{\sigma}\cdot\boldsymbol{p})^2}{2m} + U - \frac{\boldsymbol{\sigma}\cdot\boldsymbol{p}(E_0 - U)\boldsymbol{\sigma}\cdot\boldsymbol{p}}{4m^2}\right]\chi_1$$

$$= \left[\frac{|\boldsymbol{p}|^2}{2m} + U - \frac{\boldsymbol{\sigma}\cdot\boldsymbol{p}(E_0 - U)\boldsymbol{\sigma}\cdot\boldsymbol{p}}{4m^2}\right]\chi_1.$$

根据定态薛定谔方程, 得到静电场中带电粒子的哈密顿量

$$\hat{H} = \frac{|\boldsymbol{p}|^2}{2m} + U - \frac{\boldsymbol{\sigma}\cdot\boldsymbol{p}(E_0 - U)\boldsymbol{\sigma}\cdot\boldsymbol{p}}{4m^2}.$$

针对上式中最后一项, 我们有

$$(E_0 - U)\boldsymbol{\sigma}\cdot\boldsymbol{p} = \boldsymbol{\sigma}\cdot\boldsymbol{p}(E_0 - U) + \boldsymbol{\sigma}\cdot[E_0 - U, \boldsymbol{p}]$$

$$= \boldsymbol{\sigma}\cdot\boldsymbol{p}(E_0 - U) + \boldsymbol{\sigma}\cdot[\boldsymbol{p}, U],$$

由于 $E_0 - U = E_k = \dfrac{|\boldsymbol{p}|^2}{2m} = \dfrac{p^2}{2m}$, 即动能, 所以有

$$\boldsymbol{\sigma}\cdot\boldsymbol{p}(E_0 - U)\boldsymbol{\sigma}\cdot\boldsymbol{p} = (\boldsymbol{\sigma}\cdot\boldsymbol{p})^2\frac{p^2}{2m} + (\boldsymbol{\sigma}\cdot\boldsymbol{p})(\boldsymbol{\sigma}\cdot[\boldsymbol{p}, U])$$

$$= \frac{p^4}{2m} + (\boldsymbol{\sigma}\cdot\boldsymbol{p})(\boldsymbol{\sigma}\cdot[\boldsymbol{p}, U]). \tag{7.81}$$

再次利用式 (3.34), 可得

$$(\boldsymbol{\sigma}\cdot\boldsymbol{p})(\boldsymbol{\sigma}\cdot[\boldsymbol{p}, U]) = \boldsymbol{p}\cdot[\boldsymbol{p}, U] + \mathrm{i}\boldsymbol{\sigma}\cdot(\boldsymbol{p}\times[\boldsymbol{p}, U]). \tag{7.82}$$

鉴于 $\boldsymbol{p} \to -\mathrm{i}\nabla$,

$$[\boldsymbol{p}, U] = -\mathrm{i}\nabla U,$$

将库仑势的具体形式 $U = -\alpha/r$ 代入, 有

$$[\boldsymbol{p}, U] = \mathrm{i}\alpha\nabla\frac{1}{r} = -\frac{\mathrm{i}\alpha}{r^3}\boldsymbol{r},$$

因此式 (7.82) 中第二项贡献为

$$\mathrm{i}\boldsymbol{\sigma}\cdot(\boldsymbol{p}\times[\boldsymbol{p}, U]) = \mathrm{i}\frac{\mathrm{i}\alpha}{r^3}\boldsymbol{\sigma}\cdot(\boldsymbol{p}\times\boldsymbol{r}) = \frac{\alpha}{r^3}\boldsymbol{\sigma}\cdot\boldsymbol{L}. \tag{7.83}$$

这里利用了

$$\boldsymbol{p}\times\boldsymbol{r} = -\boldsymbol{L},$$

$$[\boldsymbol{L}, r^n] = 0.$$

而式 (7.82) 中第一项的贡献为

$$\boldsymbol{p} \cdot [\boldsymbol{p}, U] = \mathrm{i}\alpha \boldsymbol{p} \cdot \frac{\boldsymbol{r}}{r^3}, \tag{7.84}$$

注意该项并不是厄米的, 因此将导致

$$\int | \chi_1 |^2 \,\mathrm{d}^3\boldsymbol{r} \neq 不含时常数.$$

这其实是显然的, 因为在非相对论极限下我们完全舍弃了旋量 χ_2, 而狄拉克方程告诉我们 $\psi = (\chi_1, \chi_2)^{\mathrm{T}}$ 才是完整描述粒子的波函数, 满足

$$\int \psi^\dagger \psi \mathrm{d}^3\boldsymbol{r} = \int (| \chi_1 |^2 + | \chi_2 |^2) \mathrm{d}^3\boldsymbol{r} = 不含时常数.$$

这也从另一个角度说明以上的旋量 χ_1 在 E_0 一阶近似下并不是薛定谔方程的一个好的波函数. 注意到

$$\chi_2 = \frac{1}{E - U + m} \boldsymbol{\sigma} \cdot \boldsymbol{p}\chi_1 = \frac{1}{2m + E_0 - U} \boldsymbol{\sigma} \cdot \boldsymbol{p}\chi_1,$$

如果认为 $E_0, U \ll m$, 则

$$\chi_2 \approx \frac{1}{2m} \boldsymbol{\sigma} \cdot \boldsymbol{p}\chi_1,$$

且

$$|\chi_2|^2 = \chi_1^\dagger \frac{(\boldsymbol{\sigma} \cdot \boldsymbol{p})^2}{4m^2} \chi_1 = \chi_1^\dagger \frac{p^2}{4m^2} \chi_1,$$

因此有

$$\int \psi^\dagger \psi \mathrm{d}^3\boldsymbol{r} = \int (| \chi_1 |^2 + | \chi_2 |^2) \mathrm{d}^3\boldsymbol{r}$$

$$= \int \chi_1^\dagger \left(1 + \frac{p^2}{4m^2}\right) \chi_1 \mathrm{d}^3\boldsymbol{r}$$

$$\approx \int \left[\left(1 + \frac{p^2}{8m^2}\right) \chi_1\right]^\dagger \left(1 + \frac{p^2}{8m^2}\right) \chi_1 \mathrm{d}^3\boldsymbol{r}$$

$$= 不含时常数.$$

约等号表示 $\mathcal{O}(p^4/m^4)$ 阶成立. 因此薛定谔方程的波函数可以选为

$$\chi_s = \left(1 + \frac{p^2}{8m^2}\right)\chi_1. \tag{7.85}$$

上面这种非厄米的项被称为 Darwin 项, 其贡献相当于在基态能级上增加的常数项[1].

将以上所有计算结果代入哈密顿量中可得

$$\hat{H} = \frac{p^2}{2m} + U - \frac{p^4}{8m^3} - \frac{\alpha}{4m^2r^3}\boldsymbol{\sigma}\cdot\boldsymbol{L} - \mathrm{i}\frac{\alpha}{4m^2r^3}\boldsymbol{p}\cdot\boldsymbol{r}, \tag{7.86}$$

其中第三项

$$-\frac{p^4}{8m^3} \tag{7.87}$$

为相对论动能修正. 第四项在定义 $\boldsymbol{S} = \boldsymbol{\sigma}/2$ 后可改写为

$$-\frac{\alpha}{4m^2r^3}\boldsymbol{\sigma}\cdot\boldsymbol{L} = -\frac{\alpha}{2m^2r^3}\boldsymbol{S}\cdot\boldsymbol{L}. \tag{7.88}$$

这就是自旋轨道耦合, 或称托马斯 (Thomas) 耦合. 从前面讨论的自旋磁矩, 我们已经看到自旋完全起源于狄拉克方程, 是相对论量子力学的预言, 而自旋-轨道耦合更是一个相对论效应. 电子在原子核质心系中只存在静电场 $\boldsymbol{E} = e\boldsymbol{r}/r^3$, 但是在电子质心系, 如果不考虑非惯性系, 原电场通过洛伦兹变换后成为

$$\boldsymbol{B}' = \boldsymbol{v} \times \boldsymbol{E} = \boldsymbol{v} \times \frac{e\boldsymbol{r}}{r^3} = -\frac{e}{m_e r^3}\boldsymbol{L}\,.$$

再因为自旋磁矩的存在, 所以定性地理解自旋-轨道耦合的图像. 托马斯在 1926 年仔细考虑了圆周运动进动效应修正后才最终得到正确的系数. 在第 8 章中, 我们将在非相对论极限的定态微扰论框架下具体讨论这些修正项对能级的贡献.

〰 第 7 章习题 〰

1. 证明由二维特殊幺正变换 U 映射成的三维正交变换 $\mathbf{R}$ 的行列式为 1, 即式 (7.39) 的行列式为 1.

2. 对于 $SO(1,1)$ 群, 矢量 $\boldsymbol{v} = (x,y)^{\mathrm{T}}$ 的长度定义为

$$|v|^2 = v^{\mathrm{T}} g v, \quad g = \begin{pmatrix} 1 & 0 \\ 0 & -1 \end{pmatrix},$$

---

[1] 具体的讨论可以参考 Shankar R. Principles of Quantum Mechanics. New York: Plenum Press, 1994: 571-573.

在变换 Λ 下保持不变

$$v \to v' = \Lambda v \quad \longrightarrow \quad \Lambda^{\mathrm{T}} g \Lambda = g,$$

对于无穷小变换 Λ_δ

$$\Lambda_\delta = I + \delta X$$

推导 X 的形式，并对于有限参数 η，推导 Λ_η 的具体形式.

3. 对一个实验室参考系中，质量为 m_0、能量为 E、动量为 $|p|$ 的粒子，证明其质心系与实验室系之间洛伦兹变换的快度 φ 为

$$\varphi = \frac{1}{2} \ln \frac{E + |p|}{E - |p|}$$

4. 对二维复空间矢量 ξ 做幺正变换 U,

$$\xi' = U\xi, \quad U^\dagger U = I, \det U = 1.$$

(1) 证明对矢量 χ

$$\chi = \begin{pmatrix} 0 & -1 \\ 1 & 0 \end{pmatrix} \xi^*$$

也有

$$\chi' = U\chi.$$

(2) 定义

$$H = \xi\chi^\dagger,$$

证明幺正变换后 $\det H' = \det H$.

(3) 另外，如果有

$$H = \boldsymbol{\sigma} \cdot \boldsymbol{r} = \begin{pmatrix} z & x - \mathrm{i}y \\ x + \mathrm{i}y & -z \end{pmatrix}$$

证明该映射有

$$x = \frac{1}{2}(\xi_2^2 - \xi_1^2), \quad y = \frac{1}{2\mathrm{i}}(\xi_1^2 + \xi_2^2), \quad z = \xi_1\xi_2$$

的关系，并计算 $x^2 + y^2 + z^2$.

5. 假设对二维复空间矢量 ξ 有幺正变换

$$\xi' = U\xi, \quad \xi = \begin{pmatrix} \xi_1 \\ \xi_2 \end{pmatrix}, \quad U = \begin{pmatrix} \mathrm{e}^{\mathrm{i}\alpha/2} & 0 \\ 0 & \mathrm{e}^{-\mathrm{i}\alpha/2} \end{pmatrix},$$

按照映射

$$x = \frac{1}{2}(\xi_2^2 - \xi_1^2), \quad y = \frac{1}{2\mathrm{i}}(\xi_1^2 + \xi_2^2), \quad z = \xi_1\xi_2,$$

找出变换后得到的 (x', y', z') 的具体形式.

6. 已知泡利矩阵有 $\sigma_i^2 = 1, [\sigma_i, \sigma_j] = 2\mathrm{i}\epsilon_{ijk}\sigma_k$.

(1) 计算 $\sigma_i\sigma_j$.

(2) 假设 $[A, \sigma] = 0, [B, \sigma] = 0$，证明

$$(\boldsymbol{\sigma} \cdot \boldsymbol{A})(\boldsymbol{\sigma} \cdot \boldsymbol{B}) = \boldsymbol{A} \cdot \boldsymbol{B} + \mathrm{i}\boldsymbol{\sigma} \cdot (\boldsymbol{A} \times \boldsymbol{B}).$$

注意该式的一个特例为

$$(\boldsymbol{\sigma} \cdot \boldsymbol{A})^2 = |\boldsymbol{A}|^2.$$

(3) A 与 σ 对易，证明

$$\boldsymbol{\sigma}(\boldsymbol{\sigma} \cdot \boldsymbol{A}) - \boldsymbol{A} = \mathrm{i}\boldsymbol{A} \times \boldsymbol{\sigma}.$$

(4) θ 与 σ 对易，证明

$$\left(1 - \frac{\mathrm{i}}{2}\boldsymbol{\sigma} \cdot \boldsymbol{\theta}\right) \boldsymbol{\sigma} \left(1 + \frac{\mathrm{i}}{2}\boldsymbol{\sigma} \cdot \boldsymbol{\theta}\right) = \boldsymbol{\sigma} - \boldsymbol{\theta} \times \boldsymbol{\sigma}.$$

7. 经典力学系统中一个电磁场中的带电粒子拉格朗日量为

$$L = \frac{1}{2}m\dot{\boldsymbol{x}}^2 - e\varphi + e\dot{\boldsymbol{x}} \cdot \boldsymbol{A}.$$

(1) 给出运动方程并和已知的洛伦兹力形式作对比.
(2) 根据规范变换下 A 和 φ 的变换形式，给出 L 的变换形式.
(3) 计算哈密顿量的具体形式.
(4) 利用上式结果在哈密顿力学体系下给出运动方程，并与第 (1) 小题的结果作对比.

8. 对哈密顿量

$$\hat{H} = \boldsymbol{\alpha} \cdot \hat{\boldsymbol{p}} + \beta m, \quad \alpha_i = \gamma^0 \gamma^i, \quad \beta = \gamma^0,$$

且

$$\Sigma_i = \begin{pmatrix} \sigma_i & 0 \\ 0 & \sigma_i \end{pmatrix}, \quad J_i = L_i + \frac{\Sigma_i}{2},$$

计算 $[\hat{H}, J_i]$.

9. 证明螺旋度算符和哈密顿算符对易，即

$$[H, \hat{h}] = \left[H, \frac{1}{2}\boldsymbol{\Sigma} \cdot \boldsymbol{p}\right] = 0. \tag{7.64}$$

10. 电磁场中粒子的狄拉克方程

$$(E - e\varphi - m)\chi_1 = \boldsymbol{\sigma} \cdot (\boldsymbol{p} - e\boldsymbol{A})\chi_2,$$

$$(E - e\varphi + m)\chi_2 = \boldsymbol{\sigma} \cdot (\boldsymbol{p} - e\boldsymbol{A})\chi_1,$$

完整推导出非相对论极限情况下的哈密顿量形式.

11. 一个球对称势场 $V(r)$，通过下面的狄拉克方程:

$$\begin{pmatrix} E - V(r) - m & -\boldsymbol{\sigma} \cdot \boldsymbol{p} \\ -\boldsymbol{\sigma} \cdot \boldsymbol{p} & E - V(r) + m \end{pmatrix} \begin{pmatrix} \chi_1 \\ \chi_2 \end{pmatrix} = 0$$

完整推导非相对论极限下的自旋角动量–轨道角动量耦合形式.

第 8 章

定态微扰论与精细结构

> An example is the Dirac theory of the Hydrogen atom.
> The non-relativistic theory gave levels correctly but no
> fine-sturcture. The Dirac one -particle theory gives
> all the main features of the fine-structure correctly,
> number of components and seperations good to 10%
> but not better. The Dirac many-particle theory gives
> the fine-structure seperations (Lamb's shift) correctly
> to about one part in 10000.
>
> ——Freeman Dyson

第 7 章的最后一节 (7.6 节) 我们讨论了相对论量子力学描述的氢原子在非相对论极限下会出现相对论动能修正和自旋轨道耦合两个修正，并给出了修正后哈密顿量的具体形式. 实验上，能级的修正将带来光谱的变化，而由上述修正带来的谱线变化就称为原子光谱的精细结构.

在 6.7 节对塞曼效应的计算中，由于磁矩与恒定磁场的作用项本身是一个守恒量且与轨道角动量 $\hat{L}_z$ 对易，所以 $|n\ell m\rangle$ 是二者的共同本征态，可以完整描述系统所处的状态，因此我们只需要计算对应状态的本征值即可. 然而，一般来说修正算符并不一定是原系统的守恒量，因而必然会出现新的本征态波函数，因此这种计算方法并不具有一般性. 另外，尽管我们原则上总可以通过写出哈密顿量、求解薛定谔方程的方法来研究一个量子力学系统，但事实上仅有一阶氢原子、简谐振子等简单模型可以精确求解. 因此，对量子力学系统的研究不可避免地要用到各种近似方法. 本章中，我们将介绍一种常用的近似方法，即定态微扰论，并利用这一方法进一步研究原子光谱的精细结构.

当然，如果进一步考虑原子核的自旋，其与轨道角动量的耦合将使能级进一步分裂. 而由于磁矩与质量成反比，核自旋与轨道耦合的修正比电子自旋轨道耦合即托马斯耦合要小三个量级,因此,由原子核自旋带来的谱线分裂被称为原子光谱的超精细结构.

8.1 定态微扰论

6.7 节,我们通过在哈密顿量中引入修正项 H_1,将新的哈密顿量写成 $H = H_0 + H_1$ 的方法研究了角动量本征态的 m 简并及其在外加磁场下的消除,即塞曼效应. 那里我们遇到的修正项是一个守恒量,这简化了我们的计算. 但如果修正项不是守恒量,新的波函数就必须根据新的哈密顿量重新求解. 一般来说,含有修正项的哈密顿量形式较为复杂,精确求得解析解可能十分困难或完全不可能. 但实际问题中,哈密顿量的修正项往往是小量,因此利用微扰展开的方法,我们可以很容易地求出其近似解.

前面我们已经多次用到无穷小变换的概念,事实上这种方法就蕴含着微扰论的思想. 一般地,对一个物理量 A,如果用参数 ϵ 表征与 A 演化相关的一个参量,则可将 A 按 ϵ 级数展开,即

$$A = A_0(\epsilon^0) + A_1(\epsilon^1) + A_2(\epsilon^2) + \cdots . \tag{8.1}$$

这便是微扰展开. 当然,微扰展开的前提是参量 ϵ 是无量纲的小量($\epsilon \ll 1$). 下面我们通过一个具体的例子熟悉微扰论思想在量子力学中的应用.

例题 8.1 哈密顿量一阶微扰对能级的修正.

对于一个不显含时间的系统,我们在哈密顿量中引入一个以参数 ϵ 表示的微小修正,设未修正的原哈密顿量为 $\hat{H}_0 = \hat{H}_0(\epsilon^0)$,则修正后的哈密顿量

$$\hat{H} = \hat{H}_0(\epsilon^0) + \hat{H}_1(\epsilon^1),$$

其中 $\hat{H}_1(\epsilon^1)$ 表示与 ϵ 有关的修正部分. 设未修正算符 $\hat{H}_0$ 的本征态为 $|n^{(0)}\rangle$,

$$\hat{H}_0 |n^{(0)}\rangle = E_n^{(0)} |n^{(0)}\rangle , \tag{8.2}$$

而修正后算符 $\hat{H}$ 的本征态为 $|n\rangle$,

$$\hat{H} |n\rangle = E_n |n\rangle . \tag{8.3}$$

由于 $|n\rangle$ 只是在 $|n^{(0)}\rangle$ 基础上做了小的修正,因此可以对 $|n\rangle$ 做微扰展开

$$|n\rangle = |n^{(0)}\rangle (\epsilon^0) + |n^{(1)}\rangle (\epsilon^1) + \cdots . \tag{8.4}$$

并且对可观测量能量也可以做微扰展开

$$E_n = E_n^{(0)}(\epsilon^0) + E_n^{(1)}(\epsilon^1) + E_n^{(2)}(\epsilon^2) + \cdots ,$$

代入式 (8.3) 即有

$$(\hat{H}_0 + \hat{H}_1)\left(|n^{(0)}\rangle + |n^{(1)}\rangle + \cdots\right) = \left(E_n^{(0)} + E_n^{(1)} + \cdots\right)\left(|n^{(0)}\rangle + |n^{(1)}\rangle + \cdots\right).$$

对比上式等式两边同阶 ϵ 项可以发现，ϵ 的零次项就是未修正的薛定谔方程

$$H_0 |n^{(0)}\rangle = E_n^{(0)} |n^{(0)}\rangle. \tag{8.2}$$

而对 ϵ 的一阶和二阶项，则有

$$\epsilon^1: \quad H_0 |n^{(1)}\rangle + H_1 |n^{(0)}\rangle = E_n^{(1)} |n^{(0)}\rangle + E_n^{(0)} |n^{(1)}\rangle,$$

$$\epsilon^2: \quad H_0 |n^{(2)}\rangle + H_1 |n^{(1)}\rangle = E_n^{(0)} |n^{(2)}\rangle + E_n^{(1)} |n^{(1)}\rangle + E_n^{(2)} |n^{(0)}\rangle.$$

将一阶方程与 $\langle n^{(0)}|$ 做内积，由于

$$\langle n^{(0)}|\hat{H}_0|n^{(1)}\rangle = E_n^{(0)} \langle n^{(0)} | n^{(1)}\rangle, \tag{8.5}$$

可得一阶能级修正

$$E_n^{(1)} = \langle n^{(0)}|\hat{H}_1|n^{(0)}\rangle. \tag{8.6}$$

上式说明一阶的能级修正是修正项在原本征态下的期待值，与本征态修正项 $|n^{(1)}\rangle$ 无关.

同理，将二阶方程与 $\langle n^{(0)}|$ 做内积，利用

$$\langle n^{(0)}|\hat{H}_0|n^{(2)}\rangle = E_n^{(0)} \langle n^{(0)} | n^{(2)}\rangle,$$

可得二阶能级修正

$$E_n^{(2)} = \langle n^{(0)}|\hat{H}_1|n^{(1)}\rangle - E_n^{(1)} \langle n^{(0)}|n^{(1)}\rangle. \tag{8.7}$$

可见 $E_n^{(2)}$ 与波函数的一阶修正项 $|n^{(1)}\rangle$ 有关，因此要得到 $E_n^{(2)}$，就必须解出 $|n^{(1)}\rangle$ 的表达式. 为此，我们将其用已知的 $\{|n^{(0)}\rangle\}$ 完全集展开：设 $\left|n_\perp^{(1)}\right\rangle$ 和 $\left|n_{/\!/}^{(1)}\right\rangle$ 分别为与 $|n^{(0)}\rangle$ 正交和平行的分量，于是

$$|n^{(1)}\rangle = \left|n_\perp^{(1)}\right\rangle + \left|n_{/\!/}^{(1)}\right\rangle. \tag{8.8}$$

将一个和 $|n^{(0)}\rangle$ 正交的态 $\langle m^{(0)}|$ $(m \neq 0, \langle m^{(0)}| \in \{\langle n^{(0)}|\})$ 与 ϵ 的一阶修正方程做内积

$$\langle m^{(0)}|\left(\hat{H}_0 |n^{(1)}\rangle + \hat{H}_1 |n^{(0)}\rangle\right) = \langle m^{(0)}|\left(E_n^{(1)} |n^{(0)}\rangle + E_n^{(0)} |n^{(1)}\rangle\right),$$

利用 $\langle m^{(0)} \mid n^{(0)} \rangle = 0$ 和 $\langle m^{(0)}|\hat{H}_0|n^{(1)}\rangle = E_m^{(0)} \langle m^{(0)} \mid n^{(1)} \rangle$, 可得

$$\langle m^{(0)} \mid n^{(1)} \rangle = \frac{\left\langle m^{(0)} \mid \hat{H}_1 \mid n^{(0)} \right\rangle}{E_n^{(0)} - E_m^{(0)}}.$$

这就给出了 $\left|n^{(1)}\right\rangle$ 态中与 $\left|n^{(0)}\right\rangle$ 正交的分量 $\left|n_\perp^{(1)}\right\rangle$ 的系数. 因此

$$\left|n_\perp^{(1)}\right\rangle = \sum_{m \neq n} \frac{\left|m^{(0)}\right\rangle \left\langle m^{(0)} \mid \hat{H}_1 \mid n^{(0)} \right\rangle}{E_n^{(0)} - E_m^{(0)}}. \tag{8.9}$$

对于与 $\left|n^{(0)}\right\rangle$ 平行的分量 $\left|n_{//}^{(1)}\right\rangle$, 根据 $\langle n \mid n \rangle = 1$, 有

$$\left(\left\langle n^{(0)} \right| + \left\langle n_{//}^{(1)} \right| + \left\langle n_\perp^{(1)} \right| + \cdots \right) \left(\left| n^{(0)} \right\rangle + \left| n_{//}^{(1)} \right\rangle + \left| n_\perp^{(1)} \right\rangle + \cdots \right) = 1,$$

而根据定义, $\left\langle n_\perp^{(1)} \mid n^{(0)} \right\rangle = 0$, 又知 $\langle n^{(0)} \mid n^{(0)} \rangle = 1$, 可得

$$\left\langle n_{//}^{(1)} \mid n^{(0)} \right\rangle + \left\langle n^{(0)} \mid n_{//}^{(1)} \right\rangle + \left\langle n_{//}^{(1)} \mid n_{//}^{(1)} \right\rangle + \left\langle n_\perp^{(1)} \mid n_\perp^{(1)} \right\rangle = 0.$$

由于

$$\left\langle n_{//}^{(1)} \mid n_{//}^{(1)} \right\rangle \sim \left\langle n_\perp^{(1)} \mid n_\perp^{(1)} \right\rangle \sim \mathcal{O}(\epsilon^2),$$

因此在一阶近似下, 这两项可以舍去, 故得到

$$\left\langle n_{//}^{(1)} \mid n^{(0)} \right\rangle + \left\langle n^{(0)} \mid n_{//}^{(1)} \right\rangle = 0.$$

鉴于 $\left\langle n_{//}^{(1)} \mid n^{(0)} \right\rangle$ 和 $\left\langle n^{(0)} \mid n_{//}^{(1)} \right\rangle$ 互为共轭, 因此该式等于零要求每一项必为纯虚数. 设

$$\left\langle n^{(0)} \mid n_{//}^{(1)} \right\rangle = i\alpha, \quad \alpha \in \mathbb{R},$$

其中 α 是与 ϵ 同阶的小量. 于是得到

$$\left|n_{//}^{(1)}\right\rangle = i\alpha \left|n^{(0)}\right\rangle. \tag{8.10}$$

由 $|n\rangle$ 的微扰展开式 (8.4) 和 (8.8), 代入式 (8.9) 和式 (8.10), 在 ϵ 的一阶近似下有

$$|n\rangle = \left|n^{(0)}\right\rangle + \left|n_{//}^{(1)}\right\rangle + \left|n_\perp^{(1)}\right\rangle + \cdots$$

$$= \left|n^{(0)}\right\rangle + \mathrm{i}\alpha \left|n^{(0)}\right\rangle + \left|n_{\perp}^{(1)}\right\rangle + \cdots$$

$$\approx \left|n^{(0)}\right\rangle \mathrm{e}^{\mathrm{i}\alpha} + \left|n_{\perp}^{(1)}\right\rangle + \cdots,$$

其中最后一步利用了指数函数的级数展开的一阶近似 $\mathrm{e}^{\mathrm{i}\alpha} = 1 + \mathrm{i}\alpha$. 4.2 节中我们提到, 波函数总可以相差一个相因子. 因此, 如果将上式乘以相因子 $\mathrm{e}^{-\mathrm{i}\alpha}$, 并不带来物理上的改变, 于是 $\left|n_{//}^{(1)}\right\rangle$ 可以通过相因子的重新定义被吸收进 $\left|n^{(0)}\right\rangle$ 中, 即有

$$\left|n^{(1)}\right\rangle = \left|n_{\perp}^{(1)}\right\rangle$$

$$= \sum_{m \neq n} \frac{\left|m^{(0)}\right\rangle \left\langle m^{(0)} \mid \hat{H}_1 \mid n^{(0)} \right\rangle}{E_n^{(0)} - E_m^{(0)}}. \tag{8.11}$$

将式 (8.11) 代回式 (8.7) 中, 可得

$$E_n^{(2)} = \left\langle n^{(0)} | \hat{H}_1 | n^{(1)} \right\rangle$$

$$= \sum_{m \neq n} \frac{\left\langle n^{(0)} \mid H_1 \mid m^{(0)} \right\rangle \left\langle m^{(0)} \mid \hat{H}_1 \mid n^{(0)} \right\rangle}{E_n^{(0)} - E_m^{(0)}}$$

$$= \sum_{m \neq n} \frac{|\left\langle n^{(0)} \mid \hat{H}_1 \mid m^{(0)} \right\rangle|^2}{E_n^{(0)} - E_m^{(0)}}. \tag{8.12}$$

这便是二阶的能级修正, 可以看到它只与原本征态 $\left|n^{(0)}\right\rangle$ 和哈密顿量的微扰项 $\hat{H}_1$ 有关.

至此我们找到了从哈密顿量的微扰导出能级修正项的基本方法, 下面 8.2 节和 8.3 节中我们将采用微扰论的方法, 依次求解相对论动能修正和托马斯耦合对能级的修正.

8.2 相对论动能修正

已知无修正项的氢原子哈密顿量

$$\hat{H}_0 = \frac{\hat{p}^2}{2m} - \frac{\alpha}{r}, \tag{8.13}$$

其本征态为 $|n\ell m\rangle$.

前面，我们利用狄拉克方程取非相对论极限的方法导出了哈密顿量中的相对论动能修正

$$-\frac{p^4}{8m^3}. \tag{7.87}$$

事实上一个简单的做法是对相对论动能做展开，很容易发现

$$K = \sqrt{p^2 + m^2} - m = m\sqrt{1 + \frac{p^2}{m^2}} - m \simeq \frac{p^2}{2m} - \frac{p^4}{8m^3},$$

式中 K 为相对论动能，而结果的第二项就是相对论动能修正. 由式 (8.13)，修正项的能量可以表示成

$$\left\langle n\ell m \left| \frac{p^4}{8m^3} \right| n\ell m \right\rangle = \frac{1}{2m}\left\langle \left(\frac{p^2}{2m}\right)^2 \right\rangle_{n\ell m} = \frac{1}{2m}\left\langle \left(H_0 + \frac{\alpha}{r}\right)^2 \right\rangle_{n\ell m},$$

所以能级的修正变成了计算下面的表达式:

$$\frac{1}{2m}\left[(E_n^{(0)})^2 + 2E_n^{(0)}\left\langle \frac{\alpha}{r} \right\rangle_{n\ell m} + \left\langle \frac{\alpha^2}{r^2} \right\rangle_{n\ell m} \right]. \tag{8.14}$$

如果氢原子径向波函数 $R_{n\ell}(r)$ 的具体形式已知，则可利用克拉默斯 (Kramers) 关系

$$\frac{s+1}{n^2}\langle r^s \rangle - (2s+1)a\langle r^{s-1} \rangle + \frac{s}{4}[(2\ell+1)^2 - s^2]a^2\langle r^{s-2} \rangle = 0$$

计算一般幂次的 r^s 对 $R_{n\ell}(r)$ 平均值. 因此，如果已知氢原子波函数 $|n\ell m(r,\theta,\phi)\rangle$ 的具体形式，得到不同阶 $\langle n\ell m \mid r^{-s} \mid n\ell m \rangle$ 的期待值仅是一个积分问题. 但由于本书并不要求直接求解微分方程，这里我们介绍一个不依赖于波函数具体表达式的求解方法.

首先介绍一个简单的关系:赫尔曼–费恩曼定理（Hellmann-Feynman theorem，HF 定理）. 对任意哈密顿量中的任意参数 λ，有

$$H(\lambda)|E(\lambda)\rangle = E(\lambda)|E(\lambda)\rangle,$$

于是容易有

$$\frac{\mathrm{d}E(\lambda)}{\mathrm{d}\lambda} = \frac{\mathrm{d}}{\mathrm{d}\lambda}\langle E(\lambda) \mid H(\lambda) \mid E(\lambda) \rangle$$

$$= \left\langle E(\lambda) \left| \frac{\mathrm{d}H(\lambda)}{\mathrm{d}\lambda} \right| E(\lambda) \right\rangle + \frac{\mathrm{d}\langle E(\lambda)|}{\mathrm{d}\lambda} H(\lambda)|E(\lambda)\rangle + \langle E(\lambda) \mid H(\lambda) \mid \frac{\mathrm{d}|E(\lambda)\rangle}{\mathrm{d}\lambda}$$

$$= \left\langle E(\lambda) \left| \frac{\mathrm{d}H(\lambda)}{\mathrm{d}\lambda} \right| E(\lambda) \right\rangle + E(\lambda) \frac{\mathrm{d}}{\mathrm{d}\lambda} \left\langle E(\lambda) \mid E(\lambda) \right\rangle$$

$$= \left\langle E(\lambda) \left| \frac{\mathrm{d}H(\lambda)}{\mathrm{d}\lambda} \right| E(\lambda) \right\rangle. \tag{8.15}$$

这一结论是一般性的数学关系，并不依赖于 λ 的具体性质. 下面我们将利用这一定理计算 $\langle n\ell m \mid r^{-s} \mid n\ell m \rangle$ 期望值.

对于 $\langle n\ell m \mid r^{-1} \mid n\ell m \rangle$，由

$$H_0 = \frac{p^2}{2m_{\mathrm{e}}} - \frac{\alpha}{r} \tag{8.13}$$

对 α 求导

$$\frac{\mathrm{d}H_0}{\mathrm{d}\alpha} = -\frac{1}{r},$$

因此有

$$\left\langle \frac{1}{r} \right\rangle = \left\langle -\frac{\mathrm{d}H_0}{\mathrm{d}\alpha} \right\rangle = -\frac{\mathrm{d}E_n^{(0)}}{\mathrm{d}\alpha} = \frac{m_{\mathrm{e}}\alpha}{n^2} = \frac{-2E_n}{\alpha}. \tag{8.16}$$

这其实就是位力定理

$$\left\langle \hat{H}_0 \right\rangle = -\left\langle \frac{\alpha}{2r} \right\rangle = E_n.$$

同理对 $\langle r^{-2} \rangle$，还是从原哈密顿量出发，由

$$H_0 = \frac{p_r^2}{2m} + \frac{\ell(\ell+1)}{2mr^2} - \frac{\alpha}{r},$$

可见

$$\frac{\mathrm{d}H_0}{\mathrm{d}\ell} = \frac{2\ell+1}{2m} \frac{1}{r^2},$$

因此

$$\left\langle \frac{1}{r^2} \right\rangle = \frac{2m}{2\ell+1} \frac{\mathrm{d}E_n^{(0)}}{\mathrm{d}\ell} = \frac{2m}{2\ell+1} \frac{\mathrm{d}E_n^{(0)}}{\mathrm{d}n} \frac{\mathrm{d}n}{\mathrm{d}\ell}. \tag{8.17}$$

又因为量子数 n 和 ℓ 的线性关系 $n = k + \ell + 1$，所以 $\mathrm{d}n/\mathrm{d}\ell = 1$. 因此

$$\left\langle \frac{1}{r^2} \right\rangle = \frac{2m}{2\ell+1} \frac{m\alpha^2}{n^3} = \frac{4n}{(\ell+1/2)\alpha^2} \left(E_n^{(0)} \right)^2. \tag{8.18}$$

将式 (8.18) 和式 (8.16) 代回式 (8.14)，整理可得相对论动能修正的能级

$$\Delta_{nl}^{(1)} = \frac{m\alpha^4}{2} \left[-\frac{3}{4n^4} + \frac{1}{n^3(\ell+1/2)} \right]. \tag{8.19}$$

6.3 节我们已经求出未加修正的能级

$$E_n^{(0)} = -\frac{m\alpha^2}{2n^2}, \tag{6.16}$$

合并整理可得包含相对论动能修正的能级

$$E_n = E_n^{(0)} \left[1 + \alpha^2 \left(-\frac{3}{4n^2} + \frac{1}{n(\ell + 1/2)} \right) + \cdots \right]. \tag{8.20}$$

我们看到，这里的能级以 α（或依式 (8.1) 定义，α^2）为微扰展开参数，最低阶是 α^2 项. 我们知道在原子物理中，

$$\alpha = \frac{1}{137}, \tag{8.21}$$

所以 $\alpha^2 \sim 10^{-4}$，因此这里修正的贡献在万分之一量级，而反映在波长为数百纳米量级的氢原子光谱上，就是约 0.1 nm 量级的修正，这便是氢原子光谱的精细结构，而 α 被称为精细结构常数.

不过，值得注意的是，α 其实并不是一个常数. 在 7.2 节中我们曾提到相对论量子力学预言了反粒子的存在，而反粒子的存在会导致真空极化，即光子在传播过程中会变成正负电子形成的偶极子. 由此，在测量电荷的过程中，真空会被极化，偶极子的重新分布形成了所谓的屏蔽效应，进而会使耦合常数随着能标变化而变化，这就是重整化群效应.

在量子场论中，α 作为量子电动力学的耦合常数，会随着能量的提高而变大. 我们通常所说的 $\alpha \sim \frac{1}{137}$ 对应于原子物理的能标，即氢原子电离能所在的 $\mathcal{O}(10)$ eV 量级，而在高能散射，例如 Z 粒子质量能标 $M_{\mathrm{Z}} = 91$ GeV 时，α 的取值就变成

$$\alpha(M_{\mathrm{Z}}) \sim \frac{1}{129}. \tag{8.22}$$

当然，并不是所有的耦合常数都会随着能量增加而变大，例如在强相互作用中，由于胶子的自相互作用，强耦合参数 α_{s} 会随着能标变大而变小，这称为渐近自由效应. 事实上，自然界中除了引力之外的三种相互作用，即强、弱、电磁对应的耦合常数，经过重整化群效应的演化，最终会在约 $\mathcal{O}(10^{16})$ GeV 处接近重合，让部分物理学家相信自然界中这三种基本相互作用可以在一个统一的规范理论框架下描述.

8.3 托马斯耦合

8.2 节我们讨论了相对论动能修正, 本节我们讨论式 (7.86) 中的另一个修正项, 即托马斯耦合. 前面已经得到氢原子哈密顿量中的托马斯耦合项为

$$-\frac{\alpha}{4m^2r^3}\boldsymbol{\sigma}\cdot\boldsymbol{L} = -\frac{\alpha}{2m^2r^3}\boldsymbol{S}\cdot\boldsymbol{L}, \tag{7.88}$$

现在我们利用微扰论的方法计算其对能级的修正.

设电子处在态 $|n\ell m\rangle$ 上, 具有轨道角动量 $\hat{L}$、自旋角动量 $\hat{S}$ 和总角动量 $\hat{J} = \hat{L} + \hat{S}$. 注意到 $\hat{L}$ 和 $\hat{S}$ 是不同希尔伯特空间上的算符, 因此 $[\hat{L}, \hat{S}] = 0$. 简单计算后可得

$$\hat{L} \cdot \hat{S} = \frac{1}{2}\left(\hat{J}^2 - \hat{L}^2 - \hat{S}^2\right). \tag{8.23}$$

显然, 互相对易的一组算符

$$\hat{H}, \ \hat{J}^2, \ \hat{L}^2, \ \hat{S}^2, \ \hat{J}_z$$

具有共同本征态, 设为 $|JM\rangle$, 它是希尔伯特空间的一组完备基, 事实上这就是总角动量的耦合表象, 具体地我们有

$$\hat{J}^2|JM\rangle = j(j+1)|JM\rangle,$$

$$\hat{J}_z|JM\rangle = M|JM\rangle,$$

$$\hat{L}^2|JM\rangle = \ell(\ell+1)|JM\rangle,$$

$$\hat{S}^2|JM\rangle = s(s+1)|JM\rangle.$$

同理, 考虑到

$$\hat{L}^2, \ \hat{L}_z, \ \hat{S}^2, \ \hat{S}_z$$

也互相对易, 设其共同本征态为 $|\ell m\rangle \otimes |s\chi\rangle$, 其中 $|\ell m\rangle$ 和 $|s\chi\rangle$ 分别为轨道角动量和自旋角动量的本征态, 这就构成了总角动量的未耦合表象, 具体地有

$$\hat{L}^2|\ell m\rangle \otimes |\chi\rangle = \ell(\ell+1)|\ell m\rangle \otimes |s\chi\rangle,$$

$$\hat{S}^2|\ell m\rangle \otimes |\chi\rangle = s(s+1)|\ell m\rangle \otimes |s\chi\rangle,$$

$$\hat{L}_z|\ell m\rangle \otimes |\chi\rangle = m|\ell m\rangle \otimes |s\chi\rangle,$$

$$\hat{S}_z|\ell m\rangle \otimes |\chi\rangle = \chi|\ell m\rangle \otimes |s\chi\rangle.$$

注意到 $\hat{L}_z$ 和 $\hat{S}_z$ 都不与 $\hat{L} \cdot \hat{S}$ 对易，因此未耦合表象 $|\ell m\rangle \otimes |s\chi\rangle$ 并不是修正后哈密顿量的本征态. 但根据角动量理论，我们总可以把耦合表象按未耦合表象展开，即 $|JM\rangle$ 可以写成 $|\ell m\rangle \otimes |s\chi\rangle$ 的线性组合

$$|JM\rangle = \sum_{m,\chi} C_{m,\chi} |\ell m\rangle \otimes |s\chi\rangle,$$

其中 $C_{m,\chi}$ 就是 5.4 节介绍的 CG 系数.

考虑到自旋只能取 $\chi = \pm 1/2$，因此这是一个 $j_1 = \ell$，$j_2 = s = 1/2$ 的系统. 首先，我们有

$$M = m \pm \chi = m \pm \frac{1}{2} \quad \rightarrow \quad m = M \mp \frac{1}{2},$$

于是利用式 (5.44)，可得

$$|JM\rangle = C_+ \left| \ell, M - \frac{1}{2} \right\rangle_1 \otimes \left| \frac{1}{2}, \frac{1}{2} \right\rangle_2 + C_- \left| \ell, M + \frac{1}{2} \right\rangle_1 \otimes \left| \frac{1}{2}, -\frac{1}{2} \right\rangle_2. \quad (8.24)$$

对 $j = \ell + 1/2$，有

$$C_+ = \sqrt{\frac{\ell + M + \frac{1}{2}}{2\ell + 1}}, \quad C_- = \sqrt{\frac{\ell - M + \frac{1}{2}}{2\ell + 1}}. \quad (5.45)$$

而对 $j = \ell - 1/2$，有

$$C_+ = -\sqrt{\frac{\ell - M + \frac{1}{2}}{2\ell + 1}}, \quad C_- = \sqrt{\frac{\ell + M + \frac{1}{2}}{2\ell + 1}}. \quad (5.46)$$

由式 (8.23)，显然 $|JM\rangle$ 也是 $\hat{L} \cdot \hat{S}$ 的本征态，即

$$\hat{L} \cdot \hat{S} |JM\rangle = \frac{1}{2} \left[j(j+1) - \ell(\ell+1) - \frac{3}{4} \right] |JM\rangle,$$

这里已经将 $s = 1/2$ 代入.

取 $\hat{H}_0$ 的径向波函数为 $R_{n\ell}^{(0)}(r)$，于是有

$$|n\ell JM\rangle = R_{n\ell}^{(0)}(r) |JM\rangle,$$

则托马斯耦合项对能级的一阶修正

$$E_n^{(1)} = \left\langle n\ell JM | \hat{H}_1 | n\ell JM \right\rangle = \frac{1}{4m^2} \left[j(j+1) - \ell(\ell+1) - \frac{3}{4} \right] \left\langle \frac{1}{r} \frac{\mathrm{d}U}{\mathrm{d}r} \right\rangle_{n\ell}. \quad (8.25)$$

其中角动量部分的本征值为

$$\begin{cases} j(j+1) - \ell(\ell+1) - \dfrac{3}{4} = \ell, & j = \ell + \dfrac{1}{2}, \\ j(j+1) - \ell(\ell+1) - \dfrac{3}{4} = -(\ell+1), & j = \ell - \dfrac{1}{2}. \end{cases}$$

这样能级的计算就完全变成了对氢原子径向波函数 $R_{n\ell}(r)$ 求期待值.

考虑到库仑势 $U(r) = -\alpha/r$, 于是

$$\left\langle \frac{1}{r} \frac{\mathrm{d}U}{\mathrm{d}r} \right\rangle_{n\ell} = \left\langle \frac{\alpha}{r^3} \right\rangle_{n\ell}.$$

对于任意算符 $\hat{A}$, 如果计算其与 $\hat{H}_0$ 的对易子在 $\hat{H}_0$ 本征态下的期望值, 根据本征态的性质很容易得到

$$\left\langle [\hat{H}_0, \ \hat{A}] \right\rangle_{n\ell} = 0.$$

我们取

$$\hat{A} = \hat{p}_r = -\mathrm{i}\left(\frac{\partial}{\partial r} + \frac{1}{r} \right),$$

因此有

$$\left\langle \left[\frac{\ell(\ell+1)}{2mr^2} - \frac{\alpha}{r}, \ \hat{p}_r \right] \right\rangle_{n\ell} = 0.$$

计算该对易子, 即得

$$\left\langle -\frac{\ell(\ell+1)}{mr^3} + \frac{\alpha}{r^2} \right\rangle_{n\ell} = 0.$$

于是

$$\left\langle \frac{1}{r^3} \right\rangle_{n\ell} = \frac{m}{\ell(\ell+1)} \left\langle \frac{\alpha}{r^2} \right\rangle_{n\ell}.$$

而 8.3 节已经给出

$$\left\langle \frac{1}{r^2} \right\rangle_{n\ell} = \frac{2m}{2\ell+1} \frac{m\alpha^2}{n^3}, \tag{8.18}$$

所以我们有

$$\left\langle \frac{1}{r^3} \right\rangle_{n\ell} = -\frac{2m^2\alpha^2}{n\ell(\ell+1)\left(\ell + \dfrac{1}{2}\right)} E_n^{(0)}. \tag{8.26}$$

最终我们得到的修正能级为

$$
E_n^{(1)} = \begin{cases} \dfrac{\alpha^2}{2n(\ell+1)\left(\ell+\dfrac{1}{2}\right)} E_n^{(0)}, & j = \ell + \dfrac{1}{2}, \\[4mm] -\dfrac{\alpha^2}{2n\ell\left(\ell+\dfrac{1}{2}\right)} E_n^{(0)}, & j = \ell - \dfrac{1}{2}. \end{cases} \tag{8.27}
$$

这就是托马斯耦合对能级的修正.

8.4 反常塞曼效应

6.7 节中我们讨论过本征态 $|n\ell m\rangle$ 中的 m 简并可以通过外加恒定磁场来消除，而实验上在恒定磁场 $\boldsymbol{B} = \hat{z}B_0$ 中由原子磁矩导致的能级分裂被称为塞曼效应. 作为一个新引入的角动量，自旋也带来了磁矩，因此自旋磁矩也会导致磁场中额外的能级分裂，这种现象被称为反常 (anomalous) 塞曼效应.

由于总角动量可以写成各角动量之和，对 z 方向我们有

$$
\hat{J}_z = \hat{L}_z + \hat{S}_z,
$$

类似我们讨论过的塞曼效应情形，考虑自旋后磁矩对哈密顿量的修正项可写为[1]

$$
\hat{H}_1 = -\mu_{\mathrm{B}} B_0 (\hat{L}_z + 2\hat{S}_z).
$$

鉴于 $\hat{L}_z$ 和 $\hat{S}_z$ 均与总角动量算符对易，所以

$$
|JM\rangle = |\ell m\rangle \otimes \left(C_+ \left| +\frac{1}{2} \right\rangle + C_- \left| -\frac{1}{2} \right\rangle \right),
$$

也是 $\hat{H}_1$ 的本征态. 因此可计算 $\hat{J}_z$ 和 $\hat{S}_z$ 在 $|JM\rangle$ 下的期望值

$$
\left\langle \hat{J}_z \right\rangle = \langle JM| \hat{J}_z |JM\rangle = m,
$$
$$
\left\langle \hat{S}_z \right\rangle = \left\langle JM|\hat{S}_z|JM\right\rangle = \frac{1}{2} \left(|C_+|^2 - |C_-|^2 \right).
$$

代入 $C_\pm$ 的具体形式 (5.45) 和 (5.46)，可得

$$
\left\langle \hat{S}_z \right\rangle = \frac{1}{2} \frac{1}{2\ell+1} \left[\left(\ell \pm m + \frac{1}{2} \right) - \left(\ell \mp m + \frac{1}{2} \right) \right] = \pm \frac{m}{2\ell+1}.
$$

[1] 注意对自旋有 $g = 2$.

所以考虑自旋后的能级修正为

$$\Delta E = -\mu_B B_0 m \left(1 \pm \frac{1}{2\ell+1}\right). \tag{8.28}$$

对比式 (6.67)，可见自旋磁矩导致原子的能级发生了进一步分裂，这就是反常塞曼效应.

需要指出的是，并不是所有原子都会有反常塞曼效应，对核外电子总自旋为零的原子（例如镉，48 号元素），其自旋磁矩也为零，因而不会有反常塞曼效应，而只表现出正常的塞曼效应.

另外，反常塞曼效应被称为"反常"只是历史的原因. 历史上，正常和反常塞曼效应在 1896 年和 1897 年相继被发现[①]，那时人们对原子的认识还停留在汤姆孙的"葡萄干蛋糕"模型，在这一模型下洛伦兹给出了对正常塞曼效应的解释（尽管在今天看来并不正确），但反常塞曼效应在之后的二十多年里一直没有得到合理的解释，因此那时人们才把它称为"反常".

∽ 第 8 章习题 ∾

1. 对氢原子哈密顿量

$$H_0 = \frac{p_r^2}{2m} + \frac{\ell(\ell+1)}{2mr^2} - \frac{\alpha}{r},$$

已知其本征态为 $|nlm\rangle$，本征值为 $E_n^{(0)}$，即

$$H_0 |nlm\rangle = E_n^0 |nlm\rangle.$$

(1) 分别利用库仑力有心力场位力定理 $\langle \alpha/r \rangle = -\langle 2H_0 \rangle$ 等计算

$$\left\langle \frac{1}{r} \right\rangle, \ \left\langle \frac{1}{r^2} \right\rangle, \ \left\langle \frac{1}{r^3} \right\rangle$$

的具体形式.

(2) 计算相对论动能项修正及自旋轨道耦合对能级的修正项，并将氢原子能级写成 $E_n = E_n^{(0)}(1 + \alpha^\lambda \Delta_\lambda + \cdots)$ 的形式，λ 为 α 的阶数.

2. 通过球旋量 $|JM\rangle$ 给出自旋磁矩在 z 方向恒定磁场 B_0 中的能级分裂形式.

[①] 塞曼起初研究的是钠光源，我们现在知道作为碱金属元素，钠的总电子自旋并不为零，因而必然存在反常塞曼效应，但因为塞曼的实验设备分辨率不足，他并没有发现由自旋磁矩带来的谱线分裂；反常塞曼效应的发现归功于另一位物理学家普雷斯顿（T. Preston）.

第 9 章

多电子原子

> There is no one fact in the physical world which has a greater impact on the way things are, than the Pauli exclusion principle.
>
> ——I. Duck and E. Sudarshan

至此，我们以含有单个核外电子的氢原子系统为例，阐述了相关的单粒子量子力学基本原理. 作为一个两体问题，氢原子问题是量子力学中仅有的几个可以有一阶精确解的问题之一. 而对于远比氢原子复杂的多电子原子系统，我们则不可避免地用到各种近似甚至数值计算. 一般地，一个多电子原子系统涉及的相互作用初步可以分为以下几类:

- 各个电子与原子核之间的库仑相互作用.
- 多电子之间的库仑相互作用.
- 各个电子自旋与轨道角动量之间的托马斯耦合.
- 多电子之间的自旋磁矩的耦合.
- 原子核自旋磁矩、原子核非点状形态等的贡献.

其中前两项的贡献占绝对主导，而后面三项则要到精细结构与超精细结构上才体现出来. 如果一般性地写出前两项的哈密顿量，有

$$H = \sum_i \left(-\frac{1}{2m}\Delta_i - \frac{Z\alpha}{r_i} + \sum_{j>i}\frac{\alpha}{r_{ij}} \right).$$

其中 i, j 对应第 i, j 个电子. 式中最后一项就是电子之间的相互作用，该项的出现会使问题变得非常复杂. 在本章第一节 (9.1 节) 中，我们将以氦原子为例，展示近似求解这一系统的方法.

另外，在多电子原子系统中，电子作为全同粒子的特性将对系统的物理性质产生重要影响，这对我们理解元素周期律至关重要. 因此，本章第二节 (9.2 节) 将回到 4.6 节介绍过的全同性原理，并利用泡利不相容原理对元素周期表中的部分规律给出解释. 而本章的最后一节 (9.3 节) 将站在场论视角下对量子多体系统进行深入研究，以探寻泡利不相容原理背后更深层次的物理机制.

9.1 氦 原 子

氦原子是结构最简单的多电子原子，它的原子核中含有两个质子、一个或两个中子[①]，核外有两个电子. 与氢原子类似，由于原子核的质量是电子的数千倍，我们可将其看成是原子核不动、两个电子绕原子核运动的库仑势场问题. 考虑电子与原子核的相互作用，其哈密顿量可写成

$$\hat{H}_0 = -\frac{1}{2m}(\Delta_1 + \Delta_2) - 2\alpha\left(\frac{1}{r_1} + \frac{1}{r_2}\right),$$

而对电子间的相互作用，有哈密顿量

$$\hat{H}_1 = \frac{\alpha}{r_{12}} = \frac{\alpha}{|\boldsymbol{r_1} - \boldsymbol{r_2}|}.$$

总的哈密顿量为

$$\hat{H} = \hat{H}_0 + \hat{H}_1.$$

这样，我们很自然地就想到 8.1 节讲到的微扰论方法，即首先对未修正的哈密顿量求解薛定谔方程

$$\hat{H}_0 \left|n^{(0)}\right\rangle = E_n^{(0)} \left|n^{(0)}\right\rangle, \tag{8.2}$$

由于此时未计入电子间相互作用哈密顿量 $\hat{H}_1$，因而相当于两个电子独立地在库仑势场中运动，于是该方程可直接分离变量，则对每个电子均有

$$-\left(\frac{1}{2m}\Delta_i + \frac{2\alpha}{r_i}\right)\left|n^{(0)}\right\rangle = E_n^{(0)}\left|n^{(0)}\right\rangle, \tag{9.1}$$

这与氢原子的薛定谔方程形式一致，只不过势能项的 α 换成了 $Z\alpha$ $(Z = 2)$，于是对基态有[②]

$$E_{1i}^{(0)} = 4 \times (-13.6)\text{eV} = -54.4\text{eV},$$

$$\left|100^{(0)}\right\rangle_i = \sqrt{\frac{m^3(2\alpha)^3}{\pi}}\text{e}^{-m(2\alpha)r_i}. \tag{9.2}$$

[①] 氦的天然同位素有 ^{3}He 和 ^{4}He 两种，其中 ^{4}He 占绝大多数.

[②] 请回顾 6.4 节和 6.5 节得到的氢原子波函数. 为了简单，本节我们只计算氦原子的基态和电离能，但其他能级事实上也可以用类似方法求解.

则对两个电子的系统，基态能量为

$$E_1^{(0)} = \sum_i E_{1i}^{(0)} = -108.8 \text{ eV},\tag{9.3}$$

本征态为

$$|100^{(0)}\rangle = \prod_i |100^{(0)}\rangle_i = \frac{m^3(2\alpha)^3}{\pi} e^{-m(2\alpha)(r_1+r_2)}.\tag{9.4}$$

将电子间相互作用视作一阶微扰，则能级修正（具体计算留作习题）

$$E_1^{(1)} = \left\langle 100^{(0)}|\hat{H}_1|100^{(0)}\right\rangle = \left[\frac{m^3(2\alpha)^3}{\pi}\right]^2 \int \frac{\alpha e^{-2m(2\alpha)(r_1+r_2)}}{|\boldsymbol{r_1}-\boldsymbol{r_2}|}\mathrm{d}^3\boldsymbol{r_1}\mathrm{d}^3\boldsymbol{r_2} = 34 \text{ eV}.$$
$$\tag{9.5}$$

因此一阶微扰近似下的基态能量为

$$E_1 = E_1^{(0)} + E_1^{(1)} = -74.8 \text{ eV}.$$

实验上测得氦原子的基态能量为 −78.98 eV，可见微扰论的近似结果并不十分理想——其实对比 8.2 节和 8.3 节的讨论我们容易发现，本例中相比于 $\hat{H}_0$，被视作微扰的电子间相互作用哈密顿量 $\hat{H}_1$ 并不足够小[①]，因此微扰论的近似方法似乎并不适用于这里的情况.

为了求出氦原子的基态能量，这里介绍一种新的近似方法——变分法. 变分法的基本原理[②]是：在任意归一化的态 $|\psi\rangle$ 下，$\hat{H}$ 的期望值可以给出基态能量 E_1 的一个上限，即

$$E_1 \leqslant \left\langle \psi|\hat{H}|\psi\right\rangle.\tag{9.6}$$

证明：记 $\hat{H}$ 一组正交归一的本征态为 $|\psi_n\rangle$ $(n \in \mathbb{N}^+)$，即

$$\hat{H}|\psi_n\rangle = E_n|\psi_n\rangle,$$

$|\psi_n\rangle$ 必然构成一组完全集，则任意归一化的态 $|\psi\rangle$ 均可表示为

$$\psi = \sum_n c_n\psi_n, \quad \langle\psi|\psi\rangle = \sum_n |c_n|^2 = 1,$$

于是

$$\left\langle\psi|\hat{H}|\psi\right\rangle = \left\langle \sum_m c_m\psi_m|\hat{H}\sum_n c_n\psi_n\right\rangle = \sum_{m,n} c_m^* c_n E_n \langle\psi_m|\psi_n\rangle = \sum_n |c_n|^2 E_n.$$

---

① 这从 $E_0^{(1)}$ 和 $E_1^{(0)}$ 的大小差异也能看出，这里二者只差了约 3 倍，而前述相对论动能修正 (式 (8.20)) 和托马斯耦合修正 (式 (8.27)) 则都差了约 4 个数量级（即差了一个 α^2）.

② 有时称为变分原理.

由于在 $\hat{H}$ 的本征值 E_n 中基态能量最低, 所以

$$\langle H \rangle = \sum_n |c_n|^2 E_n \geqslant \sum_n |c_n|^2 E_1 = E_1,$$

即式 (9.6). 显然当且仅当 $|\psi\rangle = |\psi_1\rangle$ 时等号成立. □

由于式 (9.6) 对一切归一化的态都成立, 而态 $|\psi\rangle$ 在给定表象下表现为一个波函数, 不难理解 $\langle \hat{H} \rangle$ 事实上成了波函数 $|\psi\rangle$ 的一个泛函, 而求基态能量则成为一个泛函极值问题, 可通过变分法来求解[①].

而变分原理也给了我们一种近似求解的思路: 在不知道真实波函数的情况下, 如果我们选取一个 "适当" 的波函数 $|\psi\rangle$, 给出的 $\langle \psi|\hat{H}|\psi\rangle$ 作为 E_1 的上限就能非常接近于 E_1 的精确值. 这样, 问题的关键就转化为如何选择一个 "适当" 的波函数. 通常采用的方法是选择一个包含若干可调参数 ϕ_i 的波函数 $|\psi(\phi_1, \phi_2, \cdots)\rangle$ 作为试探波函数, 这样 $\langle \hat{H} \rangle$ 就变为参数 ϕ_i 的函数, 而极值条件就变成

$$\delta \langle \hat{H} \rangle = \sum_i \frac{\partial \langle \hat{H} \rangle}{\partial \phi_i} \delta\phi_i = 0.$$

由此就能很容易地解出参数 ϕ_i, 并代回求出 $\langle \hat{H} \rangle$ 的最小值作为 E_1 的近似值. 而试探波函数的形式往往要根据对所研究问题的物理图像的定性和半定量分析, 借助类似问题的解的形式来选取[②].

回到对氦原子的讨论, 容易发现, 前述微扰论的方法事实上也可看成是变分法近似, 即选取 $\hat{H}_0$ 的本征态 $|100^{(0)}\rangle$ 作为试探波函数, 求出

$$\langle 100^{(0)}|\hat{H}|100^{(0)}\rangle = E_1^0 + E_1^{(1)} = -74.8 \text{ eV},$$

以此作为基态能量 E_1 的估计值. 但事实上, 完全忽略两个电子间相互作用的波函数显然不是很好的试探波函数. 注意到我们前面求出的基态波函数 (9.4) 实际上是

$$\left|100_{(Z)}^{(0)}\right\rangle_i = \sqrt{\frac{m^3(Z\alpha)^3}{\pi}} \mathrm{e}^{-m(Z\alpha)r_i}, \quad Z = 2.$$

[①] 事实上, 如果将 $\langle \psi|\hat{H}|\psi\rangle$ 看成 $|\psi\rangle$ 的一个泛函, 薛定谔方程本身也可以看成是一个变分问题: 由于满足归一化条件 $\langle \psi|\psi\rangle = 1$, 由拉格朗日不定乘子法, 可将变分条件写为 $\delta \langle \psi|\hat{H}|\psi\rangle - \lambda\delta \langle \psi|\psi\rangle = 0$, 该条件可化为 $(H - \lambda)|\psi\rangle = 0$, 这正是薛定谔方程 $H|\psi\rangle = E|\psi\rangle$, 而不定乘子 λ 就是能量 E.

[②] 在氦原子的例子中我们很快会看到这一点.

这里的 Z 是由原子核的库仑势引入的，而当研究某个电子时，如果考虑另一个电子对原子核正电荷的屏蔽效应，原子核的 "有效电荷数" 应该小于 Z. 由此，我们自然地想到用上式作为试探波函数，并保留 Z 为可变参数，即

$$\left|100^{(0)}(Z)\right\rangle_i = \sqrt{\frac{m^3(Z\alpha)^3}{\pi}} \mathrm{e}^{-m(Z\alpha)r_i}.$$

不难注意到，对这个新的波函数有

$$\left(-\frac{1}{2m}\Delta_i - \frac{Z\alpha}{r_i}\right)\left|100^{(0)}(Z)\right\rangle_i = -\frac{m(Z\alpha)^2}{2}\left|100^{(0)}(Z)\right\rangle_i$$

$$= Z^2 \times (-13.6\ \mathrm{eV})\left|100^{(0)}(Z)\right\rangle_i.$$

那么，如果我们把氦原子的哈密顿量写成

$$\hat{H} = \sum_i\left(-\frac{1}{2m}\Delta_i - \frac{Z\alpha}{r_i}\right) + \sum_i\frac{(Z-2)\alpha}{r_i} + \frac{\alpha}{|\boldsymbol{r}_1 - \boldsymbol{r}_2|}, \tag{9.7}$$

则在新的试探波函数下就有

$$\langle H\rangle = 2Z^2 \times (-13.6\ \mathrm{eV}) + 2(Z-2)\alpha\left\langle\frac{1}{r}\right\rangle + \left\langle\frac{\alpha}{|\boldsymbol{r}_1 - \boldsymbol{r}_2|}\right\rangle.$$

与式 (8.16) 类似，这里得到 $\langle 1/r\rangle = mZ\alpha$，于是就得到了第二项；而第三项

$$\left\langle\frac{\alpha}{|\boldsymbol{r}_1 - \boldsymbol{r}_2|}\right\rangle = \left[\frac{m^3(Z\alpha)^3}{\pi}\right]^2\int\frac{\alpha\mathrm{e}^{-2m(Z\alpha)(r_1+r_2)}}{|\boldsymbol{r}_1 - \boldsymbol{r}_2|}\mathrm{d}^3\boldsymbol{r}_1\mathrm{d}^3\boldsymbol{r}_2 = \frac{5Zm\alpha^2}{8}. \tag{9.8}$$

具体计算与式 (9.5) 类似. 最终我们得到

$$\left\langle\hat{H}\right\rangle = \left(Z^2 - \frac{27Z}{8}\right)m\alpha^2. \tag{9.9}$$

容易得到当 $Z = 27/16$ 时 $\left\langle\hat{H}\right\rangle$ 取最小值，此时有

$$E_1 \approx \left\langle\hat{H}_{\min}\right\rangle = -77.5\ \mathrm{eV}.$$

这进一步接近了氦原子基态能量的实验值. 可见，如果能选取较为合适的试探波函数，变分法就可以给出相当好的近似. 不过值得注意的是，变分法只能给出所

求能量的近似值，却不能从理论上推知所求近似值 $\langle H \rangle$ 的近似程度. 另外，变分法通常也并不适用于估算激发态的能量[①].

前面我们讨论的氢原子只有一个核外电子，因而其电离能就是 $-E_1$. 但对氦原子来说，由于电子有两个，并且电离第一个电子的情况和电离第二个电子的情况显然是不同的（前者需要考虑电子-电子相互作用，而后者只是单个电子与原子核的相互作用），所以我们不能直接由基态能量得到电离能. 但注意到，对已经电离第一个电子的氦（即一价氦离子 He^+），其结构和氢原子几乎一致，即在原子核的库仑势场中有唯一的核外电子. 因此，我们很容易想到可以套用氢原子模型来研究 He^+.

回到第 6 章中氢原子的定态薛定谔方程

$$\hat{H} |E\rangle = \left[-\frac{1}{2m_e}\Delta + U(\boldsymbol{x}) \right] |E\rangle = E |E\rangle. \tag{6.1}$$

这同样适用于 He^+，只不过其中的势能要变为 $U(\boldsymbol{x}) = -\frac{1}{4\pi\epsilon_0}\frac{Ze^2}{r} = -2\alpha/r$. 不难发现这实际上回到了式 (9.1)，即氦核库仑势场中无电子间相互作用的薛定谔方程，其解也自然与式 (9.2) 相同，即

$$E_1(He^+) = -54.4 \text{ eV}.$$

这样，代入我们用变分法计算出的氦原子基态能量 $E_1(He) = -77.5 \text{ eV}$，就得到氦原子中第一个电子的电离能（即"第一电离能"）为

$$E_1(He^+) - E_1(He) = 23.1 \text{ eV}.$$

实验测得电离氦原子中一个电子的电离能是 24.58 eV. 注意到我们的估算值与实验值的差别完全是由 $E_1(He)$ 的变分法近似引入的. 事实上，如果不考虑精细结构和超精细结构，套用氢原子模型对 He^+ 的计算结果是精确的.

除 He^+ 之外，Li^{2+}、Be^{3+} 等离子也满足核外只有一个电子的性质，它们统称为类氢离子，都可以套用氢原子模型来计算. 此外，对 Li、Na、K 等碱金属元素来说，由于其最外层只有一个电子[②]，因此如果我们把内层电子和原子核看成一个整体（有时称为"原子实"，这实际上是认为内层电子将原子核的一部分正电荷"屏蔽"掉了，因此也称为屏蔽效应近似），它就与氢原子的结构相近，这样我们也就可以套用氢原子模型近似地计算出电离一个电子的电离能.

---

① 特别地，如果能确定选取的试探波函数 $|\psi\rangle$ 与所有 $n < i$ 的本征态正交，则可用变分法估算 E_i 的上限，证明留作习题.

② 核外电子的壳层结构将在 9.3 节详细介绍.

至此，我们利用变分法近似得到了氢原子的基态能量，并以一价氦离子为例简单介绍了类氢离子和碱金属原子两类可以套用氢原子模型求解或近似求解的情况. 这些是多电子原子中最简单的几种情况，对其他的原子和离子，其系统更为复杂，以致我们常常不得不使用数值计算. 这些超出了本书的范围，我们不再展开讨论.

9.2　全同粒子与元素周期表

4.6 节中我们已经知道，全同性原理，即全同粒子不可区分，是量子力学基本假设之一. 全同粒子的不可区分性对物理有着深刻的影响. 本节我们将看到，全同性原理决定着多电子原子的结构和元素周期律.

设两个粒子 1、2 是全同粒子，其波函数为 $|X_1, X_2\rangle$，其中 X_1 和 X_2 是分别对应于粒子 1 和粒子 2 的参量[①]. 由于全同粒子不可区分，若对这两个粒子做交换，物理系统保持不变，即交换前后的波函数只差一个相因子；而如果对该系统做两次交换，显然系统将回到初始状态. 因此，如果定义交换算符 $\hat{P}_{12}$，就有

$$\hat{P}_{12} |X_1, X_2\rangle = |X_2, X_1\rangle = \mathrm{e}^{\mathrm{i}\alpha} |X_1, X_2\rangle,$$

$$\hat{P}_{12}^2 |X_1, X_2\rangle = \mathrm{e}^{\mathrm{i}2\alpha} |X_1, X_2\rangle = |X_1, X_2\rangle.$$

这就得到 $\mathrm{e}^{\mathrm{i}\alpha} = \pm 1$，即

$$\hat{P}_{12} |X_1, X_2\rangle = \pm |X_1, X_2\rangle.$$

由此，我们可以定义两种波函数 $|X_1, X_2\rangle_\Phi$ 和 $|X_1, X_2\rangle_\Psi$，分别满足

$$\hat{P}_{12} |X_1, X_2\rangle_\Phi = |X_2, X_1\rangle_\Phi = |X_1, X_2\rangle_\Phi,$$

$$\hat{P}_{12} |X_1, X_2\rangle_\Psi = |X_2, X_1\rangle_\Psi = -|X_1, X_2\rangle_\Psi. \tag{9.10}$$

即对两个粒子做交换时，波函数 $|X_1, X_2\rangle_\Phi$ 不变，或称该波函数是交换对称的；而波函数 $|X_1, X_2\rangle_\Psi$ 则在粒子交换作用下产生一个额外的负号，或者说该波函数是交换反对称的. 交换对称的波函数对应的粒子称为玻色子，而交换反对称的波函数对应的粒子称为费米子[②]. 不难发现，交换反对称的性质要求两个费米子不能处于同一个量子态，这就是泡利不相容原理.

[①] 给粒子编上 "$1, 2, \cdots$" 这样的编号并不违背全同性原理，该原理只是表明，无法确定我们给定的某个编号对应于物理上的哪个粒子.

[②] 玻色子和费米子的名称源于由它们构成的全同粒子系统分别满足玻色-爱因斯坦统计和费米-狄拉克统计. 由波函数的对称和反对称性质导出对应的统计规律是量子统计物理学的内容，这里不再展开讨论，对此有兴趣的同学可参考统计物理学的教材. 历史上，玻色-爱因斯坦统计和费米-狄拉克统计在 1924~1926 年间先后诞生，但对应的粒子直到 1945 年才被命名为玻色子和费米子.

历史上，泡利不相容原理在 1925 年作为一个唯象规律被提出，费米–狄拉克统计和玻色–爱因斯坦统计也都在同时期被提出. 然而在非相对论量子力学的框架下，这些性质的起源不可能被理解. 直到 1939 年费尔兹（M. Fierz）给出了自旋统计定理，阐述了粒子自旋与服从的统计规律的对应，即

- 由整数自旋全同粒子（自旋 0，1，2，3 等）组成的系统波函数在任意两个粒子交换的情况下不变. 这种波函数交换对称的粒子被称为玻色子.
- 由半整数自旋全同粒子（自旋 1/2，3/2，5/2 等）组成的系统波函数在任意两个粒子交换的情况下产生一个负号. 这种波函数交换反对称的粒子被称为费米子，符合泡利不相容原理.

次年，泡利在相对论量子场论框架下给出了证明，泡利不相容原理和量子统计性质的起源至此才获得了解释. 后来，施温格（J. Schwinger）和费恩曼都在不同框架下研究过这一问题. 有关自旋统计定理的物理起源，我们将在 9.3 节以相对主流的相对论量子场论框架进行探讨.

泡利不相容原理对费米子系统的波函数给出了极强限制. 例如对两费米子体系来说，如果不考虑自旋轨道耦合，定态波函数就可以分离变量为

$$|\boldsymbol{x}_1, s_1; \boldsymbol{x}_2, s_2\rangle = |\boldsymbol{x}_1, \boldsymbol{x}_2\rangle_\varphi |s_1, s_2\rangle_\chi,$$

其中，$|\boldsymbol{x}_1, \boldsymbol{x}_2\rangle_\varphi$ 为空间部分，$|s_1, s_2\rangle_\chi$ 为自旋部分. 在交换算符作用下有

$$\hat{P}_{12} |\boldsymbol{x}_1, s_1; \boldsymbol{x}_2, s_2\rangle = |\boldsymbol{x}_2, \boldsymbol{x}_1\rangle_\varphi |s_2, s_1\rangle_\chi = -|\boldsymbol{x}_2, \boldsymbol{x}_1\rangle_\varphi |s_1, s_2\rangle_\chi,$$

因此只有两种可能，一种是空间部分交换对称、自旋部分交换反对称

$$\begin{cases} \hat{P}_{12} |\boldsymbol{x}_1, \boldsymbol{x}_2\rangle_\varphi = |\boldsymbol{x}_2, \boldsymbol{x}_1\rangle_\varphi, \\ \hat{P}_{12} |s_1, s_2\rangle_\chi = -|s_2, s_1\rangle_\chi. \end{cases} \tag{9.11}$$

另一种是空间部分交换反对称、自旋部分交换对称

$$\begin{cases} \hat{P}_{12} |\boldsymbol{x}_1, \boldsymbol{x}_2\rangle_\varphi = -|\boldsymbol{x}_2, \boldsymbol{x}_1\rangle_\varphi, \\ \hat{P}_{12} |s_1, s_2\rangle_\chi = |s_2, s_1\rangle_\chi. \end{cases} \tag{9.12}$$

由于电子是费米子，上述讨论可以应用于两电子体系. 由 5.4 节的讨论可知，两电子体系（$s_1 = 1/2$，$s_2 = 1/2$）的自旋波函数有四个本征态，在耦合表象和非耦

合表象下分别表示为[①]

$$|1,1\rangle_\chi = |\uparrow\uparrow\rangle,$$

$$|1,0\rangle_\chi = \frac{1}{\sqrt{2}}\left(|\uparrow\downarrow\rangle + |\downarrow\uparrow\rangle\right),$$

$$(9.13)$$

$$|1,-1\rangle_\chi = |\downarrow\downarrow\rangle,$$

$$|0,0\rangle_\chi = \frac{1}{\sqrt{2}}\left(|\uparrow\downarrow\rangle - |\downarrow\uparrow\rangle\right).$$

容易发现前三个态对两个电子是交换对称的, 因而其对应的空间部分波函数必然交换反对称; 而态 $|0,0\rangle_\chi$ 对两个电子交换反对称, 则其对应的空间部分波函数必然是交换对称的[②].

进一步地, 将泡利不相容原理应用于多电子原子系统, 可以导出核外电子的 "壳层结构". 对多电子原子系统中的电子状态 $|n,\ell,m_\ell,m_s\rangle$, 每组给定的 n 和 ℓ 对应有 $2(2\ell+1)$ 个态, 也就是常见的[③]

$$s^2\ (\ell=0),\quad p^6\ (\ell=1),\quad ,d^{10}\ (\ell=2)\quad ,f^{14}\ (\ell=3),\quad\cdots$$

而对给定的 n, 由 $0 \leqslant \ell \leqslant n-1$, 则有

$$\sum_{\ell=0}^{n-1} 2(2\ell+1) = 2n + 4\sum_{\ell=0}^{n-1} = 2n^2.$$

即给定 n 的一个能级包含 $2n^2$ 个态, 根据泡利不相容原理, 这也就是说一个能级上最多排布 $2n^2$ 个电子. 一个 n 对应的能级称为壳层, 排满 $2n^2$ 个电子的情况称为满壳层; 而给定的一组 n 和 ℓ 对应的态则称为子壳层. 一般情况下, 随着原子

---

① 这里使用式 (7.1) 的写法, 并记 $|\uparrow\uparrow\rangle \equiv |\uparrow\rangle \otimes |\uparrow\rangle$, 其他以此类推.

② 回顾 9.1 节对氦原子的讨论, 那时我们仅简单地考虑了原子核–电子和电子–电子间的库仑相互作用, 并未考虑电子的费米子特性. 而氦原子中的两个电子显然正符合这里讨论的二电子体系. 因而, 首先我们会发现, 若对两个电子做交换, 系统的能量将保持不变, 因此能级应该是简并的 (通常称为交换简并). 而进一步, 根据泡利不相容原理, 两电子的自旋耦合会对空间波函数产生影响: 当体系的空间波函数交换反对称时, 必然对应式 (9.13) 中总自旋为 1 的三个自旋波函数, 这实际上构成了一个三重态; 而当体系的空间波函数交换对称时, 则对应 $|0,0\rangle_\chi$ 的自旋单态. 实验中人们也的确发现氦存在单态和三重态两组光谱, 并且由于历史原因, 通常把单态的氦称为仲氦 (parahelium), 而把三重态的氦称为正氦 (orthohelium). 不过, 由于基态下两电子都处在最低能态, 体系的空间波函数显然交换对称, 因而此时必为单态, 而不存在三重态的情况. 这一部分的详细计算需要使用简并态微扰论的方法, 这里不再展开.

③ 人们把 n 和 ℓ 均相同的电子称为同科电子 (equivalent electron). 历史上, 跃迁光谱是研究原子结构的主要手段, 人们按跃迁初态的角量子数将跃迁光谱分为四个线系: 初态角量子数 $\ell = 0,1,2,3$ 的光谱系分别称为锐线系 (sharp series)、主线系 (principal series)、漫线系 (diffuse series) 和基线系 (fundamental series). 后来, 人们就沿用了四个线系的首字母代表对应角量子数的态, 即 S、P、D、F.

序数的增加，核外电子会优先排布在 n 较小的壳层，排满当前壳层后则会向下一个壳层排布.

上述电子排布的规则对原子序数 $Z \leqslant 18$ 的元素是完全适用的. 不过，对 $Z \geqslant 19$ 的元素，由于复杂的电子-电子相互作用的影响，情况会有所不同. 受此影响，对同一壳层来说，原本 $1/r$ 中心势下对 ℓ 简并的能级将产生分裂，ℓ 较大的子壳层能量将升高，因此同一壳层的电子通常将从 s 态开始排布，直到排满该壳层；另外，对部分子壳如 3d 来说，因为受到电子相互作用的影响较大，能量升高也就较大，以至超过了原本更“外层”的 4s 态的能量，因此电子在填满 3p 后将率先填充 4s 态，而后再填充 3d 态. 有关核外电子排布的经验规律由马德隆（Madelung）规则给出[①]：

(1) 电子按 $(n+\ell)$ 递增的顺序填充进各子壳层；

(2) 对 $(n+\ell)$ 相同的子壳，按 n 递增的顺序填充.

或者更直观地，马德隆规则由图 9.1 表示.

	$\ell=0$	$\ell=1$	$\ell=2$	$\ell=3$	$\ell=4$	$\ell=5$
$n=1$	1s					
$n=2$	2s	2p				
$n=3$	3s	3p	3d			
$n=4$	4s	4p	4d	4f		
$n=5$	5s	5p	5d	5f	5g	
$n=6$	6s	6p	6d	6f	6g	6h
$n=7$	7s	7p	7d		…	

图 9.1 马德隆核外电子填充规则

通常，我们将原子中被电子占据的壳层和该壳层填充的电子数称为原子的电子组态，例如，各惰性气体原子的电子组态分别为

$$
\begin{aligned}
&{}_2\mathrm{He} && 1\mathrm{s}^2\\
&{}_{10}\mathrm{Ne} && 1\mathrm{s}^2 2\mathrm{s}^2 2\mathrm{p}^6\\
&{}_{18}\mathrm{Ar} && 1\mathrm{s}^2 2\mathrm{s}^2 2\mathrm{p}^6 3\mathrm{s}^2 3\mathrm{p}^6\\
&{}_{36}\mathrm{Kr} && 1\mathrm{s}^2 2\mathrm{s}^2 2\mathrm{p}^6 3\mathrm{s}^2 3\mathrm{p}^6 3\mathrm{d}^{10} 4\mathrm{s}^2 4\mathrm{p}^6
\end{aligned}
$$

① 该规则最早由亚内特 (C. Janet) 于 1929 年提出，后被马德隆在 1936 年重新发现. 1961 年，V. M. Klechkovskii 利用托马斯–费米模型和 Tietz 近似给出了该规则的一种证明. 由于这一近似条件下的证明非常烦琐，且马德隆规则本身仍存在例外情况，这里不再展开，感兴趣的读者可参考 (Madelung E. Mathematische Hilfsmittel des Physikers. 3rd ed. Berlin: Springer, 1936) 和 (Klechkowskii V M. Soviet Physics JETP, 1962, 14(2): 334-335).

$$_{54}\mathrm{Xe} \qquad 1s^22s^22p^63s^23p^63d^{10}4s^24p^64d^{10}5s^25p^6$$

$$_{86}\mathrm{Rn} \quad 1s^22s^22p^63s^23p^63d^{10}4s^24p^64d^{10}4f^{14}5s^25p^65d^{10}6s^26p^6$$

任何其他元素的电子组态通常都包含着上一周期惰性气体元素的组态,因此其电子组态可参考惰性气体元素进行简写,例如铝的电子组态就可写作 $[\mathrm{Ne}]3s^23p^1$,其中 $[\mathrm{Ne}]$ 表示 Ne 的电子组态;而惰性气体组态之外的电子称为价电子,价电子的排布通常决定了元素的化学性质.

9.1 节讨论了 He 的第一电离能. 事实上,第一电离能对元素的化学性质有着重要影响:电离能越小的原子越容易在化学反应中失去电子,因而表现出较强的还原性. 图 9.2 给出了原子第一电离能随原子序数变化图像,从中可见明显的周期性结构,特别是惰性气体元素的第一电离能都比较大,而碱金属元素的第一电离能则通常很小. 第一电离能的变化可以用屏蔽效应近似来理解:从前面给出的惰性气体的电子组态可以看出,惰性气体原子最外层的 s 和 p 子壳总是填满的[①],如果将内层电子和原子核视为一个等效的带正电荷的 "原子实",则外层电子将受到 8 个正电荷的吸引,因而电离所需的能量相对较大;而对碱金属元素如 $\mathrm{Na}(1s^22s^22p^63s^1)$ 来说,其最外层只有 1 个电子,考虑屏蔽效应后仅受到 1 个正电荷的吸引,电离所需的能量就相对较小. 因此,惰性气体元素的化学性质通常极为稳定. 我们也可以从对称性的角度来理解:填满的子壳层显然拥有最大的空间对称性,因而当所有有电子填充的子壳层都被填满时,该组态的能量也就最低(即电离能最高);反之,当某一子壳层只填充少量电子时,它就拥有较小的对称

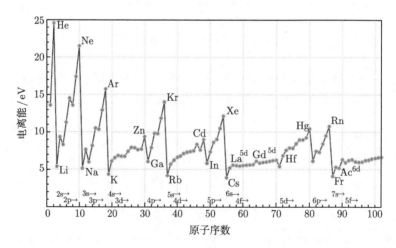

图 9.2 第一电离能随原子序数变化的周期性结构

---

① 当然,氢原子基态没有 p 子壳.

性，组态能量也就较高. 这也是 IIB 族元素（即 Zn、Cd、Hg 等）第一电离能相对较高的原因——它们的价电子都填满了相应的 d 和 s 子壳层.

至此我们看到，不同于玻色子可以聚集于同一量子态，费米子的泡利不相容原理限制了原子的每个能级可容纳电子的数目，由此导致了上述壳层结构的产生. 进一步地，如果结合自旋轨道耦合的修正，我们就能对元素周期表 (图 9.3) 给出较为完整的解释.

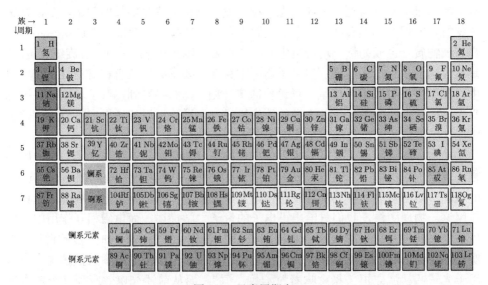

图 9.3　元素周期表

除了理解元素周期表外，量子力学的全同性原理对散射问题等的讨论也十分重要，不过这超出了本书的讨论范围，对此感兴趣的同学可以查阅量子力学的教材.

9.3　* 自旋统计定理与泡利不相容原理

> In conclusion we wish to state, that according to our opinion, the connection between spin and statistics is one of the most important applications of the special relativity.
>
> ——W. Pauli

9.2 节中我们看到，费米子的泡利不相容原理决定了原子壳层结构，进而对物质结构、化学反应等都有着决定性的影响. 但泡利不相容原理背后的物理机制在经典量子力学下并没有得到解释. 直到 1939 年费尔兹提出自旋统计定理, 并在 1940 年由泡利在量子场论框架下给出证明之后, 泡利不相容原理的物理本质才真正得到理解.

本节中我们将简单讨论 "自旋统计定理" 背后的物理起源. 一方面, 我们将回到第 7 章介绍的相对论量子力学中: 第 7 章中我们已经看到, 狄拉克方程解释了电子的自旋, 也解决了将量子力学 "直接相对论化" 的克莱因–戈尔登方程无法解释的负概率密度问题; 但狄拉克方程并没有直接解决负能量的问题, 负能量解在狄拉克方程中仍然存在. 而本节我们将看到, 狄拉克对负能量态的解释不仅预言了反物质, 也成为量子场论诞生的一个重要原因. 另外, 尽管 "自旋统计定理" 是相对论量子场论的结果, 但量子场论本身并不要求必须具有相对论性, 在本节中, 我们也将对非相对论量子场论作简单介绍. 我们将看到, 量子场论在某种意义上可以被理解为多体量子力学的等价描述, 但场论可以描述无穷多自由度的系统, 比多体量子力学更加深刻和强大.

当然, 量子场论的发展动机是多方面的. 如果回顾早期驱动量子力学发展的物理现象 (如黑体辐射、光电效应、康普顿效应等), 不难发现这些都绕不开 "光子" 的概念, 然而量子力学其实并没有讨论光子究竟是什么——对电子参与电磁相互作用这一物理图像, 我们只给出了电子的量子力学描述, 而电磁相互作用则直接以势能形式定义在哈密顿量中, 对吸收或释放辐射的过程缺少进一步的讨论. 事实上, 在经典量子力学体系中, 内在地包含着流守恒关系的波函数描述也并不适用于光子——流守恒关系意味着粒子数守恒[1], 而从前述光电效应等几个典型过程中, 我们不难发现光子在量子过程中往往并不守恒. 另外, 如果回溯到更早的对 "波粒二象性" 的讨论, 我们会发现, 光的波粒二象性和电子等物质的波粒二象性在逻辑上也并不相同——电子从经典物理中的粒子概念过渡到物质波假说, 是 "粒子的波动化" 的过程; 而光从经典物理中的电磁波过渡到光子概念, 则是 "波的粒子化" 过程. 如此种种围绕 "光子" 概念的疑问也成为量子场论诞生最重要的原因.

在量子场论框架下, 电磁场是一个自旋为 1 的矢量场, 而光子实际上是电磁场的量子 (或者说是电磁相互作用的 "传播子[2]"). 所以不同于我们前面以正则量子化条件

$$\{\ ,\ \} \to \frac{1}{i\hbar}[\ ,\ ] \tag{4.79}$$

对力学系统所做的量子化, 对光子的描述实际上要求对场本身做量子化[3]. 当然,

---

[1] 电子等物质粒子的确遵循一种有时被称为费米子数守恒的基本性质.

[2] 传播子 (propagator) 是量子场论图像下基本相互作用的媒介粒子.

[3] 因为历史原因, 我们常把力学系统的量子化称为 "一次量子化", 而将场的量子化称为 "二次量子化".

由于自洽的自旋为 1 的无质量场论必然要求规范对称性，因此完整描述电磁场量子化需要用到规范场论，这大大超出了本书讨论的主题和范围. 本节中，我们仅以基础的量子场论内容服务于自旋统计定理的物理解释，而不再详细介绍光子和光子–电子相互作用的量子场论描述，对此感兴趣的读者可以在标准量子场论教材中找到相关的内容.

为了更好地理解"场"，我们将首先介绍经典场论，并以经典谐振子阵列通过连续化极限得到经典场论的方法为启发，类比到由量子谐振子阵列取连续化极限得到量子场论的过程，再从非相对论量子场论过渡到相对论量子场论，以克莱因–戈尔登场和狄拉克旋量场的量子化过程证明自旋统计定理背后的物理图像.

1. 经典场论

"场"的概念和相关理论起源于法拉第、麦克斯韦等先驱对电磁相互作用的研究. 在数学上，场可以看成是一种空间函数，例如一个确定的电场或磁场通常可以确定地告诉我们试探电荷 q 在场中任何一点上所受的力；但我们知道，电磁场本身具有能量，因而其本质上是物质的一种存在形式，只不过和我们熟悉的质点、刚体等系统的区别是，电磁场是一个连续的、具有无穷多自由度的系统.

由此我们看到，无穷维自由度的系统，是场的一个突出特性. 在经典力学系统中，我们知道，三维空间中一个 N 粒子系统的运动状态可由坐标 $(\boldsymbol{x}_1, \cdots, \boldsymbol{x}_N, \boldsymbol{p}_1, \cdots, \boldsymbol{p}_N)$ 描述，计及每个 $\boldsymbol{x}_i$ 和 $\boldsymbol{p}_i$ 的三个分量，就构成了一个 $6N$ 维自由度的系统. 那么，如果对其取连续性极限，令粒子数 $N \to \infty$，粒子间距 $\epsilon \to 0$，就构成了一个无穷维自由度的系统. 因此，我们可以按照这个思路构建一个经典场的模型.

设有一个一维谐振子阵列，其中第 i 个粒子的质量为 m_i，且该粒子所处位置与对应平衡位置的相对坐标为 x_i，平衡状态下的质点间距（即单个弹簧长度）为 ϵ. 容易知道质点间的弹簧形变量为 $x_i - x_{i+1}$，则系统的拉格朗日量为

$$L = \sum_{i=1}^{N} \left[\frac{1}{2} m_i \dot{x}_i^2 - \frac{1}{2} k (x_i - x_{i+1})^2 \right]$$
$$= \sum_{i=1}^{N} \frac{\epsilon}{2} \left[\frac{m_i}{\epsilon} \dot{x}_i^2 - k\epsilon \left(\frac{x_i - x_{i+1}}{\epsilon} \right)^2 \right].$$

如果取连续性极限，即令质点间距 ϵ 趋向无穷小，则上式中的参数将作如下替换：

$$\epsilon \to \mathrm{d}x, \qquad \frac{m}{\epsilon} \to \text{质量线密度 } \mu,$$
$$k\epsilon \to \text{杨氏模量 } Y, \qquad x_i \to \text{质点位移分布 } \phi(x, t).$$

至此, 我们看到 $\phi(x,t)$ 便成了一个描述位移分布的以空间、时间为变量的函数, 描述一个无穷多自由度的系统.

因此, 拉格朗日量变为积分形式

$$L = \int \mathrm{d}x \left[\frac{\mu}{2} \left(\frac{\partial \phi(x)}{\partial t} \right)^2 - \frac{Y}{2} \left(\frac{\partial \phi}{\partial x} \right)^2 \right] = \int \mathscr{L} \mathrm{d}x,$$

其中

$$\mathscr{L} = \left[\frac{\mu}{2} \left(\frac{\partial \phi(x)}{\partial t} \right)^2 - \frac{Y}{2} \left(\frac{\partial \phi}{\partial x} \right)^2 \right]$$

为拉格朗日密度. 回到 2.1 节提到的作用量

$$S = \int L \mathrm{d}t = \iint \mathscr{L} \mathrm{d}x \mathrm{d}t,$$

容易看到, 在这个一维系统中, 时间 $\mathrm{d}t$ 和空间 $\mathrm{d}x$ 具有等价的地位, 因此拉格朗日力学很容易推广到相对论性的理论[①]. 根据作用量原理, 有

$$\delta S = \delta \iint \mathscr{L} \mathrm{d}x \mathrm{d}t = \iint (\delta \mathscr{L}) \mathrm{d}x \mathrm{d}t,$$

而

$$
\begin{aligned}
\delta \mathscr{L} &= \frac{\partial \mathscr{L}}{\partial \phi} \delta \phi + \frac{\partial \mathscr{L}}{\partial (\partial_t \phi)} \delta(\partial_t \phi) + \frac{\partial \mathscr{L}}{\partial (\partial_x \phi)} \delta(\partial_x \phi) \\
&= \left[\frac{\partial \mathscr{L}}{\partial \phi} - \frac{\partial}{\partial t} \left(\frac{\partial \mathscr{L}}{\partial (\partial_t \phi)} \right) - \frac{\partial}{\partial x} \left(\frac{\partial \mathscr{L}}{\partial (\partial_x \phi)} \right) \right] \delta \phi \\
&\quad + \frac{\partial}{\partial t} \left(\frac{\partial \mathscr{L}}{\partial (\partial_t \phi)} \delta \phi \right) + \frac{\partial}{\partial x} \left(\frac{\partial \mathscr{L}}{\partial (\partial_x \phi)} \delta \phi \right).
\end{aligned}
$$

与式 (2.10) 类似, 可得到欧拉–拉格朗日方程

$$\frac{\partial \mathscr{L}}{\partial \phi} - \frac{\partial}{\partial t} \left(\frac{\partial \mathscr{L}}{\partial (\partial_t \phi)} \right) - \frac{\partial}{\partial x} \left(\frac{\partial \mathscr{L}}{\partial (\partial_x \phi)} \right) = 0, \tag{9.14}$$

代入拉格朗日密度计算即得运动方程

$$\frac{\partial^2 \phi}{\partial x^2} - \frac{\mu}{Y} \frac{\partial^2 \phi}{\partial t^2} = 0.$$

---

① 相反, 哈密顿力学中时间和空间坐标就不具有对称性. 因而为了能更方便地推广到相对论性理论, 相对论性场论框架通常以拉格朗日力学为出发点.

这就是我们熟知的达朗贝尔方程 (4.3). 至此, 我们从一维谐振子阵列出发, 通过连续性极限构造了一个无穷维自由度系统, 并应用拉格朗日力学得到了其运动方程. 这就是经典的场论. 一般地, 类似于经典力学中通过构造拉格朗日量、代入欧拉–拉格朗日方程导出系统的运动方程, 要研究一个场的动力学, 核心就是构造出场的拉格朗日密度, 将拉格朗日密度代入场的欧拉–拉格朗日方程, 就能得到场的运动方程.

对欧拉–拉格朗日方程 (9.14), 我们很容易将其推广到四维闵可夫斯基时空 M_4. 在 M_4 中, 系统的作用量 S 定义为

$$S = \int \mathscr{L} \mathrm{d}^4 x_\mu. \tag{9.15}$$

由最小作用量原理,

$$\delta S = \int \mathrm{d}^4 x \left[\frac{\partial \mathscr{L}}{\partial \phi} \delta \phi + \frac{\partial \mathscr{L}}{\partial (\partial_\mu \phi)} \delta (\partial_\mu \phi) \right]$$

$$= \int \mathrm{d}^4 x \left\{ \left[\frac{\partial \mathscr{L}}{\partial \phi} - \frac{\partial}{\partial x_\mu} \left(\frac{\partial \mathscr{L}}{\partial (\partial_\mu \phi)} \right) \right] + \frac{\partial}{\partial \mu} \left(\frac{\partial \mathscr{L}}{\partial (\partial_\mu \phi)} \delta \phi \right) \right\} = 0,$$

即得

$$\frac{\partial \mathscr{L}}{\partial \phi} - \frac{\partial}{\partial x_\mu} \left(\frac{\partial \mathscr{L}}{\partial (\partial_\mu \phi)} \right) = 0. \tag{9.16}$$

这就是 M_4 中的欧拉–拉格朗日方程.

回到我们熟悉的电磁场, 如果在 M_4 中考虑, 第 7 章已经提到四维电磁势和流密度定义分别为

$$A^\mu = (\phi, \boldsymbol{A}), \quad J^\mu = (\rho, \boldsymbol{J}), \tag{9.17}$$

对应磁场和电场分别为

$$\boldsymbol{B} = \nabla \times \boldsymbol{A}, \quad \boldsymbol{E} = -\nabla \phi - \frac{\partial \boldsymbol{A}}{\partial t}. \tag{9.18}$$

于是可以立即得到

$$\nabla \cdot \boldsymbol{B} = 0, \tag{9.19}$$

$$\nabla \times \boldsymbol{E} = -\frac{\partial \boldsymbol{B}}{\partial t}. \tag{9.20}$$

而在四维框架下, 我们可以构造张量

$$F^{\mu\nu} = \partial^\mu A^\nu - \partial^\nu A^\mu, \tag{9.21}$$

于是有

$$F^{0i} = \partial^0 A^i - \partial^i A^0 = \left(\frac{\partial \boldsymbol{A}}{\partial t} + \nabla\phi\right)_i = -E^i,$$

$$F^{ij} = \partial^i A^j - \partial^j A^i = -\epsilon^{ijk}B^k.$$

即电场和磁场 (9.18) 成为 $F^{\mu\nu}$ 的分量. 写成矩阵形式即

$$F^{\mu\nu} = \begin{pmatrix} 0 & -E^1 & -E^2 & -E^3 \\ E^1 & 0 & -B^3 & B^2 \\ E^2 & B^3 & 0 & -B^1 \\ E^3 & -B^2 & B^1 & 0 \end{pmatrix}. \tag{9.22}$$

根据矢量 A_μ、J_μ 和张量 $F_{\mu\nu}$ 在洛伦兹变换下的性质,从洛伦兹不变性原则出发,可以构造电磁场的拉格朗日密度[①]

$$\mathscr{L} = -\frac{1}{4}F_{\mu\nu}F^{\mu\nu} - J_\alpha A^\alpha, \tag{9.23}$$

代入场的欧拉–拉格朗日方程 (9.16),就可以得到运动方程

$$\partial_\mu F^{\mu\nu} = J^\nu.$$

对于 $\nu = 0$,我们得到

$$\partial_1 F^{10} + \partial_2 F^{21} + \partial_3^{30} = J^0,$$

即

$$\nabla \cdot \boldsymbol{E} = \rho. \tag{9.24}$$

而对 $\nu = i$,得到

$$\partial_0 F^{0i} + \partial_2 F^{2i} + \partial_3^{3i} = J^i,$$

即

$$-\frac{\partial E^i}{\partial t} + \epsilon_{ijk}\partial_j B^k = J^i,$$

也即

$$\nabla \times \boldsymbol{B} = \boldsymbol{J} + \frac{\partial \boldsymbol{E}}{\partial t}. \tag{9.25}$$

式 (9.20)、式 (9.19)、式 (9.24) 和式 (9.25) 就是麦克斯韦方程组. 至此,我们就从场的欧拉–拉格朗日方程出发,得到了电磁场的运动方程. 由于 A^μ 是洛伦兹变换下的矢量,我们通常将其称为 "矢量场".

① 容易理解拉格朗日密度中应包含动能项和相互作用项;其中动能项应为速度的二次项,可以证明仅有 $F_{\mu\nu}F^{\mu\nu}$ 满足洛伦兹不变;而参考电磁场中带电粒子拉格朗日量 (式 (2.27)) 的形式,可将相互作用项写为 $J_\alpha A^\alpha$.

2. 谐振子与占有数表象

现在我们回到本节一开始提到的光的量子化问题，这实际上就是将一个单一频率的连续电磁场变成分立的、能量均为 $E = \omega$ 的粒子[①]. 鉴于光子之间不存在相互作用，多个光子的能量就只是单个光子能量的线性叠加. 若设光子数为 n，则系统就变成了一个多体量子力学系统 $|n\rangle$，并有

$$\hat{H} |n\rangle = n\omega |n\rangle. \tag{9.26}$$

在上面这个例子中，$|n\rangle$ 表示在某一个状态下有 n 个粒子，这样的对多粒子体系的描述称为占有数表象. 更一般地，我们可以将占有数表象推广到多个粒子占据不同状态的系统. 例如对一个三维无限深势阱[②]，我们有驻波解 $p_n = 2\pi n/L$，如果系统中总共有 N 个粒子分布在状态 $|n_{p_1}\rangle, |n_{p_2}\rangle, \cdots, |n_{p_n}\rangle$ 上，其中第 k 个状态 $|p_k\rangle$ 上有 n_{p_k} 个粒子（$\sum_k n_{p_k} = N$），在占据数表象下就可以将系统的状态记为 $|n_{p_1} n_{p_2} n_{p_3} \cdots n_{p_k}\rangle$. 而如果 $|p_k\rangle$ 态对应的能量为 E_{p_k}，自然就有

$$\hat{H} |n_{p_k}\rangle = n_{p_k} E_{p_k} |n_{p_k}\rangle, \quad k = 1, 2, \cdots, n,$$

进而

$$\hat{H} |n_{p_1} n_{p_2} n_{p_3} \cdots n_{p_k}\rangle = \sum_k n_{p_k} E_{p_k} |n_{p_1} n_{p_2} n_{p_3} \cdots n_{p_k}\rangle, \quad \sum_k n_k = N,$$

即系统的总能量为

$$E = \sum_k n_{p_k} E_{p_k}.$$

注意到式 (9.26) 在数学上与量子力学的谐振子系统

$$\hat{H} |n\rangle = \left(n + \frac{1}{2}\right) \omega |n\rangle$$

有着类似的形式[③]，这种形式上的对应性提示我们，正像前面研究经典场论时所做的那样，量子谐振子模型或许也可以成为研究量子多体系统的一个切入点[④].

[①] 我们仍然使用自然单位制，所以自然有 $E = h\nu = \omega$.

[②] 这是一个最简单的束缚态模型.

[③] 唯一的区别是谐振子系统具有一个非零的基态能量 $\omega/2$.

[④] 值得注意的是，式 (9.26) 仅是一个单频（单能量）多光子系统，对具有不同能量态的多体系统，我们可以用多个不同频谐振子的系统与之对应. 例如在三维无限深势阱一例中，就可设存在 N 个谐振子，每一个 $|p_k\rangle$ 态的粒子用一个频率为 $\omega_k = E_{p_k}$ 的谐振子与之对应. 下文中取连续化极限后写出的带有 dk 积分形式的平面波解实际上就是如此.

与角动量理论和氢原子问题类似，谐振子问题也是一个代数方法应用的重要例子. 首先，对一维谐振子，其哈密顿量为

$$\hat{H} = \frac{\hat{p}^2}{2m} + \frac{1}{2}m\omega^2\hat{x}^2. \tag{9.27}$$

按照一般量子力学步骤，求解定态薛定谔方程

$$(\hat{H} - E_n)\,|n\rangle = 0,$$

可得一个厄米多项式解

$$|n\rangle = \frac{1}{\sqrt{2^n n!}}\left(\frac{m\omega}{\pi}\right)^{1/4} H_n(\xi)\mathrm{e}^{-\xi^2/2}, \tag{9.28}$$

其中 $\xi = m\omega x$，而本征值为

$$E_n = \left(n + \frac{1}{2}\right)\omega. \tag{9.29}$$

注意到哈密顿量具有二次齐次多项式 $(\hat{p}^2 + \hat{x}^2)$ 的形式，若令系数 $m = \omega = 1$，则哈密顿量可写为

$$\begin{aligned}
\hat{H} &= \frac{1}{2}(\hat{p}^2 + \hat{x}^2) = \frac{1}{2}(\hat{p}^2 + \hat{x}^2 - 1) + \frac{1}{2} \\
&= \frac{1}{2}(\hat{p}^2 + \hat{x}^2 + \mathrm{i}[\hat{x}, \hat{p}]) + \frac{1}{2} \\
&= \frac{1}{2}(\hat{x} - \mathrm{i}\hat{p})(\hat{x} + \mathrm{i}\hat{p}) + \frac{1}{2}.
\end{aligned}$$

如果定义算符 $\hat{a}$ 及其共轭

$$\hat{a} = \frac{1}{\sqrt{2}}(\hat{x} + \mathrm{i}\hat{p}), \quad \hat{a}^\dagger = \frac{1}{\sqrt{2}}(\hat{x} - \mathrm{i}\hat{p}), \tag{9.30}$$

则哈密顿量 (9.27) 可被重新写为

$$\hat{H} = \hat{a}^\dagger\hat{a} + \frac{1}{2} = \hat{N} + \frac{1}{2}, \tag{9.31}$$

其中 $\hat{N} = \hat{a}^\dagger\hat{a}$. 容易看出该哈密顿量对任意态的平均值都是正定的

$$\langle\psi\,|\,\hat{H}\,|\,\psi\rangle = \langle\psi\,|\,\hat{a}^\dagger\hat{a}\,|\,\psi\rangle + \frac{1}{2} = |\hat{a}\,|\psi\rangle|^2 + \frac{1}{2} \geqslant \frac{1}{2}.$$

对基态 $|0\rangle$，由式 (9.29) 可知 $E_0 = 1/2$（前面已经令 $\omega = 1$），那么回到定态薛定谔方程并代入式 (9.31)，则有

$$\left(\hat{H} - \frac{1}{2}\right)|0\rangle = \hat{N}|0\rangle = \hat{a}^\dagger\hat{a}|0\rangle = 0. \tag{9.32}$$

因此，基态 $|0\rangle$ 可由

$$\hat{a}|0\rangle = 0 \tag{9.33}$$

定义[①].

回到前面定义的 $\hat{a}$、$\hat{a}^\dagger$ 和 $\hat{N}$，计算对易关系可得

$$[\hat{a}, \hat{a}^\dagger] = \frac{1}{2}[\hat{x} + i\hat{p}, \hat{x} - i\hat{p}] = \frac{1}{2}(-i[\hat{x}, \hat{p}] + i[\hat{p}, \hat{x}]) = 1, \tag{9.34}$$

$$[\hat{N}, \hat{a}] = [\hat{a}^\dagger\hat{a}, \hat{a}] = -\hat{a}; \quad [\hat{N}, \hat{a}^\dagger] = [\hat{a}^\dagger\hat{a}, \hat{a}^\dagger] = \hat{a}^\dagger. \tag{9.35}$$

注意到式 (9.35) 在形式上与角动量升降算符的对易关系 (5.4)、(5.5) 相似. 进一步，将 $\hat{a}$ 和 $\hat{a}^\dagger$ 算符作用在本征态 $|n\rangle$ 上，有

$$\hat{N}\hat{a}|n\rangle = \hat{a}(\hat{N} - 1)|n\rangle = (n-1)\hat{a}|n\rangle,$$

$$\hat{N}\hat{a}^\dagger|n\rangle = \hat{a}^\dagger(\hat{N} + 1)|n\rangle = (n+1)\hat{a}^\dagger|n\rangle,$$

其中 $\hat{N}|n\rangle = n|n\rangle$ 与式 (9.32) 同理. 又因为 $\hat{N}|n\pm1\rangle = (n\pm1)|n\pm1\rangle$，与以上两式联立可得

$$\hat{a}^\dagger|n\rangle = b|n+1\rangle, \quad \hat{a}|n\rangle = c|n-1\rangle,$$

其中系数 b 和 c 可以通过以下两式计算：

$$\langle n | \hat{a}^\dagger\hat{a} | n \rangle = |c|^2 \langle n-1 | n-1 \rangle = \langle n | \hat{N} | n \rangle = n,$$

$$\langle n | \hat{a}\hat{a}^\dagger | n \rangle = |b|^2 \langle n+1 | n+1 \rangle = \langle n | (1 + \hat{N}) | n \rangle = n + 1.$$

---

① 我们可以在坐标表象下求解微分方程 $\hat{a}|0\rangle = 0$ 得到基态的具体形式

$$\langle x | \hat{a} | 0 \rangle = \langle x | (\hat{x} + i\hat{p}) | 0 \rangle = x + i(-i)\frac{\mathrm{d}}{\mathrm{d}x}\langle x | 0 \rangle$$

$$= x + \frac{\mathrm{d}}{\mathrm{d}x}\langle x | 0 \rangle = 0,$$

该方程的通解为

$$\langle x | 0 \rangle = Ae^{-x^2/2}.$$

这正是厄米多项式解 (9.28) 的第一项.

最终得到 $\hat{a}$ 和 $\hat{a}^\dagger$ 算符作用在态 $|n\rangle$ 的具体形式

$$\hat{a}^\dagger |n\rangle = \sqrt{n+1}\,|n+1\rangle, \quad \hat{a}\,|n\rangle = \sqrt{n}\,|n-1\rangle. \tag{9.36}$$

回到式 (9.32)，$\hat{N}|0\rangle = 0|0\rangle$ 意味着对算符 $\hat{N}$ 来说，基态对应的本征值为 0，因此我们也称这个基态 $|0\rangle$ 为真空态.

用多个算符 $\hat{a}^\dagger$ 连续作用于真空态 $|0\rangle$，就可以产生所有的激发态

$$\hat{a}^\dagger |0\rangle = |1\rangle,$$
$$\hat{a}^\dagger |1\rangle = (\hat{a}^\dagger)^2 |0\rangle = \sqrt{2}\,|2\rangle,$$
$$\hat{a}^\dagger |2\rangle = \frac{1}{\sqrt{2}}(\hat{a}^\dagger)^3 |0\rangle = \sqrt{3}\,|3\rangle,$$
$$\cdots\cdots$$
$$\hat{a}^\dagger |n-1\rangle = \frac{1}{\sqrt{(n-1)!}}(\hat{a}^\dagger)^n |0\rangle = \sqrt{n}\,|n\rangle.$$

即任意一个态 $|n\rangle$ 可通过 $\hat{a}^\dagger$ 作用在基态上 n 次得到

$$|n\rangle = \frac{1}{\sqrt{n!}}(\hat{a}^\dagger)^n |0\rangle, \tag{9.37}$$

因此我们将 $\hat{a}^\dagger$ 称为产生算符. 与之相对地，由 $\hat{a}\,|n\rangle = \sqrt{n}\,|n-1\rangle$ 递推可得

$$\hat{a}^n |n\rangle = \sqrt{n!}\,|0\rangle, \tag{9.38}$$

即任意一个态 $|n\rangle$ 可通过 $\hat{a}$ 对其作用 n 次使之变为真空态，因而我们将算符 $\hat{a}$ 称为湮灭算符. 而同时我们发现

$$\hat{N}|n\rangle = n\,|n\rangle, \tag{9.39}$$

即 $\hat{N}$ 具有自然数的本征值，结合本小节一开始我们提到的量子谐振子与量子多体系统的对应关系[①]，可以将其称为粒子数算符. 由此，产生、湮灭算符和粒子数算符的定义都可以直接应用到量子多体系统的描述中，具有直观的物理意义.

现在我们回到拉格朗日力学中. 根据产生和湮灭算符的定义 (9.30) 易得

$$\hat{x} = \frac{1}{\sqrt{2}}(\hat{a} + \hat{a}^\dagger), \tag{9.40}$$

---

① 最直接的就是对应到式 (9.26)，那里 n 具有直观的粒子数的物理意义.

$$\hat{p} = -\frac{\mathrm{i}}{\sqrt{2}}(\hat{a} - \hat{a}^\dagger). \tag{9.41}$$

代入拉格朗日量和哈密顿量的关系，有

$$
\begin{aligned}
L &= \hat{p}\dot{x} - \hat{H} \\
&= -\mathrm{i}\frac{1}{2}(\hat{a} - \hat{a}^\dagger)(\dot{\hat{a}} + \dot{\hat{a}}^\dagger) - \left(\hat{a}^\dagger\hat{a} + \frac{1}{2}\right) \\
&= \mathrm{i}\hat{a}^\dagger\dot{\hat{a}} - \hat{a}^\dagger\hat{a} - \left[\frac{1}{2} + \frac{\mathrm{i}}{4}\frac{\mathrm{d}}{\mathrm{d}t}\left(\hat{a}^2 + 2\hat{a}\hat{a}^\dagger - \hat{a}^{\dagger^2}\right)\right].
\end{aligned}
$$

在第 2 章式 (2.31) 中已经证明过时间全导数项不影响欧拉–拉格朗日方程，因此我们可以把上式中该项舍去，如果一并舍去常数项 1/2，就得到一个简化的拉氏量

$$L = \mathrm{i}\hat{a}^\dagger\dot{\hat{a}} - \hat{a}^\dagger\hat{a}.$$

这一拉格朗日量可认为是 $(\hat{a}, \dot{\hat{a}})$ 作为参数的函数，其中 $\hat{a}$ 为广义坐标，$\dot{\hat{a}}$ 为广义速度，则广义动量就是

$$\frac{\partial L}{\partial \dot{\hat{a}}} = \mathrm{i}\hat{a}^\dagger,$$

因此哈密顿量为

$$H(\hat{a}, \mathrm{i}\hat{a}^\dagger) = \mathrm{i}\hat{a}^\dagger\dot{\hat{a}} - L(\hat{a}, \dot{\hat{a}}) = \hat{a}^\dagger\hat{a}.$$

这与式 (9.31) 一致（舍去常数项）. 而按照 4.7 节所讲的正则量子化条件

$$[\hat{x}_i, \hat{p}_j] = \mathrm{i}\delta_{ij}, \tag{4.78}$$

对该系统有

$$[\hat{a}, \mathrm{i}\hat{a}^\dagger] = \mathrm{i}.$$

这与式 (9.34) 一致. 因此，从这个意义上来说这一简化的拉氏量是自洽的.

另外，值得一提的是，如果把算符 $\hat{a}$ 代入海森伯方程 (4.77)，即

$$\mathrm{i}\frac{\mathrm{d}}{\mathrm{d}t}\hat{a} = [\hat{a}, \hat{H}] = \omega[\hat{a}, \hat{a}^\dagger]\hat{a} = \omega\hat{a},$$

解得

$$\hat{a}(t) = \mathrm{e}^{-\mathrm{i}\omega t}\hat{a}(0),$$

就是 $\hat{a}$ 随时间的演化.

3. 一维阵列

设有一个一维的量子谐振子阵列, 我们将每个谐振子的位置称为一个 "格子", 并设格子的长度 (即谐振子的间距) 为 d, 第 i 个格子上的产生、湮灭算符分别为 $\hat{a}_i^\dagger$ 和 $\hat{a}_i$. 显然, 由于全同粒子的特性, 对应于不同格子的产生、湮灭算符是互相对易的, 即有

$$[\hat{a}_m, \hat{a}_n] = 0, \quad [\hat{a}_m^\dagger, \hat{a}_n^\dagger] = 0, \quad [\hat{a}_m, \hat{a}_n^\dagger] = \delta_{mn}. \tag{9.42}$$

例如, 如果要求在第 2、5、6、7 个格子上各产生一个粒子, 则可以将对应的产生算符逐个作用在真空态 $|0\rangle$ 上, 即 $\hat{a}_2^\dagger \hat{a}_5^\dagger \hat{a}_6^\dagger \hat{a}_7^\dagger |0\rangle$; 当然也可以写作 $\hat{a}_5^\dagger \hat{a}_2^\dagger \hat{a}_6^\dagger \hat{a}_7^\dagger |0\rangle$, 效果是相同的. 换言之这是一个对称交换的系统.

根据前面对单个谐振子的讨论, 容易写出这个一维阵列的哈密顿量

$$\hat{H} = \omega \sum_n \hat{a}_n^\dagger \hat{a}_n. \tag{9.43}$$

这里我们已经舍去了作为常数的基态能量[①]. 现在, 我们设粒子可以在这个一维阵列中 "传递", 即某一粒子可以从第 n 个格子转移到第 $n-1$ 或第 $n+1$ 个. 显然, 我们需要修改哈密顿量以允许这种传递. 事实上, 容易发现一个粒子从第 n 个格子转移到第 $n+1$ 个格子的过程, 也就相当于在第 n 个格子中湮灭一个粒子, 再在第 $n+1$ 个格子中产生一个粒子, 因而利用产生和湮灭算符就可以将 "传递算符" 写成

$$\hat{a}_{n+1}^\dagger \hat{a}_n.$$

注意到这个算符不是厄米的, 又考虑到在一维格子中粒子的传递可以有两个方向, 因此容易想到完整的传递算符可写作

$$\hat{a}_{n+1}^\dagger \hat{a}_n + \hat{a}_n^\dagger \hat{a}_{n+1}.$$

因此, 计入粒子的传递后, 我们就可将哈密顿量改写为

$$\hat{H} = \sum_n \left[\omega \hat{a}_n^\dagger \hat{a}_n - A(\hat{a}_{n+1}^\dagger \hat{a}_n + \hat{a}_n^\dagger \hat{a}_{n+1}) \right], \tag{9.44}$$

其中 A 为待定系数.

设一个一维阵列上有平面波

$$|k\rangle = \sum_n \mathrm{e}^{\mathrm{i}knd} \hat{a}_n^\dagger |0\rangle,$$

[①] 值得注意的是, 非零的基态能量 $E_0 = \omega/2$ 意味着真空状态具有能量, 这被称为零点能. 零点能背后的物理并不平庸, 例如学界的一种观点认为, 现代宇宙学理论中导致宇宙加速膨胀的暗能量就来自于真空零点能.

其中 $\hat{a}_n^\dagger |0\rangle$ 即在第 n 个格子产生一个粒子，e^{iknd} 即传统的平面波项 e^{ikx}. 将加入传递项后的哈密顿量 (9.44) 作用于 $|k\rangle$ 上

$$\hat{H} |k\rangle = \sum_n \left[\omega \hat{a}_n^\dagger \hat{a}_n - A(\hat{a}_{n+1}^\dagger \hat{a}_n + \hat{a}_n^\dagger \hat{a}_{n+1}) \right] \sum_\ell e^{ik\ell d} \hat{a}_\ell^\dagger |0\rangle . \tag{9.45}$$

由式 (9.33) 和式 (9.42)，有

$$\hat{a}_n \hat{a}_\ell^\dagger |0\rangle = (\hat{a}_\ell^\dagger \hat{a}_n + \delta_{n\ell}) |0\rangle = \delta_{n\ell} |0\rangle ,$$

代回式 (9.45)，得到

$$\begin{aligned}
\hat{H} |k\rangle &= \sum_\ell \left[\omega \hat{a}_\ell^\dagger - A(\hat{a}_{\ell+1}^\dagger + \hat{a}_{\ell-1}^\dagger) \right] e^{ik\ell d} |0\rangle \\
&= \sum_\ell \left[\omega e^{ik\ell d} - A(e^{ik(\ell-1)d} + e^{ik(\ell+1)d}) \right] \hat{a}_\ell^\dagger |0\rangle \\
&= \omega |k\rangle - A \left(e^{ikd} + e^{-ikd} \right) |k\rangle \\
&= (\omega - 2A \cos kd) |k\rangle .
\end{aligned} \tag{9.46}$$

其中第二个等号是因为对哑指标 ℓ 可以作 $\ell \pm 1 \to \ell$ 的代换. 对自由粒子[①]来说，其哈密顿量的本征值应为动能项，即有

$$\hat{H} |k\rangle = \frac{k^2}{2m} |k\rangle .$$

回到式 (9.46)，可设待定系数 $A = \omega/2$，如果对一维阵列中格子的尺寸取无穷小极限，即 $d \to 0$，进而也有 $kd \to 0$，以此做泰勒级数展开，就得到

$$\hat{H} |k\rangle = 2A(1 - \cos kd) |k\rangle = Ak^2 d^2 |k\rangle + \mathcal{O}(k^4) |k\rangle \simeq Ak^2 d^2 |k\rangle ,$$

因此我们有

$$A = \frac{\omega}{2} = \frac{1}{2md^2} ,$$

因此，哈密顿量可以被写成

$$\hat{H} = \frac{1}{2md^2} \sum_n (2\hat{a}_n^\dagger \hat{a}_n - \hat{a}_{n+1}^\dagger \hat{a}_n - \hat{a}_n^\dagger \hat{a}_{n+1}),$$

---

① 这里的自由粒子是指粒子之间没有耦合. 事实上，在量子场论图像下，势场已经被进一步量子化成场源即某个粒子，因而我们不再像经典量子力学中那样以势函数的观点来考虑问题.

对应的拉格朗日量则为

$$L = \sum_n \left[i\hat{a}_n^\dagger \dot{\hat{a}}_n - \frac{1}{2md^2} \sum_n (2\hat{a}_n^\dagger \hat{a}_n - \hat{a}_{n+1}^\dagger \hat{a}_n - \hat{a}_n^\dagger \hat{a}_{n+1}) \right]. \tag{9.47}$$

4. 连续化极限及薛定谔场论

前面我们已经对一维量子谐振子阵列取了无穷小格子极限 $d \to 0$，得到了拉氏量 (9.47). 现在我们进一步取连续化极限

$$\sum_n d \to \int dx, \quad \hat{a}_n \to \sqrt{d}\, \hat{\psi},$$

代入式 (9.47)，并由 $L = \int \mathscr{L} dx$ 得到该一维系统的拉格朗日密度[①]

$$\mathscr{L} = \left[i\hat{\psi}^\dagger(x)\dot{\hat{\psi}}(x) - \frac{1}{2m} \nabla_x \hat{\psi}^\dagger(x) \nabla_x \hat{\psi}(x) \right].$$

回到经典场论的欧拉–拉格朗日方程 (9.14)，代入上述拉格朗日密度可得

$$\begin{aligned}
0 &= \partial_0 \left(\frac{\partial \mathscr{L}}{\partial_0 \hat{\psi}} \right) + \partial_x \left(\frac{\partial \mathscr{L}}{\partial_x \hat{\psi}} \right) - \frac{\partial \mathscr{L}}{\partial \hat{\psi}} \\
&= \left(i\frac{\partial}{\partial t} - \frac{1}{2m} \nabla_x^2 \right) \hat{\psi}^\dagger,
\end{aligned}$$

和

$$\begin{aligned}
0 &= \partial_0 \left(\frac{\partial \mathscr{L}}{\partial_0 \hat{\psi}^\dagger} \right) + \partial_x \left(\frac{\partial \mathscr{L}}{\partial_x \hat{\psi}^\dagger} \right) - \frac{\partial \mathscr{L}}{\partial \hat{\psi}^\dagger} \\
&= \left(i\frac{\partial}{\partial t} + \frac{1}{2m} \nabla_x^2 \right) \hat{\psi}.
\end{aligned}$$

这表明 ψ 和 $\psi^\dagger$ 遵循同一个运动方程

$$i\frac{\partial}{\partial t}\hat{\psi} + \frac{1}{2m} \nabla_x^2 \hat{\psi} = 0, \tag{9.48}$$

这正是我们熟悉的薛定谔方程[②]，因此这个系统也被称为薛定谔场论，是一个非相对论量子场论.

[①] 这里定义 $\nabla_x = \partial_x$，由此对一维系统的结果可以直接推广到三维系统.

[②] 需要指出的是，这里的方程是无相互作用的自由场方程；如果存在相互作用，则该场的运动方程将变成一个非线性方程，而并非原来含势能项的薛定谔方程.

写出方程 (9.48) 的平面波通解

$$\hat{\psi} = \int \frac{\mathrm{d}k}{2\pi} \hat{a}(k) \mathrm{e}^{\mathrm{i}kx - \mathrm{i}\omega_k t}, \quad \omega_k = \frac{k^2}{2m}, \tag{9.49}$$

容易得到正则动量

$$\hat{\pi} = \frac{\partial \mathscr{L}}{\partial(\partial_0 \hat{\psi})} = \mathrm{i}\hat{\psi}^\dagger = \mathrm{i} \int \frac{\mathrm{d}k}{2\pi} \hat{a}^\dagger(k) \mathrm{e}^{-\mathrm{i}kx + \mathrm{i}\omega_k t}. \tag{9.50}$$

其中的 $\hat{a}$ 和 $\hat{a}^\dagger$ 可由傅里叶变换从 $\hat{\psi}$ 和 $\hat{\psi}^\dagger$ 求出，即

$$\hat{a}(k) = \int \mathrm{d}x\, \hat{\psi} \mathrm{e}^{-\mathrm{i}kx + \mathrm{i}\omega_k t}, \quad \hat{a}^\dagger(k) = \int \mathrm{d}x\, \hat{\psi}^\dagger \mathrm{e}^{\mathrm{i}kx - \mathrm{i}\omega_k t}. \tag{9.51}$$

而正则量子化条件 (4.78) 对应到这个薛定谔场论中，成为

$$[\hat{\psi}(x), \hat{\pi}(y)] = \mathrm{i}\delta(x - y). \tag{9.52}$$

结合式 (9.50) 和式 (9.51) 可得

$$\begin{aligned}
[\hat{a}(k_1), \hat{a}^\dagger(k_2)] &= \int \mathrm{d}x_1 \mathrm{d}x_2\ \mathrm{e}^{-\mathrm{i}k_1 x_1 + \mathrm{i}\omega_1 t} \mathrm{e}^{\mathrm{i}k_2 x_2 - \mathrm{i}\omega_2 t} [\hat{\psi}, \hat{\psi}^\dagger] \\
&= \int \mathrm{d}x_1 \mathrm{d}x_2\ \mathrm{e}^{-\mathrm{i}k_1 x_1 + \mathrm{i}\omega_1 t} \mathrm{e}^{\mathrm{i}k_2 x_2 - \mathrm{i}\omega_2 t} \delta(x_1 - x_2) \\
&= 2\pi\delta(k_1 - k_2).
\end{aligned} \tag{9.53}$$

同理易得

$$[\hat{a}(k_i), \hat{a}(k_j)] = [\hat{a}^\dagger(k_i), \hat{a}^\dagger(k_j)] = 0. \tag{9.54}$$

这与一维阵列的情况 (9.42) 类似.

另外，有了正则动量，我们可以计算哈密顿密度

$$\begin{aligned}
\mathscr{H} &= \hat{\pi}\partial_0 \hat{\psi} - \mathscr{L} = \frac{1}{2m} \nabla_x \hat{\psi}^\dagger \nabla_x \hat{\psi} \\
&= \int \frac{\mathrm{d}k_1}{2\pi} \frac{\mathrm{d}k_2}{2\pi} \frac{k_1 k_2}{2m} \mathrm{e}^{\mathrm{i}(k_1 - k_2)x - \mathrm{i}(\omega_1 - \omega_2)t} \hat{a}^\dagger(k_2) \hat{a}(k_1).
\end{aligned} \tag{9.55}$$

将其对空间积分，即得哈密顿量

$$H = \int \mathscr{H} \mathrm{d}x = \int \frac{\mathrm{d}k}{2\pi} \omega_k \hat{a}^\dagger(k) \hat{a}(k),$$

积分过程中利用了 δ 函数的傅里叶积分

$$\delta(k) = \frac{1}{2\pi} \int e^{ikx} dx.$$

定义粒子数算符

$$\hat{N} = \int \frac{dk}{2\pi} \hat{a}^\dagger(k) \hat{a}(k), \tag{9.56}$$

由式 (9.53) 易得

$$[\hat{N}, \hat{a}(k)] = -\hat{a}(k), \quad [\hat{N}, \hat{a}^\dagger(k)] = \hat{a}^\dagger(k), \tag{9.57}$$

这与式 (9.35) 类似. 于是, 我们可以将单个谐振子问题中对产生、湮灭算符的讨论借用过来. 首先对真空态 $|0\rangle$, 根据式 (9.32) 和式 (9.33) 有

$$\hat{a}(k) |0\rangle = 0, \quad \hat{N} |0\rangle = \int \frac{dk}{2\pi} \hat{a}^\dagger(k) \hat{a}(k) |0\rangle = 0 |0\rangle,$$

即真空态对应的粒子数为零. 进而定义单粒子态和双粒子态分别为

$$|1_{\text{particle}}\rangle = \int \frac{dk}{2\pi} f(k) \hat{a}^\dagger(k) |0\rangle, \quad |2_{\text{particle}}\rangle = \int \frac{dk_1}{2\pi} \frac{dk_2}{2\pi} f(k_1, k_2) \hat{a}^\dagger(k_1) \hat{a}^\dagger(k_2) |0\rangle,$$

可以证明

$$\hat{N} |1_{\text{particle}}\rangle = +1 |1_{\text{particle}}\rangle, \quad \hat{N} |2_{\text{particle}}\rangle = +2 |2_{\text{particle}}\rangle. \tag{9.58}$$

而根据式 (9.54), 不同的 $\hat{a}^\dagger$ 可对易, 因此一个 n 粒子的态就可以写为

$$|n_{\text{particle}}\rangle = \int f(k_1, \cdots, k_n) \prod_{i=1}^{n} \frac{dk_i}{2\pi} \hat{a}^\dagger(k_i) |0\rangle. \tag{9.59}$$

至此, 我们通过对一维量子谐振子阵列取连续化极限, 得到了薛定谔场论下 n 粒子态的表示.

在非相对论的量子力学中, 多体系统通常以波函数 $\Phi(x_1, x_2, \cdots, x_n)$ 来描述. 对多体自由粒子系统来说, 显然该波函数满足薛定谔方程

$$\left(i\frac{\partial}{\partial t} + \sum_{i=1}^{n} \frac{1}{2m} \nabla_{x_i}^2 \right) \Phi(x_1, x_2, \cdots, x_n, t) = 0, \tag{9.60}$$

且与场论图像下的 n 粒子态 $|n_{\text{particle}}\rangle$ 的关系为

$$\Phi(x_1, x_2, \cdots, x_n, t) = \langle x_1, x_2, \cdots, x_n \mid n_{\text{particle}}\rangle.$$

将式 (9.51) 代入式 (9.59), 可得

$$|n_{\text{particle}}\rangle = \int \left(\prod_{i=1}^{n} dx_i \right) |S(x_1, x_2, \cdots, x_n)\rangle \tilde{f}(x_1, \cdots, x_n, t), \tag{9.61}$$

其中

$$|S(x_1, x_2, \cdots, x_n)\rangle = \left(\prod_{i=1}^{n} \hat{\psi}^\dagger(x)_i\right) |0\rangle, \tag{9.62}$$

$$\tilde{f}(x_1, \cdots, x_n, t) = \int \frac{\mathrm{d}k_i}{2\pi} \mathrm{e}^{\mathrm{i}k_i x_i - \mathrm{i}\omega_i t} \tilde{f}(k_1, \cdots, k_n). \tag{9.63}$$

容易验证 $\Phi(x_1, \cdots, x_n, t) = \tilde{f}(x_1, \cdots, x_n, t)$ 满足薛定谔方程 (9.60)，因此

$$\tilde{f}(x_1, \cdots, x_n, t) = \Phi(x_1, x_2, \cdots, x_n, t) = \langle x_1, x_2, \cdots, x_n \mid n_{\text{particle}}\rangle \tag{9.64}$$

就是多自由粒子系统的波函数.

如果将式 (9.64) 代回式 (9.61)，得到

$$|n_{\text{particle}}\rangle = \int \left(\prod_{i=1}^{n} \mathrm{d}x_i\right) |S(x_1, x_2, \cdots, x_n)\rangle \langle x_1, x_2, \cdots, x_n \mid n_{\text{particle}}\rangle,$$

这意味着

$$\int \left(\prod_{i=1}^{n} \mathrm{d}x_i\right) |S(x_1, x_2, \cdots, x_n)\rangle \langle x_1, x_2, \cdots, x_n| = I,$$

因此有

$$|x_1, x_2, \cdots, x_n\rangle = |S(x_1, x_2, \cdots, x_n)\rangle = \left(\prod_{i=1}^{n} \hat{\psi}^\dagger(x_i)\right) |0\rangle. \tag{9.65}$$

这样，将式 (9.59) 和式 (9.65) 代回式 (9.64)，就能得到以薛定谔场算符或产生、湮灭算符表示的多自由粒子系统波函数. 从而我们发现，量子场论事实上可以作为多体量子力学的一个等价描述. 特别值得注意的是，在式 (9.10) 中我们看到，以多体量子力学的视角写波函数 $\Phi(x_1, x_2, \cdots, x_n, t)$ 时，需要特别注意波函数应满足的统计性质（或对称、反对称性质）；但下面我们将看到，如果以场论视角构造波函数，则全同粒子的这些信息都包含在场算符 $\hat{\psi}^\dagger(x_i)$ 之间的关系中.

5. 克莱因–戈尔登场论中的粒子能量与正规序

前面我们导出了非相对论量子场论即薛定谔场论，接下来我们转入相对论性量子场论的讨论. 沿用第 7 章的思路，我们首先从克莱因–戈尔登场入手.

前面我们曾以电磁场为例讨论了如何构造一个场的拉格朗日密度并推导出运动方程. 类似地，对于一个实标量场 ϕ，我们可以构造洛伦兹不变的拉格朗日密

度①

$$\mathscr{L} = \frac{1}{2}(\partial_\mu\phi)(\partial^\mu\phi) - \frac{1}{2}m^2\phi^2. \tag{9.66}$$

代入欧拉–拉格朗日方程 (9.16)，容易验证其满足克莱因–戈尔登方程②

$$[\partial^2 + m^2]\phi = 0, \tag{9.67}$$

因而式 (9.66) 就是克莱因–戈尔登场的拉格朗日密度.

根据定义可得广义动量

$$\pi = \frac{\partial\mathscr{L}}{\partial(\partial_0\phi)} = \partial_0\phi,$$

进而可得哈密顿密度

$$\mathscr{H} = \pi\partial_0\phi - \mathscr{L} = \frac{1}{2}\left[(\partial_0\phi)^2 + (\nabla\phi)^2 + m^2\phi^2\right].$$

对方程 (9.67)，设其洛伦兹不变的通解为

$$\phi(x^\mu) = \int \frac{\mathrm{d}^4k}{(2\pi)^4}\left[f(k)\mathrm{e}^{-ikx} + f^*(k)\mathrm{e}^{ikx}\right], \quad kx = k_\mu x^\mu,$$

代回方程可得

$$\phi(x^\mu) = \int \frac{\mathrm{d}^4k}{(2\pi)^4}(m^2 - l^2)[f(k)\mathrm{e}^{-ikx} + f^*(k)\mathrm{e}^{ikx}] = 0.$$

于是

$$f(k) = (2\pi)\delta(k^2 - m^2)c(k), \quad f^*(k) = (2\pi)\delta(k^2 - m^2)c^*(k),$$

代回得到

$$\phi(x^\mu) = \int \frac{\mathrm{d}^4k}{(2\pi)^3}\delta(k^2 - m^2)[c(k)\mathrm{e}^{-ikx} + c^*(k)\mathrm{e}^{ikx}]. \tag{9.68}$$

而由相对论质能关系

$$k^2 = k_\mu k^\mu = k_0^2 - |\boldsymbol{k}|^2 = m^2 \quad \rightarrow \quad k_0 = \pm\sqrt{|\boldsymbol{k}|^2 + m^2},$$

---

① 出于简洁性的考虑，对实标量场 ϕ，我们首先考虑拉格朗日密度是 ϕ 及其一阶导数 $\partial_\mu\phi$ 的函数. 容易验证在洛伦兹变换下 ϕ^2 和 $(\partial_\mu\phi)(\partial^\mu\phi)$ 都是不变量，且分别对应质量项和动能项，由此构造的拉格朗日密度可以得到克莱因–戈尔登方程的形式，因而我们认为这就是克莱因–戈尔登场的拉格朗日密度.

② 方程 (9.67) 与方程 (7.5) 相同，仅是写法上的区别，这里 $\partial^2 = \partial_\mu\partial^\mu = \dfrac{\partial^2}{\partial t^2} - \nabla^2$.

记 $\sqrt{|\boldsymbol{k}|^2 + m^2} = \omega_k$，则可将式 (9.68) 中的 δ 函数写成[①]

$$\delta(k^2 - m^2) = \delta(k_0^2 - \omega_k^2) = \frac{\delta(k_0 - \omega_k) + \delta(k_0 + \omega_k)}{2\omega_k}.$$

代回式 (9.68) 即得

$$\phi(x^\mu) = \int \frac{\mathrm{d}^3\boldsymbol{k}}{(2\pi)^3 2\omega_k} \left[c(\omega_k, \boldsymbol{k})\mathrm{e}^{\mathrm{i}\boldsymbol{k}\cdot\boldsymbol{x} - \mathrm{i}\omega_k t} + c(-\omega_k, \boldsymbol{k})\mathrm{e}^{\mathrm{i}\boldsymbol{k}\cdot\boldsymbol{x} + \mathrm{i}\omega_k t} \right.$$
$$\left. + c^*(\omega_k, -\boldsymbol{k})\mathrm{e}^{-\mathrm{i}\boldsymbol{k}\cdot\boldsymbol{x} - \mathrm{i}\omega_k t} + c^*(-\omega_k, -\boldsymbol{k})\mathrm{e}^{-\mathrm{i}\boldsymbol{k}\cdot\boldsymbol{x} + \mathrm{i}\omega_k t} \right].$$

对中括号内的四项，通过将积分变量中 $\boldsymbol{k}$ 替换为 $-\boldsymbol{k}$ 可以合并首尾两项，而通过取共轭可以合并中间两项. 如果定义

$$a(k) = c(\omega_k, \boldsymbol{k}) + c^*(-\omega_k, -\boldsymbol{k}),$$

我们就得到

$$\phi(x^\mu) = \int \frac{\mathrm{d}^3\boldsymbol{k}}{(2\pi)^3 2\omega_k} \left[a(k)\mathrm{e}^{\mathrm{i}\boldsymbol{k}\cdot\boldsymbol{x} - \mathrm{i}\omega_k t} + a^\dagger(k)\mathrm{e}^{-\mathrm{i}\boldsymbol{k}\cdot\boldsymbol{x} + \mathrm{i}\omega_k t} \right]. \tag{9.69}$$

将这一解代回哈密顿量，可得

$$H = \int \mathscr{H}\mathrm{d}^3\boldsymbol{x} = \int \frac{\mathrm{d}^3\boldsymbol{k}}{(2\pi)^3 2\omega_k} \frac{\omega_k}{2}[a^\dagger(k)a(k) + a(k)a^\dagger(k)]. \tag{9.70}$$

与式 (9.52) 同样，有正则量子化条件

$$[\phi(\boldsymbol{x}_1, t),\ \pi(\boldsymbol{x}_2, t)] = \mathrm{i}\delta^3(\boldsymbol{x}_2 - \boldsymbol{x}_1). \tag{9.71}$$

另外，有

$$a(k) = \mathrm{i} \int \mathrm{d}^3\boldsymbol{x}\ \mathrm{e}^{-\mathrm{i}\boldsymbol{k}\cdot\boldsymbol{x} + \mathrm{i}\omega t}[\pi(x) - \mathrm{i}\omega_k \phi(x)],$$
$$a^\dagger(k) = -\mathrm{i} \int \mathrm{d}^3\boldsymbol{x}\ \mathrm{e}^{\mathrm{i}\boldsymbol{k}\cdot\boldsymbol{x} - \mathrm{i}\omega t}[\pi(x) + \mathrm{i}\omega_k \phi(x)]. \tag{9.72}$$

利用正则量子化条件 (9.71) 可得

$$[a(k_1), a^\dagger(k_2)] = (2\pi)^3 2\omega_{k_1}\delta^3(\boldsymbol{k}_1 - \boldsymbol{k}_2), \tag{9.73}$$

[①] 后一步利用了复合 δ 函数的性质，即当 $f(x) = 0$ 的实根 $x_n (n = 1, 2, \cdots)$ 均为单根时，有
$$\delta[f(x)] = \sum_n \frac{\delta(x - x_n)}{|f'(x)|}.$$

同理有

$$[a(k_i), a(k_j)] = [a^\dagger(k_i), a^\dagger(k_j)] = 0. \tag{9.74}$$

与薛定谔场论中式 (9.56) 类似，定义粒子数算符

$$N = \int \frac{\mathrm{d}^3 \boldsymbol{k}}{(2\pi)^3 2\omega_k} a^\dagger(k) a(k), \tag{9.75}$$

容易验证其与产生、湮灭算符的对易关系也与薛定谔场论中式 (9.57) 一致，即

$$[N, a(k)] = -a(k), \quad [N, a^\dagger(k)] = +a^\dagger(k). \tag{9.76}$$

类似式 (9.42) 的讨论，这是一个交换对称的系统，克莱因–戈尔登场对应自旋为零的量子场，服从玻色–爱因斯坦统计. 由真空态 $|0\rangle$，满足

$$a(k) |0\rangle = 0, \quad N |0\rangle = 0 |0\rangle,$$

而一个 m 粒子的体系 $|m\rangle$ 就可以写成

$$|m\rangle = \prod_{i=1}^{m} a^\dagger(k_i) |0\rangle, \quad N |m\rangle = m |m\rangle.$$

现在考虑一个动量为 p 的单粒子系统，显然有[1]

$$|p\rangle = a^\dagger(p) |0\rangle, \quad N |p\rangle = +1 |p\rangle.$$

将哈密顿算符作用于该单粒子态上，有

$$
\begin{aligned}
H |p\rangle &= \int \frac{\mathrm{d}^3 \boldsymbol{k}}{(2\pi)^3 2\omega_k} \frac{\omega_k}{2} \left[a^\dagger(k) a(k) + a(k) a^\dagger(k) \right] |p\rangle \\
&= \int \frac{\mathrm{d}^3 \boldsymbol{k}}{(2\pi)^3 2\omega_k} \frac{\omega_k}{2} \left\{ 2 a^\dagger(k) a(k) + [a(k), a^\dagger(k)] \right\} |p\rangle \\
&= \int \frac{\mathrm{d}^3 \boldsymbol{k}}{(2\pi)^3 2\omega_k} \frac{\omega_k}{2} \left\{ 2 a^\dagger(k) a(k) + (2\pi)^3 2\omega_k \delta^3(0) \right\} |p\rangle.
\end{aligned} \tag{9.77}
$$

注意到第一项中包含一个粒子数算符 N，因此式 (9.77) 可化简为

$$H |p\rangle = \left(\omega_p + \delta^3(0) \int \mathrm{d}^3 \boldsymbol{k} \frac{\omega_k}{2} \right) |p\rangle.$$

---

[1] 注意这里态矢量记号中的 p 为单粒子动量，而非粒子数.

注意到式中的第二项出现了无穷大. 事实上, 容易验证它来自于真空能量

$$\delta^3(0) \int \mathrm{d}^3\boldsymbol{k} \frac{\omega_k}{2} = \langle 0 \mid H \mid 0 \rangle.$$

容易证明

$$[H, a^\dagger(k_i)] = +\omega(k_i)a^\dagger(k_i),$$

因此对多粒子态, 就有

$$H \mid p_1, \cdots, p_m \rangle = \left(\sum_{i=1}^m \omega_i + \langle 0 \mid H \mid 0 \rangle \right) \mid p_1, \cdots, p_m \rangle,$$

即上述无穷大的真空能量同样存在. 考虑到我们关心的只是能量的相对值, 通常定义

$$: H : \; = H - \langle 0 \mid H \mid 0 \rangle, \tag{9.78}$$

这样就从哈密顿量中去除了无穷大项.

回到式 (9.77), 我们发现真空能量项是对易子项 $\left[a(k), a^\dagger(k) \right]$ 的贡献, 因此

$$\begin{aligned} : H : \; &= H - \int \frac{\mathrm{d}^3\boldsymbol{k}}{(2\pi)^3 2\omega_k} \frac{\omega_k}{2} \left[a(k), a^\dagger(k) \right] \\ &= \int \frac{\mathrm{d}^3\boldsymbol{k}}{(2\pi)^3 2\omega_k} \omega_k a^\dagger(k) a(k). \end{aligned} \tag{9.79}$$

这种从守恒量算符中减去真空期待值的过程称为 "正规序" (normal ordering).

6. 反粒子与量子场论

7.2 节我们提到, 作为一个二阶方程, 克莱因–戈尔登方程存在能量 $E < 0$ 的解, 这将导致负概率密度问题. 通过引入狄拉克理论, 这一问题在 7.5 节中得到了解决. 然而, 狄拉克方程

$$(\mathrm{i}\gamma^\mu \partial_\mu - m)\psi = 0 \tag{7.52}$$

并没有从本质上解决负能量的问题[①]. 而如果存在负能量态, 由于其能量更低, 显然电子将向负能量态跃迁并发生电磁辐射; 然而由于

$$E = -\sqrt{p^2 + m^2} \to -\infty$$

---

① 一个简单的例子是当粒子处于静止状态 (即 $p_i = 0, i = 1, 2, 3$) 时, 狄拉克方程成为

$$\gamma^0 p_0 \psi = m\psi, \quad \gamma^0 = \begin{pmatrix} 0 & I \\ I & 0 \end{pmatrix},$$

可解得能量的本征值为 $\pm m$, 即存在负能量解.

并不被禁止，能量基态将不复存在，电子将持续向更低能级跃迁并发出辐射，这显然是违背物理现实的.

狄拉克从泡利不相容原理出发，对负能量解给出了解释：他假设所有负能量态均已被电子填满，这样，根据泡利不相容原理，正能量的电子就不能跃迁到负能态上. 这种填满了电子的负能量态被称为"狄拉克海". 随之带来的有趣结果是，如果对应于负能态 $-\,|\,E\,|$ 产生了一个"空穴"，则一个具有正能量 $|\,E\,|$ 的电子会自然地跃迁以填补该空穴，并释放 $2\,|\,E\,|$ 的能量，即发生如下过程：

$$\mathrm{e}^- + \text{"空穴"} \longrightarrow \gamma(2\,|\,E\,|).$$

因此"空穴"应具有 $+e$ 的电荷和 $|\,E\,|$ 的能量，容易推知这就是后来被发现的正电子[①]. 因此，狄拉克的这一理论也成了对反物质的预言.

在狄拉克对负能量的解释中，基态（真空态）变成了排满正反粒子的"狄拉克海"，使得遵守泡利不相容原理的电子不会衰变到基态，但由此付出的代价是必须将一个单粒子的量子力学问题变成无穷多粒子的多体量子力学系统即量子场论，才可能保证理论的自洽性. 因此，量子场论也成为保证相对论量子力学的自洽性的一个自然选择.

从洛伦兹变换不变性出发，可构造拉格朗日密度[②]

$$\mathscr{L} = \mathrm{i}\overline{\psi}\gamma^\mu \overleftrightarrow{\partial}_\mu \psi - m\overline{\psi}\psi$$
$$= \frac{\mathrm{i}}{2}[\overline{\psi}\gamma^\mu(\partial_\mu\psi) - (\partial_\mu\overline{\psi})\gamma^\mu\psi] - m\overline{\psi}\psi, \tag{9.80}$$

其中 γ 矩阵和 $\overline{\psi}$ 的定义分别见式 (7.50) 和式 (7.54). 代入欧拉–拉格朗日方程 (9.16)，就可以得到狄拉克方程. 因此，我们构造的拉格朗日密度即狄拉克场的拉格朗日密度.

与前面的思路相同，我们从拉格朗日密度出发计算广义动量

$$\pi = \frac{\partial\mathscr{L}}{\partial\dot{\psi}} = \mathrm{i}\overline{\psi}\gamma^0 = \mathrm{i}\psi^\dagger,$$

则哈密顿密度为

$$\mathscr{H} = \pi\partial_0\psi - \mathscr{L} = \psi^\dagger\gamma^0(-\mathrm{i}\gamma^i\partial_i + m)\psi.$$

将狄拉克方程 (7.52) 代入上式，得到

[①] 大约两年后，安德森（C. D. Anderson）就在宇宙射线中发现了正电子.
[②] 根据式 (7.40) 和式 (7.41) 中给出的旋量在洛伦兹变换下的性质，可以证明 $\overline{\psi}\psi$ 构成一个标量，显然为洛伦兹不变量；而 $\overline{\psi}\gamma^\mu\psi$ 在洛伦兹变换下按矢量变换，因而与另一个按矢量变换的 ∂_μ 可以构成洛伦兹不变的内积；还可证明其他项如 $\psi^\dagger\psi$ 等不具有洛伦兹不变性. 证明留作习题.

$$\mathscr{H} = \psi^\dagger \gamma^0 (\mathrm{i}\gamma^0 \partial_0 \psi) = \psi^\dagger \mathrm{i} \frac{\partial}{\partial t} \psi. \tag{9.81}$$

容易看到，由式 (9.81) 将得到 $\omega \psi^\dagger \psi$ 的形式，该形式并不具有半正定性（负的 ω 将导致整个结果为负），因此从这里也能看出，负能量解的问题并没有从狄拉克场中直接得到解决.

7. 狄拉克方程的解

为了讨论场的量子化，我们首先需要求解狄拉克方程. 回到标准表示下自由粒子的狄拉克方程

$$\begin{pmatrix} E - m & -\boldsymbol{\sigma} \cdot \boldsymbol{p} \\ -\boldsymbol{\sigma} \cdot \boldsymbol{p} & E + m \end{pmatrix} \begin{pmatrix} \chi_1 \\ \chi_2 \end{pmatrix} = 0, \tag{7.67}$$

或写成哈密顿本征方程 $H\psi = E\psi$ 的形式，则有

$$H = \begin{pmatrix} m & \boldsymbol{\sigma} \cdot \boldsymbol{p} \\ \boldsymbol{\sigma} \cdot \boldsymbol{p} & -m \end{pmatrix}. \tag{9.82}$$

与式 (9.69) 类似，该方程具有一般解[①]

$$\psi(x) = \int \frac{\mathrm{d}^3 p}{(2\pi)^3} \frac{1}{2E} \left[a(p)\psi_+(p) + b^\dagger(p)\psi_-(p) \right],$$

其中

$$\psi_+(p) = u(p)\mathrm{e}^{-\mathrm{i}p_\mu x^\mu} = u(p)\mathrm{e}^{\mathrm{i}\boldsymbol{p}\cdot\boldsymbol{x} - \mathrm{i}Et}, \tag{9.83}$$

$$\psi_-(p) = v(p)\mathrm{e}^{\mathrm{i}p_\mu x^\mu} = v(p)\mathrm{e}^{-\mathrm{i}\boldsymbol{p}\cdot\boldsymbol{x} + \mathrm{i}Et} \tag{9.84}$$

分别对应方程的正能量解和负能量解，$u(p)$ 和 $v(p)$ 为旋量部分.

7.5 节中我们已经知道，在零质量极限下，手征表示下的狄拉克方程 (7.49) 变成两个解耦合的螺旋度本征方程

$$\boldsymbol{\sigma} \cdot \boldsymbol{p} \, \chi_\pm(\boldsymbol{p}) = \pm p \chi_\pm(\boldsymbol{p}), \quad p = | \boldsymbol{p} |, \tag{9.85}$$

其解 $\chi_\pm$ 是二分量的外尔旋量，分别对应于本征值为 $\pm p$ 的情况. 因此，不失一般性地，如果在球坐标系中定义一个动量 $\boldsymbol{p} = p(\sin\theta\cos\phi, \sin\theta\sin\phi, \cos\theta)$，则

$$\boldsymbol{\sigma} \cdot \boldsymbol{p} = p \begin{pmatrix} \cos\theta & \mathrm{e}^{-\mathrm{i}\phi}\sin\theta \\ \mathrm{e}^{\mathrm{i}\phi}\sin\theta & -\cos\theta \end{pmatrix},$$

---

① 其中利用了四维闵可夫斯基空间中的关系

$$p_\mu x^\mu = Et - \boldsymbol{p} \cdot \boldsymbol{x}, \quad E = \sqrt{p^2 + m^2}.$$

代入式 (9.85)，就可以解得对应于动量 $\boldsymbol{p}$ 的两个本征态

$$\chi_+(\boldsymbol{p}) = \begin{pmatrix} \cos\dfrac{\theta}{2} \\ \mathrm{e}^{\mathrm{i}\phi}\sin\dfrac{\theta}{2} \end{pmatrix}, \quad \chi_-(\boldsymbol{p}) = \begin{pmatrix} -\mathrm{e}^{-\mathrm{i}\phi}\sin\dfrac{\theta}{2} \\ \cos\dfrac{\theta}{2} \end{pmatrix}. \tag{9.86}$$

由于螺旋度与哈密顿量对易 (式 (7.64))，我们可以很方便地从以上螺旋度本征态出发构造哈密顿量本征态，即狄拉克方程的解.

注意到将式 (9.85) 代入哈密顿算符 (9.82)，对正能量解 (9.83) 可得

$$Hu_\pm(p) = \begin{pmatrix} m & \pm p \\ \pm p & -m \end{pmatrix} u_\pm(p) = E u_\pm(p),$$

解得[①]

$$u_+ = \begin{pmatrix} \sqrt{E+m}\,\chi_+(p) \\ \sqrt{E-m}\,\chi_+(p) \end{pmatrix}, \quad u_- = \begin{pmatrix} \sqrt{E+m}\,\chi_-(p) \\ -\sqrt{E-m}\,\chi_-(p) \end{pmatrix},$$

代入外尔旋量，将上式写成四分量的形式就是

$$u_+ = \begin{pmatrix} \sqrt{E+m}\cos\dfrac{\theta}{2} \\ \sqrt{E+m}\sin\dfrac{\theta}{2}\mathrm{e}^{\mathrm{i}\phi} \\ \sqrt{E-m}\cos\dfrac{\theta}{2} \\ \sqrt{E-m}\sin\dfrac{\theta}{2}\mathrm{e}^{\mathrm{i}\phi} \end{pmatrix}, \quad u_- = \begin{pmatrix} -\sqrt{E+m}\sin\dfrac{\theta}{2}\mathrm{e}^{-\mathrm{i}\phi} \\ \sqrt{E+m}\cos\dfrac{\theta}{2} \\ \sqrt{E-m}\sin\dfrac{\theta}{2}\mathrm{e}^{-\mathrm{i}\phi} \\ -\sqrt{E-m}\cos\dfrac{\theta}{2} \end{pmatrix}. \tag{9.87}$$

同理，对于负能量解 (9.84) 有[②]

$$Hv_\pm(p) = \begin{pmatrix} m & \mp p \\ \mp p & -m \end{pmatrix} v_\pm(p) = -E v_\pm(p),$$

解得

$$v_+ = \begin{pmatrix} -\sqrt{E-m}\,\chi_+(p) \\ \sqrt{E+m}\,\chi_+(p) \end{pmatrix}, \quad v_- = \begin{pmatrix} \sqrt{E-m}\,\chi_-(p) \\ \sqrt{E+m}\,\chi_-(p) \end{pmatrix},$$

---

① 这里我们已经考虑了归一化系数，使 $u^\dagger u$ 归一化到 $2E$；若不考虑归一化，则解总可以相差一个系数.

② 注意到，由于 $\boldsymbol{p} = -\mathrm{i}\nabla$，作用在负能量解的平面波部分 $(\mathrm{e}^{-\mathrm{i}\boldsymbol{p}\cdot\boldsymbol{x}+\mathrm{i}Et})$ 时会额外产生一个负号.

即

$$v_+ = \begin{pmatrix} -\sqrt{E-m}\cos\dfrac{\theta}{2} \\[2mm] -\sqrt{E-m}\sin\dfrac{\theta}{2}\mathrm{e}^{\mathrm{i}\phi} \\[2mm] \sqrt{E+m}\cos\dfrac{\theta}{2} \\[2mm] \sqrt{E+m}\sin\dfrac{\theta}{2}\mathrm{e}^{\mathrm{i}\phi} \end{pmatrix}, \quad v_- = \begin{pmatrix} -\sqrt{E-m}\sin\dfrac{\theta}{2}\mathrm{e}^{-\mathrm{i}\phi} \\[2mm] \sqrt{E-m}\cos\dfrac{\theta}{2} \\[2mm] -\sqrt{E+m}\sin\dfrac{\theta}{2}\mathrm{e}^{-\mathrm{i}\phi} \\[2mm] \sqrt{E+m}\cos\dfrac{\theta}{2} \end{pmatrix}. \qquad (9.88)$$

至此，我们以螺旋度本征态为基础给出了狄拉克方程的解中所有旋量的具体形式. 进一步计算可以得到

$$\chi_+\chi_+^\dagger = \frac{1}{2}\begin{pmatrix} 1+\cos\theta & \sin\theta\mathrm{e}^{-\mathrm{i}\phi} \\ \sin\theta\mathrm{e}^{\mathrm{i}\phi} & 1-\cos\theta \end{pmatrix} = \frac{1}{2}(I_2 + \boldsymbol{\sigma}\cdot\boldsymbol{p}),$$

$$\chi_-\chi_-^\dagger = \frac{1}{2}\begin{pmatrix} 1-\cos\theta & \sin\theta\mathrm{e}^{-\mathrm{i}\phi} \\ \sin\theta\mathrm{e}^{\mathrm{i}\phi} & 1+\cos\theta \end{pmatrix} = \frac{1}{2}(I_2 - \boldsymbol{\sigma}\cdot\boldsymbol{p}),$$

进而

$$\sum_\pm u_\pm \overline{u}_\pm = \sum_\pm u_\pm u_\pm^\dagger \gamma^0$$

$$= \begin{pmatrix} (E+m)I_2 & \boldsymbol{\sigma}\cdot\boldsymbol{p} \\ -\boldsymbol{\sigma}\cdot\boldsymbol{p} & -(E-m)I_2 \end{pmatrix}$$

$$= \gamma^\mu p_\mu + m * I_4. \qquad (9.89)$$

同理有

$$\sum_\pm v_\pm \overline{v}_\pm = \gamma^\mu p_\mu - m * I_4. \qquad (9.90)$$

式 (9.89) 和式 (9.90) 是一般性的结果，这被称为自旋求和定理，在量子场论中可以给出详细的证明.

在以上计算中我们已经初步发现了螺旋度的作用. 事实上，在散射振幅的计算中，螺旋度振幅的方法具有多方面的优势：例如在高能极限情况下，螺旋度本征态就是手征旋量态，因而从螺旋度进行计算可以给出清晰的物理直观；并且，通过随机生成的相空间，可以直接计算螺旋度振幅的数值权重，这非常适合使用蒙特卡罗方法进行数值计算. 由于具有这些优势，螺旋度振幅方法被广泛使用.

8. 狄拉克场的量子化与泡利不相容原理

前面我们已经得到了自由粒子狄拉克方程的一般解[①]

$$\psi(x) = \int \frac{\mathrm{d}^3 p}{(2\pi)^3} \frac{1}{2E} \sum_{\pm} \left[a_{\pm}(p) u_{\pm}(p) \mathrm{e}^{-\mathrm{i}p \cdot x} + b_{\pm}^{\dagger}(p) v_{\pm}(p) \mathrm{e}^{\mathrm{i}p \cdot x} \right],$$

其中，a 是正能量态的湮灭算符，$b^{\dagger}$ 是负能量态的产生算符. 类比之前对薛定谔场的讨论，不难理解上式是狄拉克场的湮灭算符，它反映了反粒子产生和粒子湮灭的对应，而其共轭场算符即产生算符为

$$\psi^{\dagger}(x) = \int \frac{\mathrm{d}^3 p}{(2\pi)^3} \frac{1}{2E} \sum_{\pm} \left[a_{\pm}^{\dagger}(p) u_{\pm}^{\dagger}(p) \mathrm{e}^{\mathrm{i}p \cdot x} + b_{\pm}(p) v_{\pm}^{\dagger}(p) \mathrm{e}^{-\mathrm{i}p \cdot x} \right],$$

而作为狄拉克方程的解的 $\overline{\psi}$ 为

$$\overline{\psi}(x) = \psi^{\dagger} \gamma^0 = \int \frac{\mathrm{d}^3 p}{(2\pi)^3} \frac{1}{2E} \sum_{\pm} \left[a_{\pm}^{\dagger}(p) \overline{u}_{\pm}(p) \mathrm{e}^{\mathrm{i}p \cdot x} + b_{\pm}(p) \overline{v}_{\pm}(p) \mathrm{e}^{-\mathrm{i}p \cdot x} \right].$$

将上述结果代入式 (9.81)，可得哈密顿量

$$\begin{aligned}
H &= \int \mathrm{d}^3 \boldsymbol{x} \mathscr{H} = \int \mathrm{d}^3 \boldsymbol{x} \psi^{\dagger}(x) \mathrm{i} \frac{\partial}{\partial t} \psi(x) \\
&= \int \mathrm{d}^3 \boldsymbol{x} \sum_{\alpha, \alpha'} \frac{\mathrm{i}}{2} \iint \frac{\mathrm{d}^3 q}{(2\pi)^3} \frac{1}{2E} \frac{\mathrm{d}^3 k}{(2\pi)^3} \frac{1}{2E'} \\
&\quad \times \left\{ [a_{\alpha}^{\dagger} u_{\alpha}^{\dagger}(q) \mathrm{e}^{\mathrm{i}qx} + b_{\alpha'} v_{\alpha'}^{\dagger}(k) \mathrm{e}^{-\mathrm{i}kx}] \right. \\
&\quad \times [a_{\alpha'}(k) u_{\alpha}(k)(-\mathrm{i}E') \mathrm{e}^{-\mathrm{i}kx} + b_{\alpha'}^{\dagger}(k) v_{\alpha'}(k)(\mathrm{i}E') \mathrm{e}^{\mathrm{i}kx}] \\
&\quad - [a_{\alpha}^{\dagger}(q) u_{\alpha}^{\dagger}(q)(\mathrm{i}E) \mathrm{e}^{\mathrm{i}qx} + b_{\alpha}(q) v_{\alpha}^{\dagger}(q)(-\mathrm{i}E) \mathrm{e}^{-\mathrm{i}qx}] \\
&\quad \left. \times [a_{\alpha'}(k) u_{\alpha'}(k) \mathrm{e}^{-\mathrm{i}kx} + b_{\alpha'}^{\dagger}(k) v_{\alpha'}(k) \mathrm{e}^{\mathrm{i}kx}] \right\} \\
&= \int \frac{\mathrm{d}^3 k}{(2\pi)^3} \frac{m}{E} E \sum_{\alpha} [a_{\alpha}^{\dagger}(k) a_{\alpha}(k) - b_{\alpha}(k) b_{\alpha}^{\dagger}(k)],
\end{aligned}$$

其中 $\alpha, \alpha' = \pm$. 如果按照传统的量子化条件，这个形式的哈密顿量并不能保证是正定的，因为正规序后第二项将变成 $-b^{\dagger}b$，仍然贡献负能量. 为了保证哈密顿量的正定性，必须引入新的量子化条件.

[①] 为了方便，我们在此略去四维矢量的指标.

定义反对易子[①]

$$\{A, B\} = AB + BA. \tag{9.91}$$

类比于式 (9.53) 和式 (9.73)，如果我们要求

$$\{a_\alpha(q), a_{\alpha'}^\dagger(k)\} = \{b_\alpha(q), b_{\alpha'}^\dagger(k)\} = \frac{E}{m}(2\pi)^3 \delta^3(\boldsymbol{q} - \boldsymbol{k}) \delta_{\alpha\alpha'},$$

且

$$\{a_\alpha(q), a_{\alpha'}(k)\} = \{a_\alpha^\dagger(q), a_{\alpha'}^\dagger(k)\} = 0,$$
$$\{b_\alpha(q), b_{\alpha'}(k)\} = \{b_\alpha^\dagger(q), b_{\alpha'}^\dagger(k)\} = 0.$$

这样，根据式 (9.79) 的正规序操作，我们有

$$: H : = \int \frac{\mathrm{d}^3 k}{(2\pi)^3} \frac{m}{E} E \sum_\alpha [a_\alpha^\dagger(k) a_\alpha(k) + b_\alpha^\dagger(k) b_\alpha(k)]. \tag{9.92}$$

这就得到了一个正定的哈密顿量.

注意到，反对易关系 $\{b_\alpha^\dagger, b_\alpha^\dagger\} = 0$ 事实上要求了 $b_\alpha^\dagger b_\alpha^\dagger = 0$，即

$$b_\alpha^\dagger b_\alpha^\dagger |0\rangle = 0, \tag{9.93}$$

表明不能有两个狄拉克场的粒子处于同一状态，这便是泡利不相容原理.

另外，根据旋量求和关系 (9.89) 和 (9.90)，我们还可以得到场湮灭算符和场产生算符的反对易关系，即

$$\{\psi_i(x), \psi_j^\dagger(x')\} = \delta^3(\boldsymbol{x} - \boldsymbol{x}') \delta_{ij}, \tag{9.94}$$
$$\{\psi_i(x), \psi_j(x')\} = \{\psi_i^\dagger(x), \psi_j^\dagger(x')\} = 0 . \tag{9.95}$$

至此我们看到,泡利不相容原理(或自旋统计定理)是相对论量子场论的自然结果.

〜 第 9 章习题 〜

1. 验算式 (9.5) 和式 (9.8).

2. 设系统哈密顿量 $\hat{H}$ 具有本征态 $|\psi_n\rangle$ $(n \in \mathbb{N})$. 试证明对归一化态 $|\psi\rangle$，如果其满足 $\forall n < i,\ \langle \psi|\psi_n \rangle = 0$，则

$$\langle \psi|\hat{H}|\psi \rangle \geqslant E_i,$$

---

① 其实我们在式 (7.58) 中已经见过这种写法.

即我们可以用变分法估算 E_i 的上限.

3. 证明式 (9.54) 和式 (9.58).

4. 推导式 (9.72).

5. 试证明狄拉克场的拉格朗日密度 (9.80) 具有洛伦兹不变性, 而 $\psi^\dagger\psi$ 项则不具有洛伦兹不变性.

数 学 用 表

讲义采用爱因斯坦求和约定，即对出现两次的指标求和．如矢量 $\boldsymbol{A}$、$\boldsymbol{B}$ 运算，写成分量形式

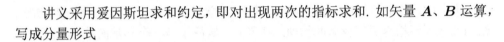

$$\boldsymbol{A} \cdot \boldsymbol{B} = \delta_{ij} A_i B_j = \sum_i A_i B_i, \quad (\boldsymbol{A} \times \boldsymbol{B})_i = \epsilon_{ijk} A_j B_k = \sum_{j,k} \epsilon_{ijk} A_j B_k.$$

其中 δ_{ij} 为克罗内克（Kronecker）符号，而 ϵ_{ijk} 是莱维–齐维塔张量（全反对称张量）

$$\delta_{ij} = \begin{cases} 0, & i \neq j \\ 1, & i = j \end{cases}, \quad \epsilon_{ijk} = \begin{cases} 1, & ijk = 123 \text{ 的偶置换}, \\ -1, & ijk = 123 \text{ 的奇置换}, \\ 0, & i = j, i = k, \text{或} j = k. \end{cases}$$

并且有

$$\epsilon_{ijk}\epsilon_{i\ell m} = \delta_{j\ell}\delta_{km} - \delta_{jm}\delta_{k\ell},$$

$$\epsilon_{imn}\epsilon_{jmn} = 2\delta_{ij},$$

$$\epsilon_{ijk}\epsilon_{ijk} = 6.$$

拉普拉斯算符定义为梯度的散度，即

$$\Delta = \nabla \cdot \nabla = \partial_x^2 + \partial_y^2 + \partial_z^2.$$

对梯度、旋度、散度，常见的结果有

$$\nabla \times (\nabla U) = 0,$$

$$\nabla \cdot (\nabla U) = \Delta U,$$

$$\nabla \cdot (\nabla \times \boldsymbol{A}) = 0,$$

$$\nabla \times (\nabla \times \boldsymbol{A}) = \nabla(\nabla \cdot \boldsymbol{A}) - \Delta \boldsymbol{A}.$$

后　记

⯆

　　本书中，我们以氢原子为例介绍了量子力学基本原理，并解释了自旋、精细结构和泡利不相容原理背后的物理. 事实上，氢原子是一个非常简单的弱关联两体系统，而领头阶 (leading-order) 的氢原子问题是极少数量子力学中可以解析精确求解的例子之一. 从第 8 章开始我们看到，在研究精细结构和氦原子时已经不得不使用微扰论或者变分法等近似，而对复杂度更高的系统，我们就更不可能以第一性原理去完整精确求解. 但同时，针对这些更复杂的系统，人们也不断提出新的物理概念，使物理图像得到简化，为分层理解各类物理问题提供了可能. 这样针对不同体系的物理理论研究衍生出了众多相对独立的二级学科领域，在此我们简单介绍这些后续专业课程与量子物理的关联.

　　(1) 原子分子光物理：19 世纪的原子光谱测量在后来量子力学理论的构建中起了决定性的作用. 而原子光谱的精密测量，包括精细结构、超精细结构、兰姆位移等，也为量子场论（量子电动力学）的建立作出了重要贡献. 高精度原子物理实验仍然是探索微观世界新的动力学的重要间接实验手段. 激光的发明为原子物理带来了革命性变革，通过激光对原子系统进行操控已经成为主流的研究手段. 原子分子光物理是一个实践量子力学和量子场论的重要学科.

　　(2) 原子核物理：原子核是由质子、中子通过核力组成的束缚态，是一个典型的强关联的量子多体系统. 由于核力的特殊性质，在高精度的原子物理中起重要作用的微扰论在这里并不适用. 不过，基于量子力学的费米气模型、壳层模型等在对结合能的理解上取得了一定成功. 近年来在对中子星、夸克星等特殊天体和对核素形成的研究的推动下，还发展出核天体物理这一交叉学科.

　　(3) 粒子物理：伴随宇宙线的发现和加速器发明，人类可以得到非常高能量的微观粒子，使得探测极小的德布罗意波长范围成为可能，也让我们对物质组成的认识进一步深化. 以相对论量子场论为基本语言和工具的粒子物理理论在过去几十年取得了巨大成功：人类认识到质子、中子是由夸克通过强相互作用组成的束缚态，也对强、弱、电三种基本相互作用的动力学结构有了深刻认识，并在规范场论框架下确立了粒子物理标准模型. 希格斯粒子的发现进一步推动了与基本粒子质量起源密切相关的电弱对称性破缺机制的理解，而电弱对称性破缺的驱动力、中微子质量起源、暗物质、正反物质不对称等仍然对粒子物理发展提出了新的挑战.

(4) 凝聚态物理：以研究电子在固体周期势中的量子输运问题为起点，发展出了能带、密度泛函理论等，这些都是量子力学的直接应用. 而量子多体理论或非相对论量子场论也为研究玻色–爱因斯坦凝聚、超导等现象提供了重要方法.

本书定位为量子物理第一门课的教材，希望书中的内容能为各位读者学习上述相关专业知识提供一定的理论基础. 特别是本书中强调的对称性方法，会在以上各方向的学习中起到重要作用.

另外，物理学学科从基础出发，又发展出了一系列应用学科，如等离子体物理、光学与光电技术、半导体物理与电子技术、核科学与技术等，这些学科在过去的一百年中深刻改变了人类的社会. 习近平总书记 2020 年 9 月 11 日在科学家座谈会上的讲话，深刻揭示了物理学与各应用方向，或者说基础研究与应用研究的关系，"我国面临的很多'卡脖子'技术问题，根子是基础理论研究跟不上，源头和底层的东西没有搞清楚. 基础研究一方面要遵循科学发现自身规律，以探索世界奥秘的好奇心来驱动，鼓励自由探索和充分的交流辩论；另一方面要通过重大科技问题带动，在重大应用研究中抽象出理论问题，进而探索科学规律，使基础研究和应用研究相互促进."[1]

正如习近平总书记所总结的，源头和底层的基础研究是技术创新的基础，而"搞清楚"，无论对基础研究还是应用研究，都是一个基本要求. 二十世纪六十年代，以于敏、王淦昌、邓稼先、朱光亚、陈能宽、周光召、郭永怀、钱三强、彭桓武、程开甲等（按姓氏笔画排序）为代表的一大批从事基础物理学研究的科学家，转行投入了核武器研究这个当年的"卡脖子"技术领域，正是从源头和底层出发，才快速突破实现了跨越式发展. 特别是在于敏先生领导下，理论先行，我国仅用了两年八个月时间就实现了从原子弹到氢弹的突破，并且比现代核物理的发源地法国还提前了一年.

最后，我想借用一句被很多人提过，也被于敏先生多次强调的话送给同学们来总结，"不但要知其然，而且一定要知其所以然".

王　凯

2023 年 6 月

① 来源于中国政府网，https://www.gov.cn/xinwen/2020-09/11/content_5542862.htm.